潜水士テキスト

送気調節業務特別教育用テキスト

中央労働災害防止協会

序

　四面を海で囲まれている我が国では，海産物の採取，水中土木工事，沈没船の引上げなど古くから潜水作業が行われてきました。近年では新たな潜水機器の開発が進み，潜水方法も変化し，潜水作業も多様化してきました。これに加え，いわゆるレジャー産業における潜水なども盛んになってきました。しかしながら，潜水には減圧症をはじめ数多くの危険が存在し，時には死に至ることもあることから，安全な潜水を行うための正しい知識とそれを生かすことのできるすぐれた技術，沈着冷静な判断が必要です。

　特に潜水業務については，関係法令により潜水士免許を受けた者でなければ就かせてはならないと規定され，潜水業務に関する必要な知識を学習することが求められており，本書はその受験用テキストとして作成したものです。

　本書は，潜水業務の基礎知識，高気圧障害防止その他の危害防止に必要な事項，関係法令等を幅広く網羅しており，潜水士を志す人々の参考として，また，潜水関係業務に従事する人々の特別教育用のテキストとしてはもちろん，潜水関係者の座右の書となるものです。

　本書が関係者に十分活用されて，災害防止の一助となれば幸いです。

令和3年8月
中央労働災害防止協会

『潜水士テキスト』
執筆者氏名

（50音順）

池田知純 　　　　　　　　　　　　　　　第2編

東京慈恵会医科大学 環境保健医学講座　客員准教授

（一社）日本潜水協会　顧問

鈴木信哉 　　　　　　　　　　　　　　　第3編

（医）鉄蕉会 亀田総合病院　救命救急科部長 高気圧酸素治療担当

橋本昭夫 　　　　　　　　　　　　　　　第1編

日本サルヴエージ㈱　先進水中技術顧問

望月　徹 　　　　　　　　第1編，第2編第1章，第4編

㈱潜水技術センター　代表取締役

埼玉医科大学 医学部 社会医学 非常勤講師

目　　次

第1編　潜 水 業 務

第2編　送気，潜降および浮上

第3編　高気圧障害（潜水による障害）

■用語の定義■

本書では，以下のように用語を定義している。潜水に関する技術や知識には，国外から導入されたものが多い。高気圧作業安全衛生規則（以下「高圧則」）では，潜水業務における浮上方法の決定は，減圧理論による計算式を用いて行うよう定めているが，当該減圧理論もスイスのビュールマン（Bühlmann）教授によるものである。減圧や浮上方法の決定は潜水業務の安全に強く関係するため，減圧理論を正しく理解する必要がある。その際，用いられる用語についても正しい意味を知らなくてはならない。なお理解を深めるため，必要な用語には英語表記を付記している。

1．深度，水深関係

1-1 深 度

当該潜水において，潜水者がその時点で，位置する水面からの深さをいう。なお，高圧則では「水深」と表記される。

1-2 潜水深度

当該潜水で，到達する最高の深度をいう（単位：m）。特に，当該潜水において潜水者の体の各部分が到達した深度のうち最高のものをいう。なお，高圧則では「水深」と表記される。

1-3 浮上停止深度（減圧停止深度，stop of depth）

減圧表等において，潜水中に体内に溶け込んだ不活性ガス（窒素，ヘリウム）を排出するため，浮上を一旦停止するよう規定された深度をいう。「減圧深度」ともいう。

1-4 水面高度

湖沼等で，高所潜水を行う場合の水面の標高をいう。

1-5 等価空気深度（Equivalent air depth：EAD）

窒素・酸素混合ガス（ナイトロックス）を使用して潜水を行う場合，潜水中の窒素ガスの分圧が空気潜水と同値となる潜水深度のことをいう。

この等価空気深度に置き換えることで，空気潜水の減圧スケジュールが窒素・酸素混合ガスでも使用可能となる。

1-6　実効深度 (Effective Depth ：ED)

高所潜水における気圧の低下の影響に配慮し，通常の海面からの潜水に換算した場合の深度のことをいう。この見かけ上の潜水深度を想定することで，高所潜水でも海面と同様の減圧スケジュールを使用することができる。

1-7　基本水準面

潮位観測によって，これ以上水面が低くならない最低水面の位置で，潮位や海図の水深は，この基本水準面からの鉛直方向の距離を用いている。

1-8　潮　位

基本水準面から測った海面の高さで，天体運動にともなう潮汐による海面の変動のことをいう。波浪，うねり，副振動といった短周期の海面変動は除かれる。

２．潜水時間等の管理関係

2-1　単回潜水 (single dive)

前回の潜水による体内残留不活性ガスが無視できる程度に減少した後に行われる潜水。高圧則では，前回の潜水での浮上完了から次回の潜降開始までに 14 時間以上経過している場合は，単回潜水としてよいとされている。

2-2　繰り返し潜水 (repetitive dive)

複数回の潜水において，前回の潜水による体内残留不活性ガスの影響を，次回の潜水に配慮しなければならない潜水をいう。高圧則では，前回の潜水での浮上完了から次回の潜降開始までが 14 時間以下の場合は，繰り返し潜水として扱うこととされている。

2-3　潜水時間（滞底時間，Bottom Time：BT）

潜降開始から浮上を開始するまでの時間をいう。「滞底時間」という用語も広く使われている。

2-4　潜降時間

水面から潜降を開始し，目標とする潜水深度に達するまでの時間をいう。潜水深度を潜降速度で除して得られる。

2-5　減圧表

減圧症に罹患する頻度を一定以下にするために設けられた減圧スケジュール。潜水深度と時間の組み合わせで示される。

2-6　浮　上

潜水者が浅い深度に移動することをいう。

2-7　浮上停止（減圧停止）

潜水者が次の浮上（減圧）停止深度もしくは水面まで安全に浮上（減圧）できるように，体内に溶け込んだ不活性ガスを排出するため，規定された深度で特定の時間停止することをいう。

2-8　浮上時間（減圧時間）

潜水者が次の浮上（減圧）停止深度もしくは水面まで浮上（減圧）するために必要な時間をいう。

2-9　浮上停止時間（減圧停止時間）

減圧のために停止する時間。減圧表などにおいて条件に応じて規定される。

2-10　総浮上時間（総減圧時間，total decompression time：TDT）

浮上（減圧）開始から水面到着までに要する時間をいう。

2-11　待機時間（surface interval）

繰り返し潜水において最初の潜水終了から次の潜水の開始までの時間をいう。

2-12　潜降速度（descent rate）

潜降する速度。平均値で表すことが多い。

2-13 浮上速度（ascent rate）

浮上する速度。「減圧速度」ともいわれる。高圧則では，10 m/分以下とするよう規定されている。

2-14 浮上停止省略（omitted decompression）

呼吸ガス供給の停止，急性酸素中毒症状などにより予定の浮上（減圧）停止を省略して浮上（減圧）することをいう。

2-15 修正潜水時間（修正滞底時間，effective bottom time）

繰り返し潜水において，前回の潜水により体内に残留している不活性ガスを考慮した潜水（滞底）時間をいう。

2-16 無減圧潜水（no-decompression dive）

減圧表において特に浮上（減圧）停止を必要としない潜水をいう。

2-17 無減圧潜水時間

無減圧潜水が可能な最大の潜水（滞底）時間をいう。

2-18 減圧潜水（decompression dive）

浮上（減圧）停止を必要とする潜水をいう。

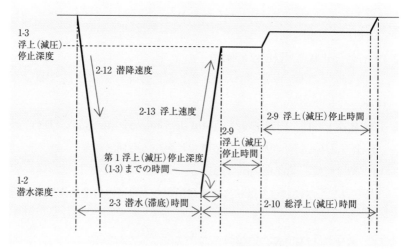

○潜水時間等の管理に用いられる代表的な用語

3. 呼吸ガス関係

3-1　残留不活性ガス

水面浮上後に体内組織に残留している余剰不活性ガスをいう。

3-2　分　圧

呼吸ガスの組成ガス成分ごとの圧力をいう。ダルトンの法則に従い，混合気体の総圧力に混合比率（濃度(%)／100）を乗じて得られる。

3-3　飽和状態

通常生体に取り込まれる最大の分圧まで不活性ガスが取り込まれた状態をいう。体内と外界との間で不活性ガスが平衡状態にある。

3-4　非飽和状態

不活性ガスが飽和状態にない状態をいう。体内と外界との間で不活性ガスが平衡に達しない状態を示す。

3-5　過飽和状態

飽和状態より多くの不活性ガスが体内に取り込まれた状態をいう。通常は，浮上（減圧）中に生じる。

3-6　混合ガス

空気以外の組成成分あるいは成分比率で構成された呼吸ガスをいう。窒素と酸素のナイトロックス，酸素とヘリウムのヘリオックス，酸素と窒素とヘリウムで構成されたトライミックスなどがある。

4. 潜水および減圧方法関係

4-1　空気潜水

空気を呼吸ガスに用いて行う潜水をいう。

4-2　混合ガス潜水

混合ガスを呼吸ガスに用いて行う潜水をいう。

4-3　絶対圧力

真空を0気圧としたときの圧力をいう。潜水の場合の絶対圧力は，水圧と大気圧の和となる。なお，絶対圧力で表した大気圧を「絶対気圧」

という。

4-4　ゲージ圧力

　大気圧を 0 気圧としたときの圧力をいう。潜水の場合は，水圧そのものとなる。

4-5　不活性ガス

　呼吸ガスの組成ガスで，体内で消費も生産もされないガス。「生理的不活性ガス」とも呼ばれ，窒素，ヘリウムが潜水で使用される。高圧則では，この 2 種のガスのみを「不活性ガス」と定義している。

4-6　空気減圧

　浮上時に空気呼吸のみを用いて減圧管理を行うことをいう。

4-7　水中酸素減圧

　あらかじめ計画された浮上（減圧）停止深度までは，空気あるいは混合ガスを呼吸ガスに用いて減圧管理を行い，最終浮上（減圧）停止深度に達してからは，呼吸ガスを酸素に切り替えて減圧を行う方法。酸素減圧により，減圧のための水中拘束時間を短縮できる。

4-8　水上酸素減圧

　水中で浮上（減圧）を続けるかわりに途中で水面まで浮上（減圧）して再圧室に潜水者を収容し，以降の減圧を再圧室内で行う減圧方法をいう。通常，再圧室では呼吸に酸素を用いて減圧管理が行われる。

4-9　エアブレイク（間欠的酸素呼吸）

　酸素減圧の際，急性酸素中毒を予防するため，一定の間隔で酸素呼吸を中断し空気呼吸を行うことをいう。おおむね 30 分ごとに 5 分のエアブレイクが必要とされている。

4-10　高所潜水

　湖沼，ダムなど，標高の高いところで行う潜水をいう。通常，標高 300 m 以上で潜水する場合が「高所潜水」と呼ばれる。

4-11　飽和潜水

　再圧室を組み合わせた高圧居住区に潜水者が入り，目標とする深度の

環境圧まで加圧し，潜水が終了するまで潜水者は高圧居住区内で生活する潜水方式をいう。潜水者は高圧環境下で飽和状態となるので，「飽和潜水」と呼ぶ。

4-12　バウンス潜水

飽和潜水以外の潜水方式を指し，「非飽和潜水」ともいわれる。狭義には潜水ベルを用いて行う非飽和潜水を指す。

5. 潜水による障害関係

5-1　窒素酔い

高圧の窒素を呼吸すると，思考能力の低下や精神の高揚など，アルコール酔いに似た症状を呈する状態をいう。

5-2　急性酸素中毒

1.3気圧以上の高分圧酸素を呼吸することによって痙攣や失神などの中枢神経系の症状が短時間で現れる中毒をいう。「中枢神経系酸素中毒」とも呼ばれる。

5-3　慢性酸素中毒

0.5気圧以上の高分圧酸素を長期間呼吸することによって肺などの呼吸器症状あるいは感覚神経系の過敏症状を呈する中毒をいう。

5-4　肺酸素毒性量単位（UPTD）

酸素が肺に与える影響を定量的に表した単位をいう。

5-5　累積肺酸素毒性量単位（CPTD）

酸素が肺に与える影響が長期間に及ぶ場合の中毒単位をいう。

5-6　低酸素症

酸素分圧が低い呼吸ガスを呼吸することによって生じる障害をいう。

5-7　炭酸ガス（二酸化炭素）中毒

生体内の炭酸ガスが過剰になって正常な生体機能を維持できなくなった状態をいう。

6. 潜水設備・器材関係

6-1 スクーバ (Self-Contained Underwater Breathing Apparatus : SCUBA)

潜水者が呼吸ガスを携行する潜水器をいう。「自給気式潜水器」とも呼ばれる。

6-2 送気式潜水器

ホースを介して水上から潜水者に呼吸ガスを供給する潜水器をいう。

6-3 リブリーザー (re-breather)

潜水者の呼気から炭酸ガスを除去し，酸素あるいは空気より酸素濃度の高い混合ガスを吸気側に添加して，呼吸ガスとして再利用する方式のスクーバをいう。「閉鎖回路型スクーバ」や「閉鎖循環式（閉式）潜水器」，「半閉式潜水器」とも呼ばれる。

6-4 BC (Buoyancy Compensator)

水中での浮力を調整するための器具で，「浮力調整具」とも呼ばれる。

6-5 ダイビングベル

潜水者が潜降・浮上するときに利用する装置で，潜水者が水中環境にばく露されたままの「ウエットベル」と，潜水者が水中環境から隔離された「ドライベル」がある。ダイビングベルを昇降する装置を"LARS"(Launch and Recovery System，水中昇降装置) と呼ぶ。

6-6 ガスコントロールパネル

潜水者に送気する呼吸ガスを切り替えるパネルの総称で，深度計，音声通信装置，映像モニターなどが取り付けられている。

6-7 アンビリカル

「へその緒」を意味し，潜水では送気式潜水器への送気ホース，音声・映像通信ケーブル，深度計測用ホース，温水供給ホースなどを一体化したものをいう。

第1編
潜水業務

第1章　潜水業務の概要

1-1 潜水業務の定義

　「業務」は，日常よく耳にする言葉であるが，「継続して行われる職業や事業または商業上の仕事」を意味している。したがって，「潜水業務」とは，潜水によって行われる水中での継続的な仕事や作業全般を示すものである。

　労働者によって行われるすべての業務は，労働者の安全衛生を確保するために，労働基準法や労働安全衛生法などの法令の定めるところに従って行われなければならないが，潜水業務のように特に危険度が高い業務については，一定の知識や技能を有した者でなければ業務に従事することが禁じられている。法令では，潜水業務を具体的に以下のように定義している。

> ＊法令による潜水業務の定義
> 　潜水器を用い，かつ，空気圧縮機若しくは手押しポンプによる送気又はボンベからの給気を受けて，水中において行う業務
> 　　　　　　　　　［労働安全衛生法施行令第20条（就業制限に係る業務）第9号］

　水中で行う業務というと，潜水工事や水中土木作業をイメージしやすいが，法令の定義では業務の分野や作業の種類などは一切特定していない。したがって，レジャー分野に属するものや水産分野であっても，労働者により潜水器（水中呼吸器）を用いて行われる業務は，すべて潜水業務として取り扱われる。また，水深に関しても特に規定が設けられていないので，浅い深いにかかわらず水中で行われるすべての業務は原則潜水業務と定義される。唯一の例外は素潜りによるものである。海女（海士）に代表され

る素潜り漁は潜水器を使用しないため，法令の定める潜水業務には該当しない（図1-1-1）。

　潜水業務は水中という特殊な環境で行われるため，陸上で行われる通常の作業とは異なる危険にさらされる。そのため，潜水業務に従事することができるのは，潜水業務の安全に関して必要な知識を有していることが認められた「潜水士」に限られる。また，潜水士を支援する業務においても，一定の業務に就く者は潜水業務に関する特別な教育を受けた者でなければならない。

　これらは，高気圧作業安全衛生規則（以下「高圧則」）によって規定されている。すなわち，潜水士については，「事業者は，潜水士免許を受けた者でなければ，潜水業務につかせてはならない。」（第12条），また，潜水作業者への送気調節用バルブ等の操作業務や再圧室の操作業務については「当該業務に関する特別の教育を行わなければならない。」（第11条第1項）と定められている。

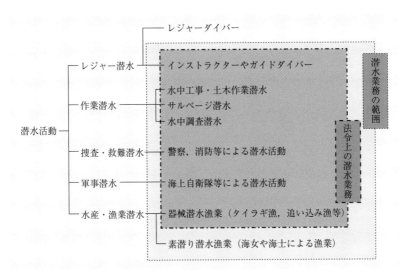

図 1-1-1　潜水業務の範囲

1-2	**潜水業務の歴史**

　人類は有史時代以前から海を活動の場としており，素潜りに始まる潜水も長い歴史を有している。その歴史からみれば，レジャー目的のために潜水が行われるようになったのはごく最近のことであり，潜水の歴史は，すなわち，潜水業務の歴史ともいえる。潜水活動は世界中で行われており，歴史的に無視できない事柄も多いが，ここでは我が国における潜水業務の歴史を中心に記すこととする。

1-2-1　素潜りの時代

　素潜りによる潜水活動は，今から5,000年程前にはすでに行われていた。目的は，食料や装飾品としての魚介類の採取であり，我が国においても縄文時代の遺跡にみられる貝塚にその痕跡が認められる。中国の歴史書である「魏志倭人伝」（3世紀後半）には，海士による真珠，サンゴや魚介類の採取が記されており，また，我が国最古の和歌集である「万葉集」（8世紀中頃）にも海士を題材にした歌が収められている。素潜りによる潜水漁は，人類による水中活動のさきがけとなったばかりでなく，近代の潜水医学，生理学分野の黎明期において，多くの貴重な情報やデータをもたらした。特に我が国の素潜り漁は，規模や多様性において世界有数であったため，研究者達の注目を集めることとなり，"ama"（海士）や"Hekura"（舳倉島）などが世界的によく知られることとなった。漁法の進歩に伴って，素潜り漁は衰退したが，石川県や三重県などでは伝統的に現在でも行われているのは周知のとおりである（図1-1-2）。

1-2-2　潜水器（水中呼吸装置）の発明と発展

　素潜りによって海中世界の扉を開いた人類は，より深く，より長時間の潜水活動を可能とするために，水中における呼吸確保の手段として潜水器を開発するに至った。初期の潜水器は，水面に届く長大な管を介して呼吸

図 1-1-2　昔日の海士の活動図

しようとするものや，動物の皮で作った空気袋を水中に持ちこみ，それを
呼吸源とするものなどさまざまであったが，実用に至ったものはほとんど
なかった。実用的な潜水器の歴史は，1650 年にドイツのゲーリケ（Guer-
icke）が開発した空気ポンプの登場により始まった。空気ポンプは，その
後イギリスのスミートン（Smeaton）らによって潜水用に改良され，陸上
からの圧縮空気送気による水中活動が可能となった。

　ポンプは当初潜水ベル（釣鐘状の潜水装置）への送気に用いられたが，
1797 年には，ドイツのケレンゲルト（Klingert）により，ヘルメット式潜
水器の原型ともいえる金属製の大型ヘルメットおよび銅製ベルトで構成さ

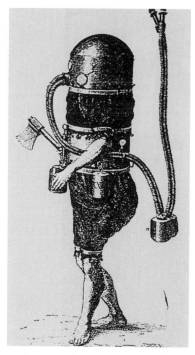

図1-1-3　ケレンゲルトの潜水器

図1-1-4　シーベによる最初の
全身型潜水器

れた潜水器が開発され，空気ポンプとの組合せにより，人による水中での
活動が現実的なものとなった（図1-1-3）。潜水器は，その後さまざまな
試行錯誤が試みられ，1837年にはイギリスのシーベ（Siebe）により排気
弁付き金属ヘルメットと潜水服から構成されるヘルメット式潜水器が開発
された（図1-1-4）。シーベのヘルメット式潜水器は，現在でも基本的な
機構が用いられているほど，非常に画期的なものであり，その後さまざま
な改良が加えられ，ヘルメット式潜水器として確立されていった。ヘル
メット潜水技術の発展により大水深での長時間潜水が可能となったが，それ
は同時に減圧症をはじめとするさまざまな高気圧障害をもたらすことにも
なった。

1-2-3　我が国の潜水業務（明治～昭和初期）

　素潜り漁が盛んであった我が国では，徳川幕府による鎖国の影響で海外
からの技術導入が途絶した影響もあり，独自に潜水器が開発されることは
なかった。幕府が瓦解し政権が明治政府に移ると，海外技術の導入が急速
に進められた。ヘルメット式潜水器は明治4年（1871）に国内に導入され，
翌年には早くも，海軍工作局で製造が開始された。同時期に，民間におい
てもオランダで潜水技術を習得して帰国した増田万吉によりヘルメット式
潜水器の製造が始められた。ヘルメット式潜水器は，産業界において，い
ち早く活用されはじめ，明治11年（1878）頃にはアワビなどの潜水漁業

図1-1-5　実用化されたヘルメット式潜水器

や船舶修理などの潜水作業に，また日露戦争での旅順港の沈船引き上げ作業などに活躍した（図1-1-5）。

　明治中期になると，オーストラリア北方のアラフラ海における白蝶貝の採取が盛んとなり，最盛期にはアラフラ艦隊とよばれた潜水作業船団を送ったが，昭和33年（1958）の大陸棚条約によって入漁禁止となり衰退した。

　大正2年（1913）には吸気弁を歯で噛み，呼気は口から直接水中に排気する「大串式マスク式潜水器」が開発され，この改良型を使って，大正13年（1924）に片岡弓八が，地中海70mの海底に沈んでいた「八坂丸」から金塊の引き上げに成功した。昭和8年（1933）頃には「浅利式」と呼ばれるマスクに空気嚢を取り付け，自然に吸気圧が調整される軽便なマスク式潜水器が開発され潜水作業の普及に貢献した。

図1-1-6　ジェームスの自給気式潜水設備（1825年・文政8年）

1-2-4　自給気式潜水器の登場

　1825年ジェームス（James）により，実用的な最初の自給気式潜水器が考案されたが，当時は圧縮空気を得ることが不可能であったため普及するまでには至らなかった（図1-1-6）。1926年フランスのルプリュール（Le Prieur）により高圧空気をボンベに充填し，圧力調整器を用いて送気する方式が考案され，さらに1942年にはフランスのクストー（Cousteau）とガニヤン（Gagnan）によりデマンド式呼吸器が開発された。高圧空気を充填したボンベとこのデマンド式呼吸器との組み合わせにより，潜水者の吸気動作によって，潜水深度に応じた圧力に自動的に調整された空気を給気することが可能となった。この理想的な自給気式水中呼吸器の出現により，潜水はレジャー分野にまで発展した。自給気式水中呼吸器は"self-con-

図1-1-7　自給気式潜水器を用いて潜水作業に向かう潜水者

tained underwater breathing apparatus"の頭文字を取り"SCUBA"(ス
クーバ)と呼ばれる(図1-1-7)。

1-2-5　我が国の潜水業務 (昭和中期~現在)

　第二次世界大戦によって国内産業は疲弊したが，昭和30年代から始ま
る高度成長期には，港湾建設工事が最盛期を迎え，潜水者の需要も急増し
た。これに併せて，潜水業務の安全確保を目的に昭和36年(1961)には，
「高気圧障害防止規則」が施行され，減圧表や潜水士資格が定められた。
同規則は昭和47年(1972)に「高気圧作業安全衛生規則」に改編され，
その後いくつかの改正を加えられながら現在に至っている。

　スクーバ潜水は，戦後の比較的早い時期に国内に導入されたが，潜水業
務にはあまり普及しなかった。昭和50年代(1980年代)に入っても依然
として潜水業務はヘルメット潜水が中心であったが，そのころスクーバ潜
水で使用される二次圧力調整器(口でくわえて呼吸するための「レギュレ
ーター」)と送気式潜水を組み合わせた「フーカー潜水[*1]」の導入が図ら
れた。安価な空気圧縮機の普及と装備の簡易さから，当初は補助業務用の
潜水技術と考えられていたが，フーカー式の発展型ともいえる「全面マス
ク式潜水器」の導入により，高い機動性や取扱いの容易さに加え，安全性
の確保と水中電話機の利用が可能となったことから急速に普及が進み，現
在ではヘルメット潜水に替わり，潜水業務における主要な潜水方式となっ
ている。

　潜水業務の多様化も潜水技術の変遷を促す要因となった。1970年代に
入り政策として海洋開発が推し進められると，潜水業務に対する関心も高
まっていった。それまで潜水業務といえば，専ら漁業と港湾土木，サルベ
ージ作業に限られていたが，ダムや上下水道設備の調査やメンテナンス作
業，臨海発電所の取水管・放水管の調査や管内付着物の除去作業，海域や

---

*1)　「フーカー潜水」という用語が送気式潜水方式全般を示すのは我が国特有のもので，他国
　　ではほとんど用いられることはない。

湖沼の環境調査など，その枠は徐々に広がっていった。また，1980年代からはレジャー潜水が急速に拡大し，新たにインストラクターや海中ガイドといった潜水業務が誕生した。

　今後，潜水業務はさらに多様化することが予想される。それは，業務内容に限ったものばかりでなく，水深や水域などの潜水環境もより厳しい方向に向かいつつある。したがって，従来にも増してさらに高度な潜水技術と高品質な作業技術がこれからの潜水者には求められている。

1-2-6　減圧表および減圧理論の変遷

　ヘルメット式潜水器の登場により，19世紀には送気式潜水方式が普及し，水中での活動範囲は大幅に広がった。しかし同時に，「減圧症」という新しい職業病を招くことにもなり，その対策が急務となった。英国の生理学者ホールデン（Haldane）は，この問題に精力的に取り組み，ヤギを用いた潜水実験の結果から窒素の溶解排出量を推定し，安全基準を定めた。これが世界初の「減圧表」で，1908年に発表された。減圧表の登場によって，それまで経験とカンに頼っていた減圧症対策は大きな前進を見るに至ったが，潜水業務のさらなる大深度化，長時間化を招くことになり，減圧症の問題は再燃することになる。

　以降さまざまな取組みが行われていくことになるが，特筆すべきは米海軍医官ワークマン（Workman）によるもので，窒素など不活性ガスの最大許容量を表す「M値」の概念を用いて，それまでより格段に体系的で簡単な減圧理論および計算方法を構築した。ワークマンが提唱した概念は，現在でも多くの減圧理論に取り入れられている。

　ホールデンを端緒とする減圧理論は，不活性ガスの取込みと排出は血流によるとすることから「灌流モデル」とも呼ばれている。高圧則で定められた減圧理論も，この灌流モデルのひとつである。他にも，不活性ガスの動態は拡散によるとする「拡散モデル」，不活性ガス気泡を力学的観点から評価した「気泡モデル」などがあり，今なおさまざまな減圧モデルや減

圧理論の研究が行われている。

　これらのことからも明らかなように，決定的な減圧理論というものはいまのところ存在していない。これはすなわち，減圧症を100％防ぎ得る減圧理論（とそれに基づく減圧表）は存在しないということであり，高圧則で定められたものを含め，減圧理論には限界があることを忘れてはならない。したがって，潜水業務の諸条件（水温，潮流の強さ，作業強度，潜水者の体調等）を考慮して，適切に調整することが肝要である。なお詳細については第2編を参照のこと。

1-3　潜水業務の現状

　潜水業務は，水中で何らかの業務を行うことを目的に行われる潜水活動である。そこで，現在我が国で行われている潜水業務のうち主要なものを目的別に以下に示す（表1-1-1）。

1-3-1　漁業潜水
　漁業潜水は非常に長い歴史を有する潜水業務で，文字どおり魚介類の採取を主な目的とするが，魚網の設置や撤去，メンテナンスなども漁業潜水

表 1-1-1　潜水業務の種類と内容

潜水業務	業務内容等
・漁　業	海女，海人（海士），タイラギ漁，追い込み漁，定置網等の補修他
・水中土木・建築	水中測量，捨石均し，水中溶接／溶断，水中構造物の設置／撤去
・水中調査	環境調査，危険物探査，生物調査，海洋調査機器の設置／回収
・サルベージ	沈没船の捜索，燃料流出防止処理，積荷の回収，沈没船解体
・捜査・救難	犯罪証拠品の捜査，遭難者の捜査／救助
・軍　事	機雷処分，海上自衛隊で行われる防衛行動
・レジャー関連	インストラクター，水中ガイドダイバー
・その他	水族館等での水槽内清掃，船舶の船底清掃他

に含まれる。人工漁礁の設置は水産漁業関連ではあるが，一般的には水中土木工事と見なされている。漁業潜水は，その事業形態が個人単位の小規模な場合が多いという特徴を有している。近年では沿岸域の水産資源の減少などにより就労者数は減少傾向にある。

1-3-2 水中土木・建設潜水

　水中での土木や建設作業を目的とした潜水業務のうち，護岸や防波堤など特に築港に関するものは「港湾潜水」と呼ばれており，我が国の主要な潜水業務のひとつとなっている。防波堤などは「ケーソン」と呼ばれるコンクリート製の大型函で構成されているが，それを多数並べていくためには「マウンド」と呼ばれる基礎が必要となる。港湾潜水では，「石均し」（いしならし）と呼ばれるマウンドの造成やケーソン据付けの際の誘導，設置確認などの潜水作業が行われている。他には，ダムや火力発電所などのメンテナンス関連作業がある。発電所の多くは建設から30〜50年ほどが経過しており，ダム壁面や水中の取水管，スクリーンなどの点検，補修が潜水業務によって行われている。大規模な水中土木工事としては，本州四国連絡橋などの橋脚基礎工事や関西国際空港，中部国際空港などの海上空港建設があり，これらの工事でも多くの潜水士が活躍してきた。

1-3-3 調査潜水

　調査潜水では，水中構造物を構築する際の海底地形や障害物有無の調査，潮位計や波高計などの海洋観測機器の設置および回収などが行われている。調査範囲が広範囲である場合が多く，頻繁な移動が必要なため，機動性に優れたスクーバ潜水が用いられている。近年環境問題への関心の高まりから，水中環境の計測や調査を目的とした潜水業務は増加傾向にある。

1-3-4 サルベージ潜水

　「サルベージ」とは海難救助のことであるが，それに付随して行われる

潜水業務は，専ら航行不能船舶，座礁船舶，沈没船の救助や撤去作業に関したものである。沈没船のサルベージ作業では，その調査から，船内に取り残された乗組員の救助，破孔部の防水処置，燃料等の流出防止および抜取り，積荷の回収，船体の解体や引揚げなどで潜水業務が行われている。

1-3-5　捜査・救難潜水

犯罪捜査や水難事故救難を目的とした潜水業務は，主に警察，消防および海上保安庁によって行われている。これらの潜水業務は海象条件の悪いなかで行われることが多く，過酷で危険度も高いため，潜水者には高度な潜水技術が求められる。海上自衛隊における潜水業務も，一部はこれらと重複するものの，通常は軍事潜水として区別されており，代表的なものに機雷処分のための潜水がある。

1-3-6　レジャー潜水関連

レジャー潜水自体は余暇に個々の趣味のために行われる潜水で，潜水業務には当てはまらないが，そのための潜水技術指導や潜水時の支援および水中でのガイドなどを業務として行う場合には，潜水業務に該当する。レジャー潜水における潜水業務は，他とは異なり水中で何かしらの作業を伴うようなことはほとんどないが，1日に何回もの潜水を余儀なくされるなど，過酷な面も少なくない。

　上記以外にも，海底沈埋管や海底ケーブルの敷設関連作業，水族館などの大型水槽のメンテナンス作業等，さまざまな分野で潜水業務が行われて

表1-1-2　潜水業務に必要な技能および作業資格の一例

・潜水士	・送気員	・救急再圧員
・港湾潜水技士	・港湾海洋調査士	・救命講習修了者
・ガス溶接作業者	・アーク溶接作業者	・発破技士
・玉掛け作業者	・その他潜水業務に応じたもの	

いる。すべての潜水業務に共通することは，潜水することが目的ではなく，水中で作業や業務を行うことを目的とする点にある。したがって，潜水者には，従事する潜水業務に応じた技能や作業資格の習得が求められる（**表1-1-2**）。

第 2 章　潜水の物理学

　潜水を行うと人体を囲む環境は空気環境から水環境へと変化し，それに
つれて種々の物理的作用を受ける。水中で人体に影響を与える物理的要素
の主なものは圧力，水環境における熱，浮力，光，音および各種呼吸ガス
の諸特性である。安全に潜水を行うためには，これらの物理法則を正しく
理解することが必要である。

2-1　圧　力

　潜水に関するほとんどすべての事柄に重要なかかわりを持つ物理的要素
は「圧力」である。圧力とは，「単位面積あたりに垂直方向に働く力」と
定義され，面積を S (m²)，力を F [N（ニュートン）] とすれば次式のよ
うに示される。

$$圧力\, p = \frac{F}{S}$$

　圧力 p の単位は「Pa（パスカル）」であるので，1 m² あたり 1 N の力が
働くときの圧力が 1 Pa ということになる。なお 1 N とは質量 1 (kg) の
物体に 1 (m/s²) の加速度を生じさせる力と定義される。

　国際単位系（略称 SI）では Pa を圧力の単位として定めているが，潜水
においてはさまざまな表示単位が混在して用いられることがあるので注意
が必要である。Pa 単位と他の表示単位との比較を**表 1-2-1** に示す。

2-1-1　圧力の伝播 (パスカルの原理)

　液体や気体などの流体は，圧力の伝播について以下のような特性を有し
ている。すなわち，「流体に加えられた圧力は，すべての方向に等しく伝

表 1-2-1　圧力の表示単位と換算

	Pa [パスカル]	kPa [キロパスカル]	MPa [メガパスカル]	bar [バール]	atm [気圧]	kgf/cm²
Pa	1	0.001	1×10^{-6}	0.01×10^{-3}	9.869×10^{-6}	10.197×10^{-6}
kPa	1,000	1	0.001	0.01	9.869×10^{-3}	10.197×10^{-3}
MPa	1×10^{6}	1,000	1	10	9.869	10.197
bar	100,000	100	0.1	1	0.9869	1.0197
atm	101,330	101.33	0.10133	1.0133	1	1.0332
kgf/cm²	98,067	98.067	0.098067	0.98067	0.9678	1

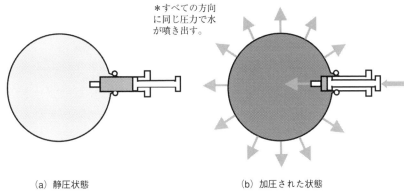

＊すべての方向に同じ圧力で水が噴き出す。

（a）静圧状態　　　　　　　　　　　　（b）加圧された状態

図 1-2-1　パスカルの原理の概念

わり，流体内の任意の面に対し，常に垂直方向に作用する」というもので，「パスカルの原理」と呼ばれており，水圧の作用を考える際に非常に重要な原理である。パスカルの原理の概念を図 1-2-1 に示す。今，ゴム風船に注射器を使って水を注入していくとする（図 1-2-1(a)の状態）。ゴム風船にはあらかじめ水が漏れない程度の小さな穴をいくつも開けておく。内部が水で満たされた状態から，注射器でさらに水を押し込み，風船内の水圧を上げると，風船に開けたすべての穴から，同じように水が噴き出す（図 1-2-1(b)の状態）。注射器によって加えられた水圧は，右から左方向に作用したものであるが，パスカルの原理により，風船内部の水にはすべての

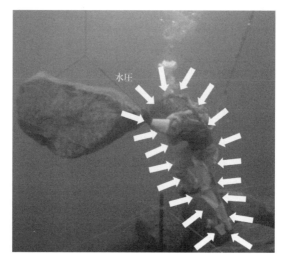

図 1-2-2　潜水者に対する水圧の作用

方向に等しく伝わったため，上下左右にかかわらずすべての穴から等しく水が噴き出すのである。

　我々が潜水した場合を考えてみよう。パスカルの原理により，我々の身体表面には均等に圧力（水圧）が加わることになる（図 1-2-2）。身体に加わった圧力は，これもパスカルの原理により血液や組織液など生体の液体部分を介してあらゆる方向へ均等に伝達されるため，生体の組織構造には歪みを生じない。1,000 m を超える水深でも，その圧力下で深海生物が生存できるのは，このような理由によるものである。

2-1-2　水の圧力

　圧力とは単位面積に加わる力であり，力は質量と加速度からなることはすでに述べたとおりである。水の圧力も同様に考える。まず質量であるが，物体の質量は密度と体積から次式のように求められる。

　　質量（g）＝密度（g/cm³）×体積（cm³）

水の密度は 1 g/cm³ であるので, 容積 1 cm³ あたりの水の質量は 1 g ということになる。同様に, 底面積 1 m², 高さ 10 m の容積の水の質量は,

$$1\,\text{m}^2 \times 10\,\text{m} \times 1,000\,\text{kg/m}^3 = 10,000\,\text{kg}$$

となる。力は質量と加速度の積で示されるが, 地球上にあるすべての物体に対しては重力による加速度（重力加速度：9.8067 m/s²）が作用している。圧力は面積あたりの力で表されるので, 面積 1 m² に質量 10,000 kg の水が加わるときの圧力（水圧）は,

$$水圧\ p = \frac{10,000\,\text{kg} \times 9.8067\,\text{m/s}^2}{1\,\text{m}^2} = 98,067\,\text{Pa} = 98.067\,\text{kPa}$$

となる。海水の密度は, 水よりもすこし大きく, およそ 1,025 kg/m³（1.025 g/cm³）であるので, この場合の水圧は, 100.52 kPa ということになる。表 1-2-1 に示すように 1 気圧は 101.33 kPa であるので, 海水 10 m の圧力はおよそ 1 気圧と考えることができる。したがって, 海水の圧力は, 水深が 10 m 増すごとにおおむね 1 気圧増大するということになる。なお上記に示した圧力は, いずれも流れの無い状態を対象としていることから「静水圧」とも言う。

水圧を考える際には, 単に頭上の水の量を考えればよいというわけではない。潜水業務では, パイプや暗渠のようなところで潜水作業を行うときがある。例えば図 1-2-3 のような状況を考えてみよう。A 点での水の高さは 3 m であり, B 点のそれは 10 m であるが, 両点での水圧は同じであ

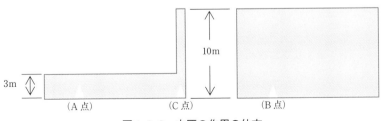

図 1-2-3 水圧の作用の仕方

る。C点での水の高さは 10 m であるので，その水圧が B 点と等しいのは容易に理解できる。パスカルの原理によって，力はすべて均等に働くので，A 点と C 点の圧力は等しくなり，したがって，A 点と B 点の水圧も同じとなる。すなわち，水圧は上部の水の重さではなく，あくまでも水深（水面からの距離）によるものであることを理解しておくことが必要である。

2-1-3 空気（大気）の圧力

　地球の周りは大気に覆われていることはよく知られており，我々の生活も大気の中で営まれている。この大気の主な成分は，周知のように空気である。日常実感することはほとんどないが，我々の周りにある空気にも重さがある。したがって水圧のときと同様に，空気の密度に高さ（大気の厚さ）を乗じれば，空気による圧力が求められることになる。しかし，現在においてもいまだ大気の厚さは不明で，オーロラなどの観測から 1,000 km 以上あるのではないかと推測されてはいるが，明確な値は求められていない。そのため，大気の重さを用いる方法では大気の圧力を知ることはできない。

　大気の圧力は別の方法で求められた。17 世紀のイタリアの物理学者トリチェリ（Torricelli）等の実験により，大気の圧力は水銀をちょうど760 mm（0.76 m）押し上げる力と同じであることが発見された。水銀の密度は 0℃ のときに $13.5951 \times 10^3 \mathrm{kg/m^3}$ であるので，高さ 0.76 m の水銀柱の質量は，断面積を $1 \mathrm{m^2}$ とすれば

$$13.5951 \times 10^3 \mathrm{kg/m^3} \times 0.76 \mathrm{m^3} = 1.03323 \times 10^4 \mathrm{kg}$$

となる。この質量に重力加速度を乗じれば大気の圧力が求められる。すなわち，トリチェリ等が求めた $1 \mathrm{m^2}$ あたりに作用する大気の圧力は，

$$大気圧\ p = \frac{1.03323 \times 10^4 \mathrm{kg} \times 9.8067 \mathrm{m/s^2}}{1 \mathrm{m^2}} = 1.0133 \times 10^5 \mathrm{Pa}$$
$$= 101.33 \mathrm{kPa}$$

となる。これは「標準大気圧[*1)]」とも呼ばれ，1気圧となる（**表1-2-1**）。大気の密度は一定ではなく，海面から離れるほど小さくなることから，大気圧は我々が潜水を行う海水面付近（海抜0m）が101.33kPaと最も高く，高度が上がるほど（海抜が高くなるほど）低くなる。例えば富士山山頂（海抜3,776m）の気圧は約65.3kPaであり，エベレスト山頂（海抜8,848m）では約30kPaにまで低下する（**図1-2-4**）。

気圧の変化は，一見潜水とはあまり関係ないように思われるが，近年ダム湖や河川など比較的標高の高いところで潜水業務が行われるようになってきており，そのような場所での潜水では，気圧の変化が大きく影響する。浮上方法や減圧表など潜水に関係する多くの事項は，潜水前後の大気圧が101.33kPaであることを前提にして組み立てられているので，この条件が異なった場合にはそれを補償する手段が必要となる。したがって，海洋以外の水域で潜水業務を行う場合には，その水面の大気圧がどのくらいであるか知っておかなければならない。航空機の多くは，飛行中内部の気圧

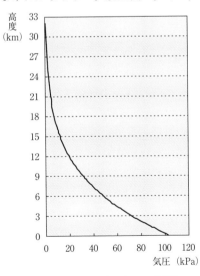

図1-2-4　高度と気圧の関係

---

*1）　現在では，国際度量衡総会で観測値をもとに決定している。

が1気圧以下になることもあるので，潜水業務後の航空機搭乗も，同様の理由から注意が必要である。詳細については第2編第4章を参照のこと。

2-1-4　ゲージ圧力と絶対圧力

　潜水の物理学に使用される圧力単位にはさまざまなものがあるが，単位以外にも「ゲージ圧力」と「絶対圧力」が使われている。水中に潜水すると我々の身体は水圧の影響を受けるが，海面にはすでに大気圧が作用しているので，実際に潜水中に我々の身体にかかる圧力は，

　　　潜水中実際にかかる圧力＝水圧＋大気圧

となり，この圧力を「絶対圧力」という。例えば，海で水深20mに潜った場合身体にかかる絶対圧力は，

$$水深20mの絶対圧力＝水圧＋大気圧＝(100.5×2)kPa＋101.33kPa$$
$$＝302.33kPa≒300kPa$$

となる。一方「ゲージ圧力」とは，身体にかかる圧力のうち水圧のみを示している。したがって，水深20mでのゲージ圧力は，

$$水深20mのゲージ圧力＝水圧＝(100.5×2)kPa＝201kPa≒200kPa$$

となる。この値は圧力計による指示値と同じであり，計器を示すゲージ（gauge）という言葉が使われる所以でもある。

　潜水の物理学では，通常絶対圧力が用いられるので，ゲージ圧力が使われる場合には識別のために末尾に「G（もしくはgauge）」が付加されることがある。先ほどの例で示せば，

　　　水深20mのゲージ圧力≒200kPa（G）

ということになる。

　特に絶対圧力であることを示す必要がある場合には，圧力単位の末尾に

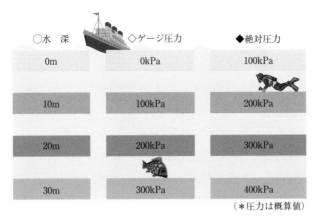

図1-2-5　ゲージ圧力と絶対圧力

「abs（もしくはa)」(absolute) を付加する。すなわち,

　　水深20 mの絶対圧力≒300 kPa（abs)

となる。一般的にはゲージ圧力による表記が多く見られるが, 潜水医学や科学の分野では絶対圧力を使用することが多い。文献資料によっては, ゲージ圧力と絶対圧力の区別があやふやな場合もあるので, 注意が必要である (図1-2-5)。

2-2 気体の法則

　圧力と空気をはじめとするあらゆる気体との間にはある一定の法則性があり, これを「気体の法則」という。潜水業務では, あらゆる面において, この気体の法則が大変重要な役割を果たしている。我々の身体には, 肺や気道, 副鼻腔など含気体腔部がいくつかあるが, こういった部分は, 圧力によって体積が変化するという気体の性質に大きな影響を受けることになる。また, 潜水時に呼吸するガスの分圧や溶解度は, 潜水深度の安全限界や減圧時間の長短を左右する要因であるが, これらに関しても気体の法則が関与している。したがって, 気体の法則を正しく理解することは, 安全

潜水の第一歩であるともいえる。

2-2-1　圧力と気体体積の関係（ボイルの法則）

　圧力と気体の体積変化に関する法則は，潜水において最も重要な法則のひとつである。この法則はイギリスのボイル（Boyle）によって発見されたため「ボイルの法則」と呼ばれている。ボイルの法則は，

　「一定温度の気体の体積は圧力に反比例する」

というものである。ボイルの法則によれば，圧力 P_1 のとき体積 V_1 の気体を温度一定のまま圧力を2倍（$P_2=2P_1$）にすると，気体の体積は半分になる（$V_2=V_1/2$）。これを式で表すと以下のようになる。

$$P_2 \times V_2 = 2P_1 \times \frac{V_1}{2} = P_1 V_1 \quad\text{------- (1)}$$

　上の例と同様に，圧力が3倍に変化すれば，気体の体積は3分の1に，

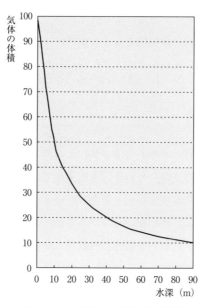

図1-2-6　圧力と気体体積の関係

4倍になれば4分の1となる。

　圧力と気体体積の関係は，先に示した式のとおりであるが，これをグラフで示すと図1-2-6のようになる。曲線は，水面で体積100を持つ気体を水中に沈めていったときの水深に対する体積の変化を示している。グラフからも明らかなように，体積の変化は水深が浅いほど急で，水深が深くなるにつれて緩やかになる。この変化の具合は潜水にとって大きな影響を及ぼす。特に水深10 m（2絶対気圧）からの浮上では，気体体積は2倍に膨張するので，その点に留意しておかなければならない。

2-2-2　気体の温度と体積の関係（シャルルの法則）

　気体の体積は，圧力ばかりでなく温度によっても影響を受ける。気体の体積と温度の関係はフランスの物理学者シャルル（Charles）によって発見されたもので「シャルルの法則」と呼ばれており，以下のように定義されている。

　「圧力一定のとき，気体の体積は絶対温度に比例する」

これを式で示すと以下のようになる。

$$\frac{V_1}{T_1} = \frac{V_2}{T_2} \qquad\qquad (2)$$

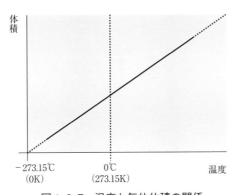

図1-2-7　温度と気体体積の関係

シャルルの法則によれば，絶対温度 T_1 のとき V_1 の体積を持つ気体は，絶対温度が T_2 に変化すると，圧力が変化しなければ体積は V_2 となる。ちなみに，「絶対温度」とは，－273.15℃ を基準とした温度単位系で，単位は K（ケルビン）を用いる。20℃ を絶対温度で示せば，293.15 K ということになる。

シャルルの法則による気体体積と温度の関係を**図 1-2-7** に示す。

2-2-3　圧力，温度と気体体積の関係（ボイル‐シャルルの法則）

先に示したボイルおよびシャルルの法則は，いずれも気体の体積変化に関するものであるが，ボイルの法則では温度一定，シャルルの法則では圧力一定を条件としている。温度と圧力がともに変化したときの関係を表したものが，「ボイル‐シャルルの法則」と呼ばれるもので，

「気体の体積は，圧力に反比例し，温度に比例する。」

と示される。これを式で示せば，以下のようになる。

$$\frac{P_1V_1}{T_1} = \frac{P_2V_2}{T_2} \hspace{3cm} (3)$$

ボイル‐シャルルの法則によって示された各物理単位の関係を**図 1-2-8** に示す。

一般的な潜水業務での人体に対する影響は，圧力と気体体積の変化に関するものがほとんどであるが，それらの変化にも温度が関与していること

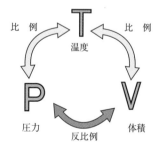

図 1-2-8　気体の体積・温度・圧力の関係

を忘れてはならない。例えば，スクーバ潜水において 12 L の高圧ボンベに 20 MPa まで空気を充塡し，このときの空気温度が 57℃ であったとする。このボンベを用いて水温 17℃ の海に潜水した場合，海水によってボンベ内の空気温度も 17℃ まで冷却されるので，ボンベ内の空気圧力はボイル‐シャルルの法則により変化する。すなわち，

$$\frac{P_1 V_1}{T_1} = \frac{P_2 V_2}{T_2}$$

ここで，$P_1 = 20$ MPa，$T_1 = 273.15 + 57 = 330.15$ K，$T_2 = 273.15 + 17 = 290.15$ K，$V_1 = V_2 = 12$ L であるので，これを式に代入すると，

$$\frac{20 \times 12}{330.15} = \frac{P_2 \times 12}{290.15}$$

$$P_2 = 17.576 \text{ MPa}$$

となる。漏気もなく使用もしていないにもかかわらず，空気の温度低下により，タンク内の圧力は 20 MPa から約 17.6 MPa に減少してしまう。高圧ボンベを炎天下に放置し，ボンベ内の空気温度が上昇するような場合には，上記とは逆に，温度の上昇とともに空気圧力は増大していき，ボンベの耐圧限界を超えると「爆発」を起こすことになる。

2-2-4　圧力と気体の分圧の関係（ダルトンの法則）

2 種類以上の異なる気体が混ざり合っている気体を混合気体（混合ガス）といい，それぞれの成分気体が示す圧力を「分圧」という。この分圧の総和が，混合気体の圧力となる（図1-2-9）。すなわち，

「2 種類以上の気体からなる混合気体の圧力（全圧）は，各成分
気体の分圧の和に等しい。」

と表すことができる。これは，英国の科学者ダルトン（Dalton）によって発見された気体の法則で「ダルトンの法則」または「分圧の法則」と呼ばれている。

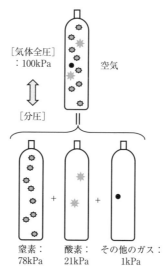

［気体全圧］
：100kPa

空気

［分圧］

窒素：
78kPa

酸素：
21kPa

その他のガス：
1kPa

図1-2-9　ダルトンの法則

上記を式で示せば以下のようになる。

$$P = P_a + P_b + P_c \quad\text{——————}\quad (4)$$

$$\left.\begin{aligned} P_a &= P \times \frac{F_a}{100} \\[1mm] P_b &= P \times \frac{F_b}{100} \\[1mm] P_c &= P \times \frac{F_c}{100} \end{aligned}\right\} \quad\text{——————}\quad (5)$$

このとき，P：混合ガスの圧力（全圧），

　　　　　P_a, P_b, P_c：気体a，b，cの分圧，

　　　　　F_a, F_b, F_c：気体a，b，cの成分比（体積比）（%）

　空気は，成分比（体積比）約78%の窒素（N_2），21%の酸素（O_2），および1%のその他のガスから構成されているので，一種の混合気体と考えることができる（実際には空気は独立したガスとして扱われることが多く，混合ガスには含まれない）。大気圧はおおむね100kPaであるので，この

時の各成分気体の分圧は，式（5）から以下のように求められる。

窒素分圧：$P\mathrm{N_2} = 100 \times \dfrac{78}{100} = 78\ \mathrm{kPa}$

酸素分圧：$P\mathrm{O_2} = 100 \times \dfrac{21}{100} = 21\ \mathrm{kPa}$

その他のガス分圧：$P\,(\mathrm{other}) = 100 \times \dfrac{1}{100} = 1\ \mathrm{kPa}$

なお気体名の前の「P」は分圧であることを示す記号で，英語表記の partial pressure によるものである。

　分圧は，成分比と圧力の積であるから，成分比が一定であっても圧力が変化すれば分圧も変わることになる。空気の成分は，地球上のどこでもほぼ同じであるが，水面付近での酸素分圧が 21 kPa であるのに対して，エベレスト山頂（山頂の気圧：30 kPa）では 6.3 kPa であり，水深 20 m（300 kPa）では 63 kPa ということになる。エベレスト山頂では，「酸素が薄くなった」ため息が苦しいと言われることがあるが，酸素濃度はエベレスト山頂でも変わることはないので，正しくは「酸素分圧が低下した」ことによるものである。我々の身体は大気圧下での気体分圧を最適とするようになっているため，この気体分圧が大きく異なる環境では，障害を生じることがある。これを防止するために，高圧則では気体分圧に制限が設けられている。例えば，窒素酔い防止のため，窒素分圧は 400 kPa 以下とするよう定められている。また，浮上方法を決定する際に用いられる減圧計算式は，窒素やヘリウムの分圧を対象としている。このように，潜水において分圧は非常に重要な数値であるので，正しく理解しておくことが必要であ

表 1-2-2　周囲圧力による分圧の変化

場　　所	気体成分比	周囲圧力	$P\mathrm{O_2}$	$P\mathrm{N_2}$
エベレスト山頂 ↑ 海面 ↓ 水深 20 m	［空気］ $\mathrm{N_2}$：78% $\mathrm{O_2}$：21%	30 kPa ↑ 100 kPa ↓ 300 kPa	6.3 kPa ↑ 21 kPa ↓ 63 kPa	23.4 kPa ↑ 78 kPa ↓ 234 kPa

る（**表1-2-2**）。

2-2-5　気体の圧力と溶解（ヘンリーの法則）

　気体が液体に接しているとき，気体分子は液体中に分散する。これを「溶解」という。液体に対する気体の溶解は，「ヘンリー（Henry）の法則」によって定義される。すなわち，下記のように示される。

　　　「温度が一定のとき，一定量の液体に溶解する気体の量は，その
　　　圧力（混合気体では分圧）に比例する」

　『理科年表』（令和3年度版：国立天文台編）によれば，1 mLの水に対する気体の溶解度は，20℃，1気圧（101.33 kPa）の時に，窒素：0.016 mL，酸素：0.031 mLである。潜水に関係する気体の溶解度を**表1-2-3**に示す。これは，ペットボトルサイズ（1 L＝1,000 mL）の水で考えれば，窒素は16 mL，酸素は31 mL溶解することになる。気圧が2気圧に増えれば溶解量も比例して増加し，窒素の溶解量は32 mL，酸素は62 mLとなる。しかし，これだけの量が溶解したらそれ以上は溶解することができなくなる。この状態を「飽和」という。飽和状態に達すれば，以後は気体と液体の間では平衡状態が維持されることになる。この考え方が，何日もの水中滞在を可能とした飽和潜水の理論的根拠となっている。

　それでは，2気圧の状態から今度は1気圧になった場合はどうだろうか？　先に示したように1 Lの水に溶け込める窒素は，1気圧では2気圧

表1-2-3　気体の溶解度

気　体	化学式	0℃	20℃
窒　素	N_2	0.024	0.016
酸　素	O_2	0.049	0.031
ヘリウム	He	0.0093	0.0088
炭酸ガス	CO_2	1.71	0.88

＊1気圧の水1 mLに対する値，0℃換算値

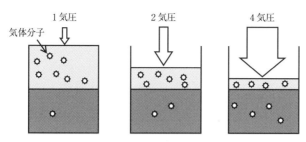

図1-2-10 ヘンリーの法則

の半分しかない。もし2気圧から1気圧になった時に16mL以上の窒素があれば，その余剰な窒素は水から気体中へ排出されることになる。このような窒素が余剰となった状態を「過飽和」といい，過飽和の状態が解消されるまで，窒素の排出は継続する。

　以上のような圧力の変化に伴う気体と液体との間のやりとりは，潜水中の我々の身体内でも生じている。すなわち潜降によって周囲圧力が増大すると，肺（肺胞）を通して窒素が血液中に溶け込み，組織へ送られる。浮上して周囲圧力が減じると，過飽和となった窒素は血液中から肺胞内へ拡散によって放出され，呼気によって体外へ排出される（図1-2-10）。

2-3 気体の特性

　気体には，上記に示した各気体の法則のほか，以下のような特性がある。

2-3-1 拡 散

　気体の「拡散」は，気体分子が散らばり広がる物理的な現象で，気体分子は圧力（分圧）の高いほうから低いほうへ移動し，圧力差がなくなるまで，すなわち「平衡状態」となるまで継続する。我々が呼吸によって酸素を取り込み，炭酸ガス（二酸化炭素）を排出する仕組みも，この拡散によるものである。気道から肺胞に取り込まれた空気中の酸素は，肺胞を覆う毛細血管網を通して血液中へ拡散し，逆に血液中の炭酸ガスは肺胞内に拡散する。この酸素と炭酸ガスの交換を「ガス交換」といい，肺胞だけでな

く末梢組織においても行われている。潜水では深度によって周囲の圧力が大きく変化する。このとき，周囲の圧力に応じて高圧の空気を呼吸すると，吸気中の窒素分圧が上昇し，肺胞における窒素分圧と血液や組織内の窒素分圧との平衡が崩れるため，窒素は血液や組織内に拡散，溶解していく。浮上の際には呼吸する空気の圧力が減少するため，今度は肺胞内より血液や組織内の窒素分圧が高くなり，血液中から肺胞内に拡散することになる。

　拡散の程度は「拡散度」（「拡散係数」ともいう）で示され，その単位は $[m^2/s]$ である。単位からも明らかなように，拡散度は拡散する速さと考えることができる。ヘリウムと窒素を比較すると，液体への溶解度はヘリウムのほうが小さいが，拡散度は逆に窒素の 2.65 倍大きい。そのため，ヘリウム混合ガスを短時間の潜水に用いると，溶解度の低いヘリウムのほうが窒素より多く溶解することになり，減圧に不利となる。

2-3-2　湿　度

　空気には水蒸気が含まれており，その量は「湿度」として示される。湿度のうち，「絶対湿度」とは，単位体積あたりの空気に含まれる水蒸気量を示したものであるが，その温度の空気中に存在し得る最大水蒸気量（「飽和水蒸気量」という）に対する実際の水蒸気量の比率（％）が「相対湿度」で示され，通常はこの値が用いられている。潜水では圧縮空気が利用されるが，空気中の水蒸気は圧縮の過程で除去されてしまうため，通常の生活で呼吸する空気よりも乾燥したものとなっている。乾燥した空気を呼吸すると，潜水者の口や喉，鼻などの粘膜を乾燥させてしまうため，不快感を引き起こす。したがって，潜水者への給気の際に湿度を付加することは，潜水作業の快適性向上に効果があるが，過度の場合には呼吸抵抗が増す原因ともなる。

　潜水中に乾燥した空気を吸気した場合でも，吐き出した息には多量の水蒸気が含まれている。この水蒸気は，結露し潜水器内に水分として留まるが，通常は排気とともに海中に放出されるので何ら問題とならない。しか

し，極端に気温の低い寒冷地での潜水では，この水分が凍結してしまい，潜水器の機能を阻害してしまうことがあるので注意が必要である。また，呼気に含まれる水蒸気や皮膚からの蒸散によって，潜水マスクの面ガラスに曇りが生じる。視界の不良は潜水業務に支障を来すため，事前に面ガラスに唾液や防曇剤などを塗布して予防する必要がある。

2-3-3 密　度

単位体積あたりの気体の質量を「密度」といい，圧力に比例して変化する。例えば，1 気圧（101.33 kPa）の空気の密度は 1.226 kg/m³ であるが，3 気圧（303.99 kPa）では 3.678 kg/m³ となる。空気密度の増加は潜水者の呼吸に影響を及ぼす。空気密度の増大は，すなわち単位体積あたりの空気重量の増大であり，「重い」空気は呼吸抵抗を増大し，肺での換気能力を低下させる。水深 40 m では呼吸する空気の密度は水面の 5 倍になるが，そのときの肺換気能力は水面の半分以下に低下してしまう。このような状態では，作業活動に必要な換気量が得られなくなるため，大深度潜水では密度が小さく麻酔作用のないヘリウムガスを利用した「軽い」混合ガスが空気に換えて用いられる。

2-4　浮　力

潜水に際して，我々は潜降を容易にするためにウエイト（鉛錘）を装着する。ウエイトがないと身体が浮き上がってしまい，潜水するために多大な労力を必要とすることになる。水中で我々の身体を浮き上がらせようと作用する力を「浮力」という。水による浮力の作用は古代ギリシャの科学者アルキメデスによって発見されたため，「アルキメデスの原理」とも呼ばれ，次のように定義されている。

「流体中で静止している物体に働く浮力は，物体を流体で置き換えたときの流体の重量に等しい。」

すなわち, 今, 体積 1 L (1,000 cm³), 密度 2 g/cm³ の物体があるとする。この物体の重量は 2 kg となる。1 L の水の重量は 1 kg であるので, 物体を水にいれると, 2 kg (物体の重量)−1 kg (浮力)＝1 kg (水中での物体の重量) と, 空気中での重量よりは軽くなるが, 重量が浮力を 1 kg 上回るので, 物体は沈むことになる。同じ体積を持つ物体でも, 密度が 0.9 g/cm³ の場合には, 重量は 0.9 kg となるので, 0.9 kg (物体の重量)−1 kg (浮力)＝−0.1 kg (水中での物体の重量) となり, 今度は浮くことになる。このように, 浮力にはいくつかの種類があるが, 以下のように区分することができる。

① 置き換えられた水の重量 (浮力) が, 物体の重量より小さい場合には, 物体は水中に沈む。このときの浮力を「負の浮力」という。

② 置き換えられた水の重量が, 物体の重量と同じ場合には, 浮くことも沈むこともなく, 水中に静止する。これを「中性浮力」という。

③ 置き換えられた水の重量が, 物体の重量より大きい場合には, 物体は水面に浮き上がる。このときの浮力を「正の浮力」という。

水などの液体には浮力の作用があり, その大きさは液体の密度によって影響される。したがって, 1.025 g/cm³ の密度を持つ海水は, 1.0 g/cm³ の密度の真水よりわずかに大きな浮力の作用を有している。そのため, 潜水者は湖よりも海での方が浮きがちになり, 多くのウエイトが必要となる。

簡単に, 物体が浮くか, もしくは沈むかを知るためには,「比重」が用いられる。比重は, 真水の密度を基準として物体の密度をその比率で示したもので, 真水の比重 1.0 に対し, 物体の比重がそれ以上のときは負の浮力に, それ以下のときには正の浮力になる。人体の比重には個人差があるが, おおむね 0.923〜1.002 と考えられている。身体の部位のうちもっとも比重が軽いのは脂肪 (0.92) であり, 筋肉 (1.085) は水の比重より大きな値を持つ。このことから, 脂肪分が多い肥満傾向にある者は, 比重が軽いため浮きやすくなる。一方痩せていたり筋肉質の者は, 比重が重く沈みやすい。海水の比重は 1.025 であるので, 海であればほとんどの人は浮

力によって浮き上がることになる。実際には，裸で潜水業務が行われることはなく，必ず潜水装備を装着するので，最終的な浮力調整は潜水装備によって行う。海底付近で潜水業務を行うのであれば負の浮力に，中層域での場合は中性浮力に調整する。浮力の調整は装着するウエイト重量や潜水服またはBC（浮力調整具。p.8 および p.64 参照。）によって行う。

2-5 潜水に関係する気体の性質

すべての潜水業務は，水中で呼吸しながら行われる。呼吸ガスには空気のほか，酸素と他の気体を組み合わせた「混合ガス」が用いられる。潜水に関係する各気体はさまざまであるが，それぞれ異なる性質を有している。潜水業務を安全に行うためには，各気体の性質をよく理解しておくことが必要である。以下に示す気体の特性は，潜水者にとって特に重要である。

2-5-1 空 気

我が国で行われているほとんどの潜水業務は，圧縮空気を用いて行われている。空気は，酸素と窒素を主要な成分とし，他に炭酸ガス（二酸化炭素）や水蒸気などから構成されている。空気の成分を表 1-2-4 に示す。

表 1-2-4　空気の主な成分

気　体	元素記号	容積（%）
窒　素	N_2	78.084
酸　素	O_2	20.9476
アルゴン	Ar	0.934
炭酸ガス	CO_2	0.0314
ネオン	Ne	1.8×10^{-3}
ヘリウム	He	5.2×10^{-4}
メタン	CH_4	0.2×10^{-3}
クリプトン	Kr	1.14×10^{-4}
一酸化窒素	N_2O	5.0×10^{-5}
キセノン	Xe	8.7×10^{-6}
水　素	H_2	5.0×10^{-5}
水蒸気	H_2O	0〜4

（資料：ISO 2533-1975 を改変）

2-5-2 酸 素

　酸素は無色，無味，無臭の気体で液体にはわずかしか溶けない。酸素は，物の燃焼を支える力があり，体内に取り入れられた酸素が，炭水化物や脂質と化学的に反応し，この際放出されるエネルギーが生命を支える原動力となっている。このように酸素は生命維持に必要不可欠のものであるが，高い分圧の酸素は有害で，酸素中毒を引き起こす。このため高圧則では，潜水等に用いる際の酸素分圧を 18 kPa 以上，160 kPa 以下（必要な措置を講ずれば 220 kPa 以下）とするよう定められている。

2-5-3 窒 素

　窒素は無色，無味，無臭の不活性な気体であるが，高温では他の元素や金属と直接化合し，窒化物を生成する。一方高温にさらされることのない生体内では非常に安定しており，「生理的不活性ガス」として取り扱われる。高い分圧の窒素には麻酔作用があり，「窒素酔い」を引き起こすことになるため，高圧則では潜水等に用いる際の窒素分圧を 400 kPa 以下とするよう定められている。したがって，空気潜水では，水深は 40 m までに制限される。潜水中，窒素は体内に溶解し，浮上に伴って排出されるが，急速な浮上（減圧）では体内で気泡化し，「減圧症」の原因となる。

2-5-4 ヘリウム

　ヘリウムは無色，無味，無臭のきわめて軽い気体で，化学的には他の元素と全く化合せず非常に安定した気体であり，「不活性ガス」と呼ばれている。ヘリウムには窒素のような麻酔作用がなく，また，密度が小さいため，窒素酔いと呼吸抵抗の軽減のため空気や酸素と混合させ深海潜水用の呼吸ガスとして用いられている。しかし，熱伝導性が高いために潜水者の体温を奪ったり，密度が小さいため，音声の伝達を歪ませる（ドナルドダック・ボイス）欠点がある。

2-5-5　炭酸ガス（二酸化炭素）

　炭酸ガスは無色，無味，無臭の気体で，人体の代謝作用や物質の燃焼によって生じる。生物の呼吸に微量必要であるが，大気圧下で2%（分圧：2 kPa）以上の濃度になると中毒作用を引き起こす。高圧則では，分圧を0.5 kPa以下とするよう定められている。

2-5-6　一酸化炭素

　一酸化炭素は吸入すると赤血球のヘモグロビンと結合し，酸素の組織への運搬を阻害する非常に有毒な気体で，無色，無味，無臭。エンジンの排気に多く含まれるほか，物質の不完全燃焼やコンプレッサーオイルの過熱などによっても発生する。吸引すると微量でも中毒症状を引き起こすので，コンプレッサーを用いて送気式潜水を行ったり，ボンベ充填を行ったりする場合には，圧縮空気中に一酸化炭素が混入しないように十分注意しなければならない。

2-6　水中での光の伝播（水中での視覚）

　我々が物体を視認するためには，光が不可欠である。物体の形や色は，その物体が反射した光を目で捉えることによってはじめて視認することができる。水中における光の伝播は空気中とは異なるため，潜水中には我々の視覚も大きく変化する。潜水業務を安全かつ効率良く行うためには，水中での光の伝播や視覚の変化について十分に理解しておくことが必要である。

2-6-1　水中でのものの見え方

　光は，密度の異なる媒体を通過するとき，その境界面で進行方向が変化するという特性があり，これを「屈折」という。我々は，潜水中面マスクを装着するが，空気の密度は水とは大きく異なるため，水中を進んできた光は面マスク内の空気との境界面で屈折する。面マスクには面ガラス部が

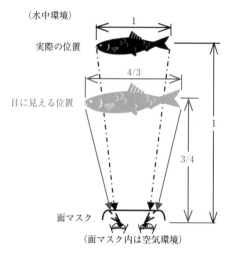

（水中環境）

実際の位置

1

4/3

目に見える位置

1

3/4

面マスク

（面マスク内は空気環境）

図1-2-11　水中での視野

あるが，水の密度はガラスの約2分の1であるのに対し，空気のそれとは
1,000倍と桁違いに大きいので，ガラスによる屈折は無視し，水と空気に
よるものと考えて実用上ほぼ差し支えない。

　我々は，潜水中は常にこの屈折した光によって物体を視認することにな
るが，そのため，物体が実際よりも大きく（3分の4倍），また近く（4分
の3の距離）にあるように感じる。しかし，物体が遠距離にあったり，水
が濁っていた場合には逆の現象が生じ，実際より小さくまた遠くにあるよ
うに感じられる。この現象は，濁りがひどいほど顕著となり，潜水者を惑
わせる要因となるが，経験や訓練によってある程度対処することができる
（図1-2-11）。

　面マスク内の空気は，光を屈折させ潜水者の視覚に大きな影響を及ぼす
が，水中で良好な視覚を得るためには不可欠なものでもある。潜水者が面
マスクを装着せずに潜水すると，視覚はさらに悪化することになる。我々
の目には角膜と水晶体というレンズ機能があり，そこで光が屈折し，網膜
上に結像することによって物体を見ることができる。角膜の屈折率（屈折

の度合い）は水に近いので，水中では角膜による屈折作用（レンズ機能）が損なわれて光を屈折させることができなくなる。そのため，目のレンズ機能は水晶体による屈折だけとなり，強度の遠視のようにものをはっきりと見ることができなくなる。

2-6-2 　水中での色と明るさ

　光が水中を進むとき，「散乱」と「吸収」によって光は弱くなる（減衰する）。「散乱」とは，光が水中に浮遊する懸濁物やプランクトンなどに衝突し，進行方向が変わってしまう現象であり，濁りがひどいほど散乱による影響も大きなものとなる。水中で光が散乱すると，視認しようとする対象物とその背景の陰影（コントラスト）が低下するため，全体的にぼやけたような景色となり対象物との距離の把握も困難となる。視認のために，さらに水中ライトを増設したり，照明器の光量を上げたりすると，かえって散乱がひどくなり，まるで霧の中にいるような状態となってしまい，視覚が奪われる。

　また，光は水の分子によって吸収されてしまうため，非常に澄んだ水中でも，空気中のように遠方まで達することはできない。水分子による吸収の度合いは光の波長によって異なり，波長が長いほど吸収されやすい傾向にある。我々が視認する色成分は波長によって異なるので，波長ごとに異なる吸収度合いの差は，水中での色の見え方に大きく影響する。すなわち，波長の長い赤色がまず失われ，波長の短い青色は比較的よく見える。潜水業務が行われる海中には，多くの懸濁物やプランクトンなどが浮遊しているが，このような水域では水分子に加え，懸濁物やプランクトンによる吸収も生じる。プランクトンは水分子とは異なり，青色など短い波長の光ほどよく吸収するため，プランクトンが大量に浮遊する水中では，光量自体が大きく減衰するうえ，見える色の具合も通常の水中とは大部異なったものとなる。水中で感じる視覚の異常は，経験や知識によってある程度補うことが可能であるが，我々は，色や形を視認することによって非常に多く

の情報を得ているので，これらの情報入手が制限されてしまう水中では，常に危険が伴っていることを自覚しなければならない。このような懸濁物やプランクトンの多い濁った水中では，蛍光性のオレンジ色や白色，黄色が色の変化が少なく，視認しやすいことが知られている。

2-7 水中での音の伝播

　音は振動によって伝播するため，密度の高い物質ほどよく音を伝える。したがって，気体より液体，液体より固体の方が音は速く，そして効率良く遠くまで伝播する。空気中での音の伝播速度は毎秒約330 mであるが，水中では毎秒1,400～1,500 mにも達する。我々は，両耳に到達する音の大きさや時間のわずかな差から，音源の方向と距離を認識することができるが，水中では音の伝播速度が非常に速いので，この耳の機能は大幅に損なわれてしまう。そのため，船が近づいたのに潜水者がその距離や方向を確認できず，そのまま浮上してスクリューで大けがをした事故例もある。

　潜水中には，自身の潜水器の排気による気泡がノイズ（雑音）となり，潜水者の聴覚を妨げる。また，水中での作業に圧縮空気を駆動源とする空圧工具を用いる場合にも，排気による大量の気泡ノイズによって，潜水者の聴覚が奪われるばかりでなく，過大な場合には耳に障害を及ぼす危険もある。このような作業に従事する場合には，頭部全体を覆うフードを使用することによって，気泡ノイズの影響を軽減し，障害から耳を保護することができる。

2-8 水中での熱の伝播

　通常潜水業務が行われる水中は，人体にとって冷たい環境であり，それによる過度の体温損失は低体温症などの障害を引き起こす。潜水中の体熱損失を防ぐためには，潜水服の着用が不可欠である。熱の伝播には，「熱伝導」「熱対流」「熱放射」および「蒸発」があるが，このうち「熱伝導」とは，直接的な熱の伝播のことである。例えばストーブの上に載せた鍋で

は，ストーブと接しているのは鍋底だけであるが，取っ手部分までもが熱せられる。これは，熱伝導によって鍋底の熱が取っ手に伝わることによるものである。水の熱伝導度は空気の約 25 倍も高い（熱を伝えやすい）ので，潜水服を使用せずに水中に潜ると，体表面の熱が周囲の水に伝わり，急速に体熱を損失していくことになる。潜水者の体熱損失のほとんどは，この熱伝導によるものである。

「熱対流」とは，水の動きによって熱が移動する現象である。すなわち，体温によって潜水者の周囲の水は温められるので，遠方の冷たい水との間に密度の差が生じ，それによって対流が引き起こされる。熱対流によって温められた水はどこかへ行ってしまうので，潜水者は常に周囲の水を温めつづけなければならず，多大のエネルギーを損耗することになる。潜水者は水中で絶えず身体を動かしているので，対流の影響はさらに大きなものとなる。

「熱放射」は電磁波による熱の移動で，代表的なものに太陽からの熱や電熱器，炭火から受ける熱などがある。熱放射（と吸収）はすべての物体に生じる現象であり，我々の身体も熱を放射しているが，放射による熱の移動量は，熱伝導や熱対流に比べれば非常に小さく，実用上は考慮しなくてもよい。

「蒸発」は，水が気体（水蒸気）に変化するときに起こる熱の移動で，発汗や呼吸による熱損失が当てはまる。潜水中，我々の身体は潜水器や潜水服に覆われているため，蒸発による熱損失はあまり大きくないが，潜水終了後，船上に身体が濡れたままの状態でいると，風によって体表面の水が蒸発し，急速に体熱を損失する。高速で移動する作業船上では，強風にさらされるため，ウエットスーツを着用した状態でも，蒸発によって体温を奪われることがあるので注意しなければならない。

第3章　潜水の種類

　潜水業務では，業務の目的や内容，潜水深度などに応じてさまざまな設備，機材や呼吸ガスが組み合わされて用いられている。それらは，潜水業務が計画される潜水深度と潜水（滞底）時間，潜水現場の環境状況に応じて，主に次の3点から決定される。すなわち，①どのような呼吸ガスを用いるのか，②最適な潜水方式は何か，③減圧方法はどうするのか，である。この3点についてその概要を以下に記す。

3-1　呼吸ガスによる分類

　潜水業務に用いられる呼吸ガスは，大きく「空気」と「混合ガス」に分けられ，潜水深度に応じて使い分けられている。潜水深度が比較的浅い場合には空気による「空気潜水」で，また深い潜水は「混合ガス潜水」で行われる。

3-1-1　空気潜水

　高圧則では，空気潜水による潜水深度は40mまでに制限されている。これは，窒素酔いによる障害を防止することを目的としている。この範囲の潜水では，「ナイトロックス（窒素・酸素混合ガス）潜水」が用いられることもある。呼吸ガスによる潜水の分類を図1-3-1(a)に示す。また呼吸ガスと関連した潜水方式による潜水の分類を図1-3-1(b)に示す。

(1)　空気潜水

　　呼吸ガスに空気を用いる潜水で，通常ほとんどの潜水業務は空気潜水で行われることが多い。空気は，大気の成分であり，どこでも容易に入手することができる。空気潜水は，潜水の基本型であり，古くから行わ

50

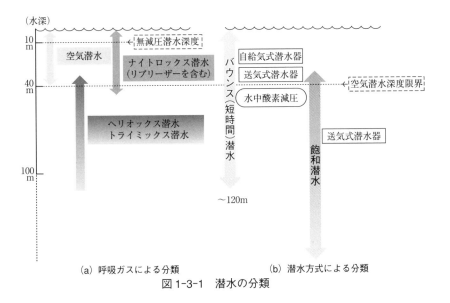

(a) 呼吸ガスによる分類　　　　　(b) 潜水方式による分類

図1-3-1　潜水の分類

れているため，機材や安全に関するノウハウも多く蓄積されている。こ
れらのノウハウを生かし，さまざまな減圧表が公表されていることも特
徴のひとつである。

(2)　ナイトロックス潜水

　「ナイトロックス」（nitrox）は，窒素（nitrogen）と酸素（oxygen）
を組み合わせた造語であり，ナイトロックス潜水では，酸素濃度21%
以上の酸素を窒素と組み合わせて使用する。混合ガスの一種ではあるが，
ヘリウムを用いた他の混合ガスとは異なり，深い潜水を目的としたもの
ではなく，空気潜水と同等の潜水深度が対象となる。また，空気と同様
に窒素と酸素を成分気体としているため，空気潜水用減圧表を流用する
ことができる。このように，ナイトロックス潜水は空気潜水を補完する
性質をもつことから，欧米では，「オキシジェン・エンリッチド・エア」
（oxygen enriched air）や「セーフ・エア」（safe air）と呼ばれること
もある。ナイトロックス潜水では，潜水深度に応じたナイトロックスを
製造，準備する必要があるが，空気潜水に比べ窒素分圧を低くできるた

め，浮上（減圧）時間の短縮が可能という利点がある。

3-1-2　混合ガス潜水

通常は，ヘリウム混合ガスを用いた潜水をいう。高圧則では，水深40mを超える潜水は空気潜水では行えないため，混合ガス潜水で行われる。ヘリウムには窒素のように高分圧下で麻酔作用を生じることがないので，大深度潜水用の成分気体に適している。混合ガス潜水では，一般的に混合ガスだけで潜降から浮上までを行わず，浮上時には混合ガスから空気や酸素への呼吸ガスの切り替え（ガス・スイッチ法）を行うため，相応の設備や人員が整っている必要がある。なお高圧則では，潜水に用いることのできる不活性ガスは，窒素とヘリウムに限定している。

(1)　ヘリオックス潜水

「ヘリオックス」（heliox）はヘリウム（helium）と酸素（oxygen）からなる混合ガスで，これを用いた潜水をヘリオックス潜水という。ヘリウムと酸素の混合比は潜水深度によって異なり，酸素中毒を誘発しない酸素分圧（160 kPa以下）が混合比の決定因子となる。ヘリオックスは，大深度潜水でも窒素酔いのような中毒作用は生じることが無く，密度が小さいため呼吸抵抗も低くなるので，大深度潜水に適している。しかし，音声が歪む（ドナルドダック・ボイス），ガス費用が高価といった欠点も有している。

(2)　トライミックス潜水

ヘリオックスに窒素を加えたもの，すなわち，ヘリウム，酸素，窒素からなる三種混合ガスを「トライミックス」（trimix）という。混合ガスの酸素比率はヘリオックスと同じく酸素中毒を誘発しない酸素分圧（160 kPa以下）が基準となり，窒素の比率は窒素酔いを誘発しない窒素分圧（400 kPa以下）が基準となる。トライミックスでは，ヘリオックスよりヘリウムの割合が低いため，音声の歪みは軽減される。また，高価なヘリウムの割合が少なくなるので材料としてのガス費用は安くな

るが，所定の精度で混合することは難しいため，製造に要するコストは高くなる。潜水可能な水深はヘリオックスより浅いものとなるが，比較的短時間の潜水では，ヘリオックスより浮上（減圧）時間を短縮できる場合がある。

3-2 潜水方式による分類

水中での呼吸の確保に必要な機械設備を「潜水器」または「潜水設備」というが，その潜水器には多種多様なものがある。これらの潜水器を，潜水者との関係，呼吸器との関係などから分類すると**図1-3-2**のようになる。

(1) **大気圧潜水**（硬式潜水）

大気圧潜水とは，潜水者が水や水圧の影響を受けないように，硬い殻状の容器（「耐圧殻」ともいう）の中に入って行う潜水方式を示す。耐圧殻内は常に大気圧（1気圧）状態に保たれているため，潜水者は，高気圧障害や潜水障害に悩まされることがない。「装甲潜水器」とも呼ばれる1人用の大気圧潜水器も実用化されており，平成14年（2002）の東シナ海での不審船引き揚げ作業に活躍した。なお大気圧潜水は，「硬式潜水」と呼ばれることもある。

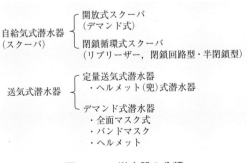

図1-3-2　潜水器の分類

(2) **環境圧潜水**（軟式潜水）

「環境圧潜水」とは，潜水者が潜水深度に応じた水圧（環境圧）を直接受けて潜水する方法全般を示すもので，通常行われる潜水業務はすべて環境圧潜水である。硬式潜水に対するものとして「軟式潜水」とも呼ばれている。環境圧潜水は，潜水者への送気方法の違いから次のように分類される。

(ア) 送気式潜水

コンプレッサー（空気圧縮機）などによる圧縮空気を船上からホースを介して潜水者に送気する潜水方法であり，「ホース式潜水」とも呼ばれる。送気式潜水は水中での呼吸ガス確保の心配がなく，長時間の潜水が可能であるため，潜水業務に適している。送気式潜水に用いられる潜水器は，潜水者への送気の仕方によって区分される。

(a) 定量送気式潜水器

「定量送気式潜水器」は，潜水者の呼吸動作にかかわらず，常に一定量の呼吸ガスを送気する潜水器である。複雑な機構を要しないという利点があるが，大量の送気を連続して行う必要がある。代表的な潜水器として「ヘルメット式潜水器」がある。金属製のヘルメットとゴム製の潜水服により構成されている潜水器で，その原型は19世紀に遡り，基本的な構造は変わることなく現在に至っている。現在でも潜水業務で用いられているが，潜水器の構造が簡単である半面，その操作には熟練を要すること，装備重量が大きいこと，水中での機動性が低いことなどから，近年使用者は減少傾向にある。

(b) デマンド式（応需式）潜水器

「デマンド式潜水器」は，潜水者が息を吸い込むと陰圧が発生して送気弁が開き，それに応じて送気が行われるが，息を吐くときには陽圧になり送気弁が閉まって，送気は中断するため，定量送気式とは異なり断続的な送気となる。呼吸に必要な量の送気が行われることから，呼吸ガスの消費量はヘルメット式潜水器の場合よりも少

ない。

　「全面マスク（フルフェイスマスク）式潜水器」は，顔面全体を
覆うマスクとデマンド式潜水器を組み合わせた潜水器で，現在潜水
業務で最も多く利用されている。顔面だけでなく頭部全体を覆うた
めにフードやヘルメットを利用したものもある。初期には，送気ホ
ースの先端にデマンド式潜水器（デマンド・レギュレータ）を取り
付けた状態で使用されたため，潜水者がそれをくわえる様子から，
「フーカー（Hookah，中東地域で愛好される水タバコ）式潜水」と
呼ばれた。しかし，現在の潜水業務ではこのような形態は少なく，
ほとんどが全面マスク式となっている。全面マスク式を慣習的にフ
ーカー式と呼ぶこともあるが，正確ではない。

(イ)　自給気式潜水器（スクーバ）

　「自給気式潜水」とは，潜水者が携行するボンベからの給気を受け
て潜水する方法であり，それに使用される潜水器を自給気式潜水器と
いい，英語標記（self-contained underwater breathing apparatus）か
ら「スクーバ」（SCUBA）とも呼ばれている。自給気式潜水器は呼吸
回路の相違から次のように区分されている。

(a)　開放回路型スクーバ

　　基本的にはデマンド式潜水器であり，潜水者の呼気が直接水中に
　排出される呼吸回路で，自給気式潜水器によって行われる潜水業務
　の多くには，開放回路型スクーバが用いられている。

(b)　閉鎖回路型または半閉鎖回路型スクーバ（リブリーザー）

　　呼気をそのまま水中に排気せず，薬剤との化学反応で呼気中の炭
　酸ガスを吸収除去したのち，酸素と希釈ガスもしくはナイトロック
　スを呼吸回路に添加して再利用する循環式呼吸回路を持つ潜水器で
　ある。潜水者が吐いた息を再び呼吸ガスとして利用（再呼吸）する
　ことから，「リブリーザー」（rebreather）とも呼ばれる。リブリー
　ザーには「閉鎖回路型」と「半閉鎖回路型」がある。

3-3 減圧方法による分類

　空気潜水では，空気を呼吸しながら減圧を行うが，混合ガス潜水では，酸素呼吸による減圧が用いられる。この減圧方法を「酸素減圧法」と言うが，水中で行う場合と減圧室内で行う場合に区分されている。酸素減圧法では，酸素呼吸によって肺内の不活性ガス分圧を低下させ，分圧差を大きくすることにより，身体内からの不活性ガス排出を大幅に促進することができ，その結果浮上（減圧）時間の短縮が可能となる。このため，空気潜水でも，酸素減圧法が用いられることがある。

3-3-1　水中酸素減圧

　水中ですべての減圧停止を完了するが，所定の深度からは酸素呼吸による減圧を行う方法である。水中での酸素減圧実施に際しては，急性酸素中毒の危険に十分注意しなければならない。急性酸素中毒の典型的な症状は突発的な痙攣発作であり，発症すれば潜水呼吸器を口にくわえていることはできず，さがり綱に摑まっていることもできなくなるため，容易に溺水に至ることになる。このため，高圧則では万一発症しても溺水する恐れのないように措置を講じておくよう定めている。具体的には，潜水器は全面マスク式を用い，潜水ベルやステージ等を使用することなどがあげられる。また，水中で安全かつ確実に呼吸ガスを切りかえる方法も必要となる。

　減圧室内で行う「水上酸素減圧法」については，第2編第4章4-2項（p. 187）を参照。

第4章　スクーバ（自給気式潜水器）潜水

　スクーバ（SCUBA）とは「自給気式水中呼吸器」（self-contained under-water breathing apparatus）の頭文字を取ったものであり，そのため「自給気式潜水器」とも呼ばれている。圧縮空気を呼吸ガスとして使用するスクーバは，機動性に最も優れた潜水器で，潜水業務においては漁業やレジャー関連のほか，調査・検査や比較的簡易な作業などに広く利用されている（図1-4-1）。

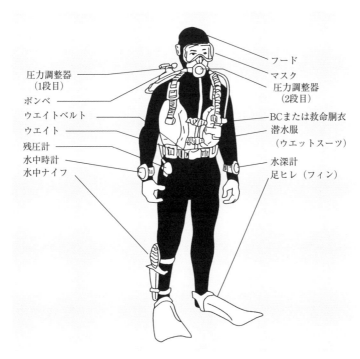

圧力調整器
（1段目）
ボンベ
ウエイトベルト
ウエイト
残圧計
水中時計
水中ナイフ

フード
マスク
圧力調整器
（2段目）
BCまたは救命胴衣
潜水服
（ウエットスーツ）
水深計
足ヒレ（フィン）

図1-4-1　スクーバ式潜水器

4-1 スクーバ潜水の設備・器具

4-1-1 必要な設備・器具の概要

(1) ボンベ

スクーバ潜水においては，ボンベは呼吸源であり，重要な生命維持装置となる必要不可欠な装備品である。ボンベは，他に「シリンダー」「タンク」「ボトル」と呼ばれることもあるが，本項では特に断りのない限り「ボンベ」と記す（図1-4-2）。ボンベは，材質によって2種類に分けられ，クロームモリブデン鋼などの鋼合金で製造されたものを「スチールボンベ」と呼び，アルミ合金で製造されたものを「アルミボンベ」と呼んでいる。いずれも高圧ガス保安法に基づいて製造され，外観検査のほか，引っ張り，衝撃，圧壊，耐圧，気密等の検査を経て，その内容のうち耐圧など主なものがボンベ本体に刻印される。

ボンベには指定されたガス以外は充填してはならない。充填間違いを防ぐため，使用するガスの種類別に色分けがなされており，潜水に使用するガスは空気，混合ガスにかかわらず「その他の種類の高圧ガス」に分類され，ボンベの表面積の2分の1以上がねずみ色に塗装されている。

図1-4-2 ボンベ

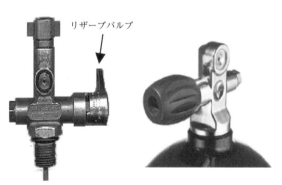

図1-4-3 Jバルブ（左）とKバルブ（右）

潜水用ボンベは，内容積が4～18Lのものがあり，いずれも充填圧力は19.6MPa（200atm）となっている。ボンベは通常バルブを取り付けて使用される。バルブには開閉だけの機能のもの（Kバルブ）と，開閉機能とリザーブバルブ機構が一緒になったもの（Jバルブ）があるが，残圧計を携行する現在ではJバルブはほとんど見られない（図1-4-3）。潜水時には，ボンベはハーネスまたはBCに取り付けて潜水者の背面に固定して使用する。

(2) 圧力調整器（レギュレーター）

高気圧作業安全衛生規則（以下「高圧則」）では，「圧力1MPa以上の気体を充填したボンベからの給気を受けるときは，2段以上の減圧方式による圧力調整器を使用しなければならない」と規定されている。そのため，高圧空気が充填されたボンベを使用するスクーバ式潜水器は，高圧の空気を環境圧力+1MPa前後にまで減圧するファーストステージ（第1段減圧部）と第1段で減圧された空気をさらに潜水深度の圧力まで減圧するセカンドステージ（第2段減圧部）とによって構成される2段階減圧方式の圧力調整器（図1-4-4）が使用されている。

スクーバ潜水用の圧力調整器は，ボンベと連結するためのヨークとその締め付け用のヨークスクリュー，ファーストステージ，中圧ホース，セカンドステージから構成されている。ボンベへの取り付けは，まず，レギュレーターのファーストステージのヨークをボンベのバルブにはめ

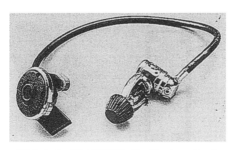

図1-4-4　圧力調整器（レギュレーター）

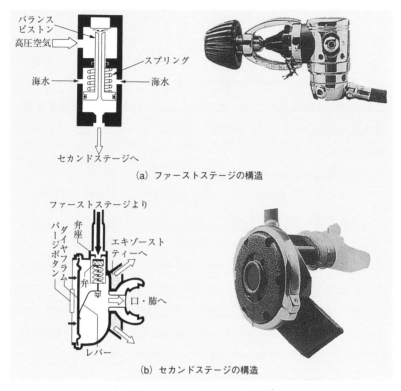

バランス
ピストン
高圧空気

スプリング

海水 —— 海水

セカンドステージへ

(a) ファーストステージの構造

ファーストステージより

弁座
ダイヤフラム
パージボタン

エキゾースト
ティーへ

弁

口・肺へ

レバー

(b) セカンドステージの構造

図 1-4-5　圧力調整器の構造

込み，ヨークスクリューでヨークをバルブに固定する。ボンベのバルブ
を開けると，15 MPa～20 MPa の空気が 2 段に分けて減圧され，潜水者
に供給される。

　ボンベからの高圧空気は，まず，ファーストステージで環境圧力＋1
MPa 前後の中圧空気に減圧される。図 1-4-5(a)はこのファーストステ
ージの構造を模式的に示したものである。減圧された空気は中圧ホース
を通して，セカンドステージ（同(b)）に送られ，そこでさらに潜水深
度に応じた圧力に減圧され，潜水者に供給される。呼気は水中に排出さ
れる。

(3) **面マスク**

　面マスクは，前面ガラス部が1面のものから4つに分割されたものまでさまざまな種類のものが市販されている。マスクの選定の際には，耳抜き用の鼻つまみが付いたもので，マスク本体の周縁のスカート，マスクを固定するストラップやその締め具がしっかりしたものを選ぶ。2眼式のものには，度入りのものもあるので，視力に自信のない場合は，度付きのマスクを選定するとよい。

　マスクを装着してみて，目と前面ガラスまでの間隔が大きいものは視野が狭くなるので避けるようにする。また，両側が透明なタイプのマスクは，その構造上，マスク内の容積が大きくなるので，その容積による浮力によりずれやすく，またマスクブローにも手間がかかるので，業務用にはあまり適していない。マスクは顔との密着性が特に重要で，ストラップを掛けない状態でマスクに顔を押しつけ，鼻から吸気して，漏れがないものを選ぶことが必要である。

(4) **潜水服**

　熱伝導率が大きい水中（空気の約25倍）では，体熱損失を防止するための保温用の装備が必要となる。そのために，体を覆う潜水服が用いられている。潜水服には，「ウエットスーツ」と「ドライスーツ」の2種類がある。

　㋐　ウエットスーツ

　「ウエットスーツ」はスポンジ状のゴム（ネオプレン）服地を材料としており，生地気泡内の空気によって保温性を高めている。ウエットスーツは潜水者の身体表面にできるだけ密着するものがよい。ウエットスーツを着用して水中に入ると，体表面とウエットスーツの隙間は水で満たされ，この水が体温で暖められることにより，それ以上の体熱損失を防止する。またこの水膜により不均等加圧によるスクィーズ（p.120 参照。）が防止される。

(イ) ドライスーツ

「ドライスーツ」の材質は，ウエットスーツと同じものが使用されていることが多く，形状はすべてワンピース型となっている。ドライスーツはウエットスーツと違い，首部・手首部が伸縮性に富んだゴム材料で作られ，使用されるファスナー類も防水構造のものが用いられているため，完全水密構造となっている。そのため，スーツ内への浸水がないので，ウエットスーツに比べ，数倍の保温力があり，低水温環境でも長時間，潜水を行うことができる。

ドライスーツには，レギュレーターのファーストステージ（第1段減圧部）から空気を入れることができる「給気弁」およびドライスーツ内の余剰空気を逃がす「排気弁」が取り付けられている。給気弁・排気弁の取り扱いには十分注意し，スクィーズや吹き上げなどの事故に注意しなければならない。

(5) 鉛錘（ウエイト），ベルト

体の浮力調節のために，潜水者はウエイトを付けたベルトを使用する。浮力は，同一人でもウエットスーツおよびドライスーツの生地の厚さで異なってくるので，平素から各種潜水装備に応じ，どのくらいのウエイトが必要となるかを知っておく必要がある。

(6) 足ヒレ（フィン）

足ヒレは，潜水者が水中で移動する際の推進力を得るために，また体

図1-4-6　足ヒレ（フィン）

のバランスを取るために使用し，ブーツの上に履く。足ヒレにはブーツを履いたままはめ込む「フルフィットタイプ」と，爪先だけを差し込み踵をストラップで固定する「オープンヒルタイプ」がある。いずれにしても潜水者の体格や体力に適合し，長時間使用しても疲れないものを選ぶことが重要である（図1-4-6）。

(7)　水深計，水中時計

　　潜水を安全に行うためには，潜水深度と潜水時間の関係を常時正確に把握することが基本である。高圧則では，潜水者が水深計および水中時計を携行することが義務付けられている。

　　水深計は水深によって変化する水圧を指針により表示するもので，指針が2本付いていて，1本は現在の水深，他の1本は潜水中の最大深度を表示する方式のものが便利である。水中時計は防水性で耐圧性能をもつものを使用する。また近年水深や潜水経過時間を表示するばかりでなく，潜水深度の時間的経過（潜水プロフィール）の記録が可能な水中時計も市販されている。潜水プロフィールは潜水業務の安全衛生管理面で有用な資料となる。

(8)　残圧計

　　潜水中は常にボンベ内の空気残量を把握する必要があるため，ボンベの残圧を表示する「残圧計」が必要になる。残圧計には，レギュレーターのファーストステージからボンベの高圧空気が高圧ホースを通して送られ，ボンベ内の圧力を表示する。残圧計内部には高圧がかかっているので，万一の事故に備え，ゲージの針を斜めに見るようにし，顔を近づけてはならない。

　　残圧計の目盛りは最大34 MPaで，4〜5 MPa[1]以下の目盛り帯は赤塗りされている。スイッチを押すと発光し，目盛りを読みやすくするものや，残圧が5 MPa以下になると発光し，警告ブザーが鳴るものなどがある。

＊1)　psi表示で500 psi以下，bar表示で50 bar以下の目盛りを赤塗りしているものもある。

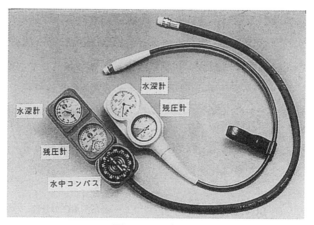

図 1-4-7　残圧計

 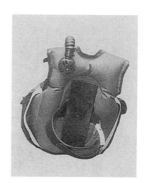

図 1-4-8　BC

　残圧計には水深計と組み合わせた「コンボゲージ」と呼ばれるものも
ある。潜水者は潜水している間，減圧症などの予防のため，常に潜水深
度を知る必要がある。水深計は潜水時に携帯することと，1カ月に1回
以上点検することが義務付けられている（**図 1-4-7**）。

⑼　浮力調整具（BC）

　「BC」とは「浮力調整具」（Buoyancy Compensator）のことで，レギ
ュレーターのファーストステージに接続した中圧ホースを介してBCに

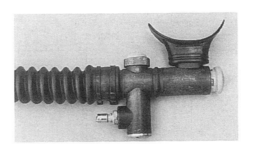

図1-4-9　インフレーター

空気を入れると BC の空気袋が膨張し，潜水者は 10 kg～20 kg の正浮
力を得ることができる（図1-4-8）。この空気量は，インフレーターに
より潜水者が自由に調整できるので，潜水者の体格や潜水深度などの条
件により適時調整して使用する（図1-4-9）。BC にはボンベを固定す
るバックパックと一体になったものもある。また，高圧則において BC
か救命胴衣を装着することと規定されている。

(10)　ハーネス

　「ハーネス」は，ボンベを背中に固定するための装具で，ボンベ固定
用のプラスチック製の板（バックパック），ナイロンベルト，ベルトバ
ックルで構成されている。

(11)　高圧コンプレッサー

　高圧コンプレッサーは，空気を高圧に圧縮してボンベに充塡する設備
である。現在使用されている高圧コンプレッサーは小型の機種から大型
の機種までさまざまある。最高充塡圧力は，ほとんどの機種が 20 MPa
であるが，最近では 30 MPa の機種もある（図1-4-10，図1-4-11）。

　コンプレッサーには多種多様のタイプがあるが，大きくは，冷却方式
（水冷式か空冷式）と駆動方式（モーター，ガソリンエンジン，ディー
ゼルエンジン）で区別している。使用条件や使用環境に合わせて最適な
タイプを選択するようにする。コンプレッサーはその吐出量により，同
じ容量のボンベに充塡する場合でも，充塡時間に大きな差が生じるので，

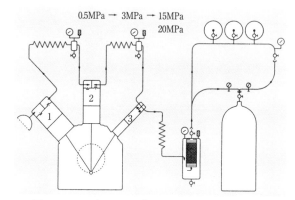

0.5MPa → 3MPa → 15MPa
20MPa

図 1-4-10　高圧コンプレッサーの圧縮模式図

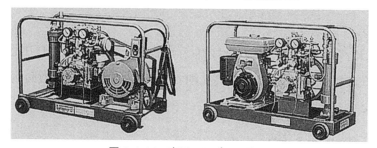

図 1-4-11　高圧コンプレッサー

機種の選択の際には吐出量を十分考慮する必要がある。

　コンプレッサーの1日（24時間）の処理容積によって，「高圧ガス保安法」の第5条第1項が適用される。すなわち，1日（24時間）の処理容積が一定以上のコンプレッサーを使用して高圧空気を製造，充填する場合には，設置者は都道府県知事の許可を受けなければならない。また，1日（24時間）の処理容積がそれ未満の場合には，製造開始日の20日前までに都道府県知事に届け出ることが義務付けられている。

⑿　その他の器具

　スクーバ式潜水器における装備には，前項までの他に以下のようなものがある。

(ア) さがり綱（潜降索）

　潜水者が潜降するとき，また定められた安全な速度で浮上を行うためには，さがり綱（潜降索）を使用することが必要であり，高圧則でも設置と使用が義務付けられている。

　さがり綱は，丈夫で耐候性のある素材で作られたロープで，太さ1～2cm程度のものを使用し，水深を示す目印として3mごとにマークを付けるようにする。さらに細かな間隔で表示を設ける場合には3mごとの表示と混同しないように注意する。

(イ) 水中ナイフ

　潜水中，ロープ，漁網などが絡みつき拘束されてしまった場合，脱出のために水中ナイフが必要となる。高圧則でも，潜水者が水中ナイフ等を携行することを義務付けている。水中ナイフは，常に切れ味を良くしておき，錆びないよう鞘に納め，万一の場合にはすぐに手の届くところに携帯する。

　刃渡り5.5cm以上の水中ナイフを携帯する場合には，銃砲刀剣類所持等取締法により取り締まりの対象となる場合があるので，そのような水中ナイフの取扱いや保管に際しては十分に注意し，慎重に行わなければならない。

4-1-2　設備・器具の取り扱い

(1) ボンベ

　ボンベは，スクーバ潜水において非常に重要な装備であり，高圧の空気を充填する容器でもあるので，傷を付けたり破損したりすることのないよう取り扱いには十分注意する。ボンベ本体やバルブが衝撃などで破損しないように，運搬や保管時には横に寝かせ，転がらないように固定する。

　ボンベに制限圧力を超えた圧力で充填してはならないことはいうまでもないが，万一の場合に備え，バルブには過剰な空気圧力がボンベ内に

加わると空気を開放する安全弁が組み込まれている。これは，ボンベの空気開放通路に銅板を挟み込み，過剰な圧力（耐圧試験圧力の 10 分の 8）が加わると破裂し，圧力を解放するようになっている。最近では，腐食防止のため銅板の上にヒューズメタルが加えられている。

　ボンベへの充塡の際には，充塡空気に，コンプレッサーの排気（一酸化炭素ガスなど）や油分が混入しないよう十分に注意しなければならない。また，湿気を含んだ空気を充塡すると，ボンベ内面に錆が発生し，耐圧性能に影響を与えるので，これに対しても配慮が必要である。

　ボンベには，水の浸入を防ぐために，使用後も 1 MPa 程度の圧縮空気を残しておくようにする。ボンベに水が浸水したと思われる場合には，そのボンベの使用を中止し，バルブを外して点検を行う。ボンベは炎天下に放置せず，使用後は必ず水洗いすることも重要である。

(2)　圧力調整器（レギュレーター）

　圧力調整器のファーストステージには，高圧空気の取出し口と，中圧まで減圧した空気の取出し口が設けられている。高圧空気の取出し口には「HP」と刻印されており，残圧計を取り付けた高圧ホースをつなぐ。また，中圧の取出し口には「LP」と刻印されており，セカンドステージ，BC 用インフレーターホースおよびオクトパスレギュレーターを取り付けられるようになっている。LP の刻印は省略されている場合もある。各空気取出し口は，使用しないときは，キャップをしておく。

　潜水時にはまず，ボンベのバルブにファーストステージのヨークをはめ込み，ヨークスクリューでヨークを固定する。ヨークを固定したら，ボンベのバルブを開け，空気をファーストステージ，中圧ホース，セカンドステージに流し，空気漏れなどの異常がないことを確かめる。次にセカンドステージのマウスピースをくわえて呼吸をし，異常のないことを確認する。

　使用後は水洗いし，塩水を落とすが，このとき，水の浸入を防ぐため，キャップを完全に締め，水中ではセカンドステージレギュレーターのパ

ージボタンは絶対に押さない。

レギュレーターを持ち運ぶ際には他の器材とは別にするか，柔らかい布などで包んで衝撃を受けたり変形したりしないように注意する。

(3) 面マスク

面マスクは前面ガラスの曇りを避けるために，曇り止めを塗るか，前面ガラスの内側に唾液を塗る。歯磨きなどを使う方法もあるが，唾液が最も簡単である。新品には，前面ガラスにパラフィンが塗られているので，使用前に石けんなどで洗い落とす。

(4) 救命胴衣または BC

救命胴衣は首にかけ胸に装着するものが普通で，液化炭酸ガスまたは空気ボンベを備え，緊急時には引き金を引くとボンベからガスが出て救命胴衣を膨張させ，自動的に水面まで浮上するための浮力を得ることができる。

BC は浮力調整具であることはすでに述べたが，BC の浮力を増す方法としては，インフレーターの給気ボタンを押して，ボンベから空気を送り込む「パワーインフレーター機能」による方法と，インフレーターに付いているマウスピースをくわえ空気を吹き込む「オーラルインフレーター機能」による方法がある。通常は，パワーインフレーター機能を用いて浮力を得るが，パワーインフレーター機能が故障した場合にはオーラルインフレーター機能を使用する。浮力を減らす場合は，インフレーター排気ボタンを押して空気を排出する。

スクーバ潜水の場合，水中での機動性が高い反面，船上からのサポートを受けにくいので，万一の事故発生に備え，必ず救命胴衣または BC を装着しなければならない。

救命胴衣および BC は，使用前には必ず空気を入れてみて漏れなどがないことを確認し，使用後は真水で洗浄し塩分を十分に落としてから保管する。

4-1-3　設備・器具の点検整備

(1)　定期点検

(ｱ)　ボンベ

　　スチールボンベは高圧ガス保安法（容器保安規則第24条）に基づいて5年ごとに，アルミボンベは1年ごとに容器再検査を，所定の検査機関で受けなければならない。また，1年に1回以上，バルブを外してボンベの内部を点検することも必要である。なお，高圧則では6カ月に1回以上の点検を義務付けている。

　　以下の(ｲ)から(ｴ)項の器材に関しては，法令によって定期の点検は定められていない。しかし，これらは潜水者の生命維持装置であり，万一潜水業務中に故障が生じれば，直ちに重篤な災害につながる恐れがあるので，定期的な分解清掃および点検調整を行うことが必要である。

(ｲ)　圧力調整器（レギュレーター）

　　レギュレーターは1年に1回は専門家に点検整備を依頼する。

(ｳ)　残圧計

　　残圧計は1年に1回は専門家に点検整備を依頼する。

(ｴ)　救命胴衣またはBC

　　救命胴衣またはBCは1年に1回は専門家に点検整備を依頼する。

(ｵ)　潜水服

　　ドライスーツの給・排気バルブは，1年に1回以上，専門業者に点検整備を依頼する。

(ｶ)　高圧コンプレッサー

　　コンプレッサーでボンベに空気を充填する場合，清浄な空気を充填するよう特に注意しなければならない。そのため，コンプレッサーに排気ガスなどが入り込まないよう，空気取り入れ口の位置や向きには十分注意する。また，ドレーンの分離，油の選定，空気のろ過を慎重に行うことも重要である。

(2) 始業・終業点検

(ア) ボンベ

ボンベは潜水深度，潜水時間，潜水作業内容などによる空気消費量を十分考慮し，ボンベの容量・数を綿密に計算する必要がある。初心者の場合は，水中での作業に不慣れなため呼吸量が多くなるので，熟練者の約2倍の量が必要となる。呼吸量は同一人でも労働条件により異なるので，必要のない作業による空気の浪費を避けることが必要である。

ボンベは始業前に，充填圧力を確認する。また，終業後は水洗いを行い，外観に錆やキズ，破損などがないかを確認し，1 MPa 程度の圧縮空気を残して保管する。

(イ) 圧力調整器（レギュレーター）

レギュレーターは始業前に，ボンベからの送気が確実に行われているか，空気漏れなどが発生していないか，呼吸が問題なく行えるかどうか点検，確認する。終業後は水洗いを行い十分乾燥し衝撃を与えないように注意して保管する。

(ウ) 残圧計

残圧計は始業前に，正常に動作するか，計測の精度は正確であるかを点検，確認する。終業後は水洗いを行う。

(エ) 潜水服

ウエットスーツ，ドライスーツともに始業前には，破れやファスナー等の破損が発生していないか点検し，ドライスーツでは，給・排気弁が完全に機能することを確認する。終業後は，水洗いを行い，日陰にて乾燥させ破損箇所の点検を行い，破損している場合には修理を施す。

(オ) マスク

始業前に，面ガラスおよび本体部に異常がないか点検する。

(カ) 水中ナイフ

　　水中ナイフについては，始業前に刃の状態を確認しておく。

(キ) さがり綱（潜降索）

　　さがり綱は，始業前に強度の確認と浮上停止位置の目印の確認を行う。

(ク) 救命胴衣または BC

　　救命胴衣または BC は始業前に，給・排気弁の作動および空気の漏えいの有無について点検，確認する。終業後は水洗いを行い，日陰で十分に乾燥させ保管する。

(ケ) 高圧コンプレッサー

　　高圧コンプレッサーは始業前に，作動油量の確認，フィルターの汚れ具合の点検，ドレーン抜きを行い，また，短時間作動させ，異常な音や空気漏れなどがないことを確認する。終業後は，コンプレッサー内に残った圧力を放出しておく。

(3) **記録の保存**

　　潜水作業設備・器具を点検し，または修理その他必要な措置を講じた場合には，その都度その内容を記録し，3 年間保存する（高圧則 34 条）。

4-2　リブリーザー

4-2-1　リブリーザーの概要

　「リブリーザー」は呼吸回路内を呼吸ガスが循環するタイプの潜水呼吸器であり，"CCR"（closed circuit rebreather），"SCR"（semi-closed rebreather）とも呼ばれている。呼気中の炭酸ガス（二酸化炭素，CO_2）は化学反応によって吸収，除去され，消費された酸素（O_2）は酸素ボンベから継続的に添加される。潜水深度が変化しても，空気やナイトロックス，ヘリオックス，トライミックス等の希釈ガスが呼吸回路内に自動的に添加され，呼吸回路内の容積が維持される。吸気中の酸素量は，酸素センサーと搭載されたコンピュータによって常時モニターされ，電磁弁を介して酸

図 1-4-12　リブリーザーの例

素もしくは希釈ガスを添加することによって，あらかじめ設定した酸素分
圧が自動的に維持される。このような複雑な電子制御回路を装備したリブ
リーザーのほか，半閉式リブリーザーや機械式のリブリーザーなどがある。
リブリーザーの利点は，呼吸ガスを再利用するために長時間の潜水が可能
なこと，酸素分圧の制御により減圧の促進や大深度までの潜水が可能であ
ること，水中排気音が無いため隠密行動が可能であり，海洋生物に近づく
ことができることなどである。現在市販されているリブリーザーの例を図
1-4-12 に示す。

4-2-2　リブリーザーの欠点

　リブリーザーにはさまざまな利点があるが，潜在的な危険性も併せ持っ
ている。複雑な制御を行うための機構や電子回路は，僅かな不具合でも大
きな危険を招く場合があり，炭酸ガス吸収材への浸水による化学的な問題
が起こる危険もある。また，複雑な構造に起因する操作ミスなどヒューマ
ンエラーによる危険もある。問題が生じ，呼吸ガスの制御が失われた場合
には，低酸素症，酸素中毒，炭酸ガス中毒，化学物質（強アルカリ）によ
る傷害，窒息，またこれらを回避するための緊急浮上による減圧症や動脈

ガス塞栓症の危険もある。予防対策としては，機器のメンテナンスや検査確認を励行することに加え，十分な教育訓練の実施と用意周到な準備が必要である。

4-3　ダイビングコンピュータ

　レジャー潜水の分野では，「ダイビングコンピュータ」(diving computer)が広く普及している。ダイビングコンピュータは圧力センサーと減圧アルゴリズムを内蔵した演算装置および出力装置から構成されており，潜水深度や時間に応じて即座に計算を行い，減圧情報を提示する。ダイビングコンピュータを潜水業務に利用する場合には，内蔵された減圧計算プログラムが高圧則に示された基準を満たすものでなければならない。また，高圧則では減圧浮上方法を含め，事前に潜水計画を立案することが求められているので，潜水の結果から減圧情報を計算するダイビングコンピュータだけでは，これに対応することは難しい。

　このようなことから，ダイビングコンピュータを潜水業務に用いる場合には，あくまで補助的なものと位置付け，主体はあくまでも計算等により策定した減圧表とすることが望ましい。ダイビングコンピュータの例を図1-4-13 に示す。

図1-4-13　ダイビングコンピュータの例

第5章　全面マスク式潜水

　「全面マスク式潜水」方式は，送気式潜水方式の形態のひとつで，潜水業務では，港湾工事や水中土木作業などの作業潜水に多く用いられている。全面マスク式潜水器はその名が示すように，顔面全体を覆うマスクにデマンド式潜水器が取りつけられた構造となっており，「フルフェイスマスク式」とも呼ばれている。全面マスク式潜水器（図1-5-1）は，さまざまな種類，特徴を有するものが市販されているが，共通する基本的な特徴としては，ヘルメット式潜水器に比べて少ない送気量で潜水することができること，機動性に優れていること，スクーバより長時間の潜水が可能であること，水中電話器を介していつでも船上支援員と通話できることなどである。

　全面マスク式潜水方式は「フーカー式」と呼ばれる場合があるが，これはより簡易的な潜水方式を指す用語であり，国際標準とも合致しないため使用すべきでない。

5-1 必要な設備・器具

5-1-1　コンプレッサー（空気圧縮機）

　陸岸から離れた水域での潜水業務は，ヘルメット式潜水と同様に潜水作業船を使用して行われることが多く，コンプレッサーも基本的には同じ種類のものが使用される。陸岸に近い水域の作業では，陸上に移動式コンプレッサーを設置し，これを使用して潜水業務を行う。移動式コンプレッサーは，コンプレッサー，空気槽，原動機を組み合わせて一体型にし，重量も100 kg程度と小型・軽量にまとめたもので，全面マスク式潜水の機動性を飛躍的に高めている（図1-5-2）。

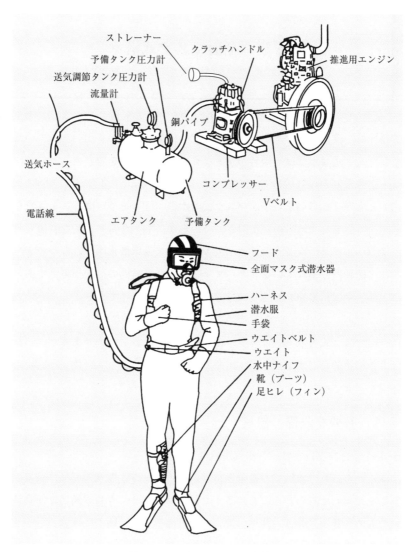

図 1-5-1　全面マスク式潜水器

図1-5-2　移動式コンプレッサー

　全面マスク式潜水に用いるコンプレッサーは，高圧則により「その水深
の圧力下において毎分40 L以上の送気を行うことができる空気圧縮機を
使用し，かつ，送気圧をその水深の圧力に0.7 MPaを加えた値以上とし
なければならない」（第28条）と規定されている。なお当該規定はいわゆ
るフーカー式にも適応される。

5-1-2　空気槽，緊急ボンベ

　コンプレッサーから急速に送り出される圧縮空気は，シリンダー内のピ
ストンの変位により「脈流」となって流れるので，呼吸に不都合を生じる
ことのないよう一旦「空気槽」に貯め，流れを整えてから潜水者に送気す
る必要がある。また，貯気することにより高温の圧縮空気は冷却されるの
で，圧縮の過程で含まれた水分や油分を分離することができる。これらの
水分，油分は，ドレーンとして業務終了後にまとめて排出される。

　空気槽には「調節用空気槽」（調節タンク）と「予備空気槽」（予備タン
ク）とがある。調節用空気槽は空気の流れを整えるために，また，予備空
気槽はコンプレッサーの故障等で圧縮空気の製造が中断した場合に備え，
所定の量の圧縮空気を蓄えておくための空気槽として使用される。高圧則
では，「空気圧縮機による送気を受ける潜水作業者ごとに，送気を調節す
るための空気槽および事故の場合に必要な空気を蓄えてある空気槽を設け

なければならない」（第8条）と規定している。

全面マスク式潜水器を使用する場合に必要な予備空気槽の容量は，以下のように定められている。

$$V = \frac{40(0.03\,d + 0.4)}{P}$$

このとき，V：予備空気槽の内容積（L），d：潜水深度（m），

　　　　　P：予備空気槽内空気の圧力（MPa）

なお，調節用空気槽の内容積が，予備空気槽に求められる容積以上であれば，予備空気槽を省略することができる。また，潜水者が規定の容量を満たす緊急ボンベを携行する場合にも，予備空気槽を省くことができるが，調節用空気槽は必要となる。

5-1-3　空気清浄装置

「空気清浄装置」は空気槽と送気ホースの間に取り付け，潜水者に送る圧縮空気から臭気や水分，油気を取り除くもので，高圧則で設置が義務付けられている。清浄材としてはフェルトや活性炭，シリカゲル等が使用されており，通常は空気槽に組み込まれている。

5-1-4　圧力計

圧力計は，空気槽に取り付け，所定の圧力以上で送気が行われていることを確認するための計器であり，高圧則により設置が義務付けられている。

5-1-5　送気ホース

全面マスク式潜水では，空気圧縮機により製造された圧縮空気が，空気槽，空気清浄装置および送気ホースを経由して潜水者の「応需式潜水呼吸器」に送気される。空気圧縮機と空気槽は金属管（銅パイプまたはフレキシブルパイプ）により，また空気槽と潜水器との間は送気ホースによって接続されている。送気ホースは，強靱で柔軟なゴム製のものが使用される

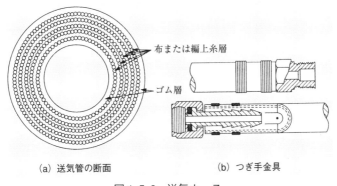

(a) 送気管の断面   (b) つぎ手金具

図1-5-3　送気ホース

図1-5-4　一般的な全面マスク式　　図1-5-5　全面マスク（使用時には別途
　　　　潜水器　　　　　　　　　　　　　　用意した潜水器を取り付ける）

（図1-5-3）。送気ホースの内径は，7.9 mm（呼び径8 mm）で，比重に
よって「沈用」「半浮用」および「浮用」の3種類があり，作業内容によ
って使い分けられている。

5-1-6　全面マスク式潜水器

　全面マスク式潜水器には非常に多くの種類があるが，通常の潜水業務に
は，専用の潜水呼吸器を装備したタイプ（図1-5-4），もしくは，全面マ
スクにスクーバ用のセカンドステージレギュレーターを取り付ける簡易的

なタイプ（**図 1-5-5**）が使用されている。使用時には，全面マスクを顔面に装着し，「ストラップ」と呼ばれるゴム製のバンドで頭部に固定する。全面マスク内には，口と鼻を覆う「口鼻マスク」（Oro-nasal mask）が取り付けられており，潜水者はこの口鼻マスクを介して潜水器からの給気を受ける。口鼻マスクに破損や不具合があると，スムーズな給気が行われない。

水中電話機用のマイクロホンも，口鼻マスク部に取り付けられる。イヤホンは「骨伝導式」のものが多く，耳の後ろ付近にストラップを利用して固定される。その他，面ガラス部の曇りを取るための曇り止め機構や耳抜き用の鼻押さえ機構などが装備されている。

5-1-7　緊急（ベイルアウト）ボンベ

全面マスク式潜水では，万一の送気中断に備え，「緊急ボンベ」を携行する（**図 1-5-6**）。緊急ボンベは，「ベイルアウト（bail-out：緊急脱出）ボンベ」と呼ばれることもある。過去の事故事例によれば，送気不良による事故が非常に多い。潜水業務中の送気中断は，潜水者をパニック状態に陥らせる主要な要因であり，溺水や急速浮上による空気塞栓症など重篤な障害に至ることも少なくない。一部では，緊急ボンベを軽んじる風潮があるが，重要な安全装備として取り扱わなければならない。

緊急ボンベにはスクーバボンベを利用することができる。4 L 程度の小型のボンベが用いられることが多いが，水深が深い場合は短時間で空気が枯渇するので注意が必要である。

5-1-8　潜水服

全面マスク式潜水で使用される潜水服は，ウエットスーツまたはドライスーツである。どちらもスポンジ状で内部に多くの気泡を含んだネオプレンゴムを素材としており，内面もしくは内外両面がナイロン張りとなっている（**図 1-5-7**）。

ウエットスーツは潜水者の体型にぴったり合ったものを使用する。適切

図 1-5-6　緊急ボンベ

図 1-5-7　潜水服

なサイズであれば，スーツと素肌の間の隙間は非常に狭くなり，スーツ内に流入する水の量を制限する。少量の水は，体温によってすぐに温められるので，体温の保持に効果がある。

　ドライスーツは，スーツ内部に水が全く入らない水密構造となっている。そのため，保温用の下着などを着用することができ，また，内部の空気層による効果もあって保温性が高く，寒冷地での潜水や長時間の潜水業務に広く使用されている。首部と手首部は防水シール構造となっており，足部はブーツまでがスーツと一体になっている。防水シールは潜水者の皮膚に密着することで水の浸入を防ぐが，特に首部のシール締め付けがきつすぎると，頸動脈洞反射により脈拍が低下し，めまいなどが生じる場合があるので注意が必要である。

5-1-9　潜水靴（ブーツ），足ヒレ（フィン）

　ウエットスーツを着た場合には，足を保護するため，ネオプレンゴムで作られた足袋やブーツを使用する（図 1-5-8）。ドライスーツはブーツが一体となっているので，潜水靴は必要ない。

　全面マスク式潜水では，送気ホースを使用するためスクーバ潜水ほど広範囲を移動することはないが，必要な場合は足ヒレを用いる（図 1-5-9）。

図1-5-8　ブーツ

図1-5-9　足ヒレ（フィン）

図1-5-10　ウエイトおよびウエイトベルト

5-1-10　ベルトおよびウエイト

　潜水業務中，浮力を調整し安定した状態で作業を行うために「ウエイト」が必要となる。ウエイトは，ベルトによって腰部に取り付けられることが多いが，大きな浮力を生じるドライスーツを着用する場合には，腰部だけでなく足首に取り付ける「アンクル型」や着用することのできる「チョッキ（ベスト）型」のウエイトを使用することがある。ウエイトを分散し，バランスよく配置すると，水中での動きやすさを増すことができる。ウエイトは，緊急時にはワンタッチで取り外しができるものを選定する（図1-5-10）。

5-1-11　その他の器具

　全面マスク式潜水における装備には，前項までのもののほかに以下のようなものがある。

(1) さがり綱（潜降索）

　潜水者が，潜降・浮上を定められた安全な速度で行うためには，さがり綱（潜降索）を使用することが必要であり，高圧則でも設置と使用が義務付けられている。

　さがり綱は，丈夫で耐候性のある素材で作られたロープで，太さ1～2 cm 程度のものを使用し，水深を示す目印として3 m ごとに表示を付けるようにする。さらに細かな間隔で表示を設ける場合には3 m ごとの表示と混同しないように注意する。

(2) 水中電話

　水中電話は，潜水業務の効率を向上させるとともに安全性の点からも有用である。通常は，潜水者からの送信状態が維持され，船上からの送信が必要な場合には，マイクロホンのスイッチ操作によって通話送信を行う。通話がない場合でも，潜水者の呼吸音を常に船上で聴取することができるので，潜水者の状態確認に利用できる。

　潜水者のマイクロホンは全面マスク内の口鼻マスクに取り付けられており，潜水者は普段通りに話すことができる。ただし，潜水者の音声は，口鼻マスクという狭い空間の影響を受けるため，通常よりも明瞭度は低下する。イヤホンは骨伝導式のほか，防水加工を施した小型のスピーカーが使用されることもある（図1-5-11）。

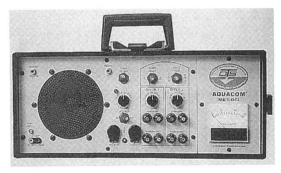

図1-5-11　水中電話機

(3) 信号索

水中電話が実用化される以前は，水中の潜水者と船上との連絡方法は「信号索」で行われていた。現在でも何らかの理由で水中電話が使用できないような場合には，信号索を使用することが義務付けられている。潜水業務では，水中電話が広く普及しており，信号索を利用することはあまり多くないが，電話器の故障などに備え，用意しておくことが望ましい。

(4) 水深計，水中時計

潜水を安全に行うためには，潜水深度と潜水時間の管理が不可欠であることから，潜水者には水深計および水中時計の携行が義務付けられている。ただし，水中電話で交信できる場合には携行しないことができる。

水深計は水深によって変化する水圧を水深に換算して指針により表示するもので，指針が2本付いていて，1本は現在の水深，他の1本は潜水中の最大深度を表示する方式のものが便利である。水中時計は防水性で耐圧性能をもつものを使用する。

(5) 水中ナイフ

潜水中，潜水器や身体にロープ，漁網などが絡みつき，水中拘束されてしまった場合に備え，潜水者には脱出用の水中ナイフの携行が義務付けられている。水中ナイフは，常に切れ味を良くしておき，錆びないよう鞘に納め，万一の場合にはすぐに手の届くところに携帯する。なおナイフ刃物類は銃砲刀剣類所持等取締法（銃刀法）による規制を受けるので，取扱いは慎重に行わなければならない。

5-2 設備・器具の取扱い

5-2-1 コンプレッサー（空気圧縮機）

岸壁や防波堤等に移動式コンプレッサーを設置して潜水作業を行う場合には，コンプレッサーの空気吸入口が，駆動用エンジンの排気ガスを吸い込まないよう注意しなければならない。また，送気ホースが作業車両のタ

イヤに踏まれたり，車両の排気ガスがコンプレッサー内に侵入することのないように設置場所にも十分な注意を払う。

　固定式のコンプレッサーは，通常潜水作業船の機関室内に設置されることが多い。機関室は排気ガスや油類の飛沫などで汚れているので，常に新鮮な空気を取り入れるために空気取入口を機関室の外に設置する。空気取入口にはゴミなどの侵入を防ぐためにストレーナー（ろ過器）を設ける。

　コンプレッサーの圧縮効率は，圧力の上昇に伴い低下するので注意を要する。たとえば，ゲージ圧 0.1 MPa のとき圧縮効率が 85% 程度であったとしても，圧力が 0.1 MPa 上がるごとに約 5% 程度の効率低下が生じ，ゲージ圧 0.8 MPa では圧縮効率は 50% まで低下してしまう。

5-2-2　空気槽（予備空気槽）

　潜水を開始する前には，まず予備空気槽に圧縮空気を送り込み，槽内の圧力が規定の圧力（その日の最高潜水深度の 1.5 倍以上）に達し，槽内に十分な量の空気が蓄えられたことを確認しなければならない。高圧則によって予備空気槽の容積は規定されているが，その容積に貯蔵される空気量は，最大潜水深度で数分から十数分程度の呼吸量に相当する空気量にすぎないので，万一予備空気槽を使用しなければならない事態が生じた場合には，潜水者は直ちに緊急ボンベからの給気に切り替え，業務を中止して浮上を始めなければならない。

　なお，予備空気槽を用いて緊急浮上を行う場合には，潜水者はパニックに陥ることのないよう落ち着いて行動することが肝要である。また，船上側では減圧障害に備え，救急再圧など必要な処置を準備する。

5-2-3　全面マスク式潜水器

　潜水を開始する前に，潜水器を送器系統に接続し，顔面に押し当てて呼吸を行い，給排気が確実に行えることを確認する。潜水呼吸器（レギュレ

ーター）部分に耳を近づけ，空気漏れのないことを確認する。継続的にシューシューと音がするときには，故障している可能性があるので，使用を中止し，直ちに調整または修理を施す。

全面マスク式潜水器の面ガラスは水温とマスク内の温度差によって大変曇りやすいので，使用前に必ず曇り止めの処置をする。専用の曇り止め液も市販されているが，唾液による方法が手軽でかつ効果的な方法である。

エントリーして潜降をはじめる前に，頭部を水中に浸して，確実に呼吸ができること，また潜水器に異常がないことを確認する。全面マスク式潜水器は死腔が大きいので，深く大きく呼吸することを心がける。

5-2-5 緊急（ベイルアウト）ボンベ

ボンベは，高圧の空気を充填する容器でもあるので，傷を付けたり破損したりすることのないよう取扱いには十分注意する。ボンベ本体やバルブが衝撃などで破損しないように，運搬や保管時には横に寝かせ，転がらないように固定する。また，使用後は必ず水洗いし，直射日光の当たらない場所に横にして保管する。

5-3 設備・器具の点検整備

5-3-1 定期点検

(1) コンプレッサー（空気圧縮機）

コンプレッサーからは，清浄で適量の空気が不安なく送気されなければならない。そのためには，原動機とコンプレッサーとの伝動部分（ベルト，クラッチ）をはじめ，冷却装置，圧縮部，潤滑油部，空気取入部および吐出部について保守・点検が必要となる。以下に示すような重要部分については，最低でも1週間に1回以上の点検が必要である。

＜点検項目とその内容＞

　① 駆動ベルトの点検

　　・ベルトは劣化していないか。

・ベルトの強度はよいか，また張り具合はどうか。

・ベルトがプーリーの各溝に正しくはまっているか。

② クラッチの点検

・クラッチに滑りはないか。

・固さ，あそびは適当か。

・クラッチレバーは正しく作動するか。

・異常な音などは発生していないか。

③ コンプレッサーオイルの点検

・オイルの汚れの程度はどうか。

・油量は適量か。

・冷却装置に異常はないか。

④ 空気圧の点検

・ピストンに異常はないか。

・圧力計は正しく作動しているか。

⑤ 空気取入口の点検

・ストレーナーが汚れていないか。

⑥ 送気ホース，継手類の点検

・空気吐出口からの配管や継手類に腐食はないか。

・配管，継手の取付け状態はよいか。

・運転時の空気漏れはないか。

(2) **空気清浄装置**

空気清浄装置については，1カ月に1回以上，内部の汚れ具合やフィルターの状態を点検する。

(3) **圧力計**

圧力計については，1カ月に1回以上，圧力計本体の傷・破損等の異常の有無，作動状況，圧力指示の精度などについて点検する。

(4) **全面マスク式潜水器**

全面マスク式潜水器は，1年に1回以上，専門業者に点検整備を依頼

する。

(5) **潜水服**

　　ドライスーツの給・排気バルブは，1年に1回以上，専門業者に点検整備を依頼する。

(6) **緊急ボンベ**

　　スチールボンベは5年に1回（アルミボンベは1年に1回）の容器再検査はもちろんのこと，6カ月に1回以上の点検が義務付けられている（高圧ガス保安法容器保安規則第24条）。ボンベは1年に1回以上，バルブを外して内部を点検することも必要である。

(7) **水深計**

　　水深計については，1カ月に1回以上，水深計本体のキズ・破損等の異常の有無，作動状況，水深表示の精度について点検する。

(8) **水中時計**

　　水中時計については，3カ月に1回以上，防水機構の状態や時刻表示の精度について点検する。

5-3-2　始業・終業点検

(1) **コンプレッサー（空気圧縮機）**

　　始業前に，回転部のカバーに損傷がないか点検する。

(2) **空気槽**

　　空気槽については，以下に示すような始業，終業点検を行う。

　　① 圧力計，ドレーンコック，逆止弁，安全弁，ストップバルブ等の点検，取付け部のゆるみ，空気漏れの有無を確認する。

　　② 送気ホース，継手類等の点検

　　　空気吐出口からの配管や継手等の腐食状況，接続の状態，運転時の空気漏れの有無を点検，確認する。

　　③ ドレーンの排出

　　　始業前には，空気槽内の汚物を圧縮空気と一緒にドレーンコック

から排出させる。終業後は，空気槽内に残った圧縮空気をドレーン
コックから排出させておく。

(3) **圧力計**

始業前に作動状態を確認する。

(4) **送気ホース**

送気ホースについては，以下に示すような始業点検を行う。

① 継手の点検

始業前に，継手部分に，ゆるみや空気漏れが発生していないか点
検，確認する。

② 耐圧テスト

始業前に，ホースの最先端を閉じ，最大使用圧力以上の圧力をか
けて，耐圧性と空気漏れの有無を点検，確認する。

(5) **潜水服**

始業前に，ドライスーツの給・排気弁が完全に機能することを確認す
る。また，終業後は，水洗いを行い，日陰にて乾燥させ破損箇所の点検
を行う。ウエットスーツの場合も同様の終業点検を行う。

(6) **全面マスク式潜水器**

全面マスク式潜水器は始業前に，吸・排気が完全に行えるかどうか点
検，確認する。また，固定用のストラップやマスク本体部分に劣化やひ
び割れが生じていないことも目視確認する。終業後は水洗いを行い十分
乾燥し衝撃を与えないように注意して，直射日光の当たらない暗所に保
管する。

(7) **緊急ボンベ**

緊急ボンベは始業前に，充塡圧力を確認する。また，終業後は水洗い
を行い，錆の発生の有無と外観に傷や破損などないか確認し，1 MPa
程度の圧縮空気を残して保管する。

(8) **水中電話**

水中電話については，始業前に，作動状態および感度の確認，バッテ

リーなどの電源の容量確認を行う。

⑼ **水中ナイフ**

水中ナイフについては，始業前に，刃の状態を確認しておく。

⑽ **さがり綱（潜降索）・信号索**

さがり綱（潜降索）および信号索については，始業前に，強度の確認と浮上の目印の確認を行う。

5-3-3 記録の保存

潜水作業設備・器具を点検し，または修理その他必要な措置を講じた場合には，その都度その内容を記録し，3年間保存する。

第6章　ヘルメット式潜水

　「ヘルメット式潜水」は，定量送気式潜水の代表的な潜水方式であり，我が国にはおよそ120年前に導入された。以来，材料や細部の改良が施されたものの，大きく変更された部分はなく，潜水器としては完成されたものとなっている。しかしながら，装備重量が大きく，排気弁等の操作に相当な習熟が必要であり，呼吸ガスの消費量も多いことなどから，近年ではその使用者数は大きく減少している。このような背景から，本項において

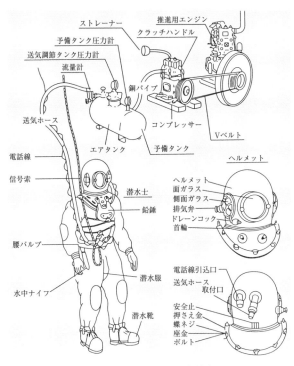

図1-6-1　ヘルメット式潜水器

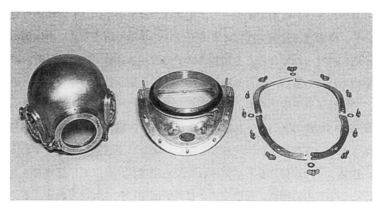

図1-6-2　ヘルメットとシコロ（錏），押さえ金

図1-6-3　ヘルメット正面

図1-6-4　ヘルメット背面

もその概要を記すにとどめる（図1-6-1）。なおヘルメット式潜水器は，現在に続く潜水業務の基礎を築き，発展させた潜水器であることから，潜水業務の歴史的シンボルとして高く評価されている。

6-1　ヘルメット式潜水器

　ヘルメット式潜水器はヘルメット本体と「シコロ」（錏，別名：肩金，カブト台，図1-6-2）で構成されている。ヘルメット本体とシコロは，は

め込み連結構造となっている。使用時には，着用した潜水服の襟ゴム部分にシコロを取り付け，押さえ金と蝶ねじでしっかりと固定し，潜水開始の直前にヘルメット本体をはめ込み，固定する。

ヘルメット本体には，正面窓のほか両側面にも窓が設けられており，側面窓には衝突などによるガラスの破損防止用の格子が取り付けられている（図1-6-3）。後部には送気ホースが接続される送気ホース取付口があり，送気された空気が逆流することのないよう逆止弁が組み込まれている（図1-6-4）。また本体内側には，「キリップ」と呼ばれる排気弁が装備されている。定量送気式の潜水器であるため，送気は途切れることなく連続して行われるので，キリップを適宜操作し，浮力の調整を行う必要がある。キリップの操作は自分の頭部を動かして行い，外部から手で操作し，排出空気量を調節することもできる。正面窓下左側にはドレーンコックがあり，潜水者が唾をヘルメット外に吐き出すときなどに利用される。

なおヘルメット式潜水器の構造に関しては，「潜水器構造規格」で必要な基準が定められている。

6-2　潜水服

ヘルメット式潜水方式には専用の潜水服が用いられる。潜水服は，木綿とナイロンの混紡生地にゴム引きし，これを張り合わせた特殊な生地によって作られているが，近年ではネオプレンゴム製のものもある。潜水者の体型よりかなり大きなサイズとなっており，潜水者の体温保持と浮力調節のため内部に相当量の空気を蓄えることができるようになっている（図1-6-5）。

6-3　潜水靴

ヘルメット式潜水では，ヘルメットや潜水服により大きな浮力が生じるので，姿勢を安定させるため，一足あたり約10kgの大重量を持つ潜水靴が用いられる。潜水靴には，鋳鉄または鉛製の靴底が取り付けられており，

図 1-6-5　潜水服　　　　　　　　図 1-6-6　潜水靴

先端には落下物等からつま先を保護するための真鍮金具（つま金）が取り付けられている（図 1-6-6）。

6-4　鉛錘（ウエイト）

　ヘルメットおよび潜水服内に空気が溜まることにより，非常に大きな浮力が発生する。潜水者はこの浮力を抑え，潜水靴と同様に体の安定を保つために鉛錘（ウエイト）を使用する（図 1-6-7）。我が国で使用されるものは鉛錘が前後に振り分けられる方式のもので，一組 28 kg と 32 kg のものがある。

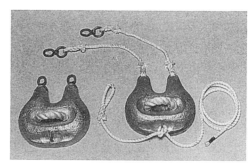

図 1-6-7　鉛錘（ウエイト）

図1-6-8　腰バルブ

6-5　ベルト

　ヘルメットおよび潜水服内に溜まった空気が，下半身に入り込むと上半身との浮力バランスが崩れ，体の安定を失って逆立ち状態となり，そのまま一気に水面まで浮上（吹き上げ）してしまい，減圧症などの高気圧障害を発生させることになる。このような事故を防ぐため，ヘルメット式潜水器では大量の空気が一気に下半身に入り込むことがないように，腰部を締め付けるベルトを使用する。

6-6　腰バルブ

　ヘルメット式潜水方式は定量送気式の潜水方式であり，送気用コンプレッサーからは常に一定量の送気が行われている。腰バルブは，この送気量を潜水者が調節する際に使用する流量調整バルブである。腰バルブは，潜水者の腰の位置に固定して使用する（図1-6-8）。

6-7　コンプレッサー（空気圧縮機）

　ヘルメット式潜水方式には，送気容量の大きなコンプレッサーを使用する。ヘルメット潜水器は，構造上潜水者の呼気が潜水器内に留まることになるため，そのままでは炭酸ガス（二酸化炭素）量の上昇により炭酸ガス

中毒を生じることになってしまう。これを防ぐため，ヘルメット潜水方式では大量の送気によって換気を行う必要がある。高圧則では，送気量について，「その水深の圧力下で毎分60 L以上を送気しなければならない」（第28条）と規定している。

6-8　空気槽

　空気槽には調節用空気槽（調節タンク）と予備空気槽（予備タンク）の設置が必要となる。調節用空気槽は空気の流れを整え，油分，水分を分離する役割を有し，予備空気槽は空気圧縮機の故障が生じた場合に，浮上に必要な最低限の圧縮空気をあらかじめ蓄えておくために設けられる。予備空気槽の内容積は基準が定められており，次式によって算出される。

　　＜定量送気式潜水方式に用いる予備空気槽の内容積＞

$$V = \frac{60 \ (0.03 \, d + 0.4)}{P}$$

　　このとき，V：空気槽の内容積（L），d：最大の潜水深度（m），
　　　　　　　P：空気槽内の空気の圧力（MPa）

　調節用空気槽の内容積が，予備空気槽の基準を満たす場合には，予備空気槽を省略することができる。

6-9　流量計

　流量計は，空気清浄装置と送気ホースの間に取り付けて，潜水者に適量の空気が送気されていることを確認する計器で，高圧則により設置が義務付けられている（第9条）。

　流量計には，特定の送気圧力における流量が目盛りされており，その圧力以外で送気する場合には，圧力補正表で換算しなければならない。

第7章　混合ガス潜水方式

　潜水業務を行う深度が40mを超える場合には，ヘリウム等を用いた「混合ガス潜水」を用いなければならない。ヘリウム混合ガスを使用する主な目的は，「窒素酔い」並びに「酸素中毒」の回避にある。高分圧の窒素と酸素の吸引は中毒作用を生じるため，窒素をヘリウムに置き換え，また酸素濃度を減じることによって中毒作用を回避することができる。また，ヘリウムは拡散度が大きいので，減圧時に酸素呼吸に切り替えることによって，必要な停止時間を短縮することができる。このようなことから，大深度潜水では混合ガス潜水が用いられている。

　混合ガス潜水は，単に呼吸ガスを空気から混合ガスに変更するだけ済むものではない。混合ガス潜水の計画立案とその実施には，専門的な知識と専用の設備機材，多くの支援要員が必要となる。大深度での長時間に及ぶ潜水には大きなリスクが伴うことは容易に想像できるが，潜水者個人の能力だけでそれに対処することは不可能である。混合ガス潜水の実施には，適切な設備と訓練された要員によるシステマチックな取組みが必要であり，「簡易な混合ガス潜水」はあり得ない。

　潜水業務に用いられる混合ガス潜水の範囲は，スクーバから送気式潜水，「バウンス潜水」「飽和潜水」と多岐にわたる。このうちスクーバは閉鎖回路型潜水器で行われることが多く，飽和潜水はその対象がおおむね水深90～100mより深い深度であることから，本項では送気式潜水によるものを主に，その概要について記すこととする。

7-1　混合ガス潜水の方法

　潜水深度が深い混合ガス潜水を無減圧潜水で行うことはほとんど不可能

であり，通常はすべて「減圧潜水」となり，「酸素減圧法」が標準となる。

混合ガス潜水に必要な設備・機材については次項以下に示す。これらの設備を的確に運用するためには，通常の空気による送気式潜水よりも多くの人員が必要であり，十分な訓練も必要不可欠である。また，多くの機材，人員を安全に運用するためには，潜水作業の管理者や監督者の責任は重大なものとなる。

7-2 混合ガス潜水に必要な設備・機材

7-2-1 潜水器

混合ガス潜水では，潜水開始から浮上完了までに数時間を要することになるため，装着感に優れ，呼吸抵抗の低い潜水器が必要となる。比較的多く用いられているものには，全面マスク式潜水器の一種である「ヘルメットタイプ」と「バンドマスクタイプ」があり，いずれもデマンド式潜水呼吸器を装備している。「ハードハット」とも呼ばれるヘルメットタイプは，頭部全体が完全に潜水器に覆われ，水に触れることがないことから，装着感や快適性に優れるが，重量が大きく，装脱着に手間がかかる（図1-7-1）。バンドマスクタイプはヘルメットタイプと比較して装脱着が容易で，重量的にも軽量であるが，「スパイダー」と呼ばれる大型のバンドでマスクを顔面に押しつけて固定するため，長時間の装着ではマスク当たり面に痛みを覚える場合がある（図1-7-2）。

図1-7-1　ヘルメットタイプ

図1-7-2　バンドマスクタイプ

図 1-7-3　温水潜水服（左）と温水潜水服を装着した潜水者（右）

7-2-2　温水潜水服

　混合ガス潜水は深度が深いため水温が低く，またその状態が長時間に及ぶため，保温のため「温水潜水服」（ホットウォータースーツ）を着用する（図 1-7-3）。船上の温水供給装置で海水を加温した温水がアンビリカルの温水ホースを介して温水潜水服へ一定流量で供給され，服内を循環した後はそのまま水中に排水される。温水供給流量は，通常 1 名あたり 20 L/分以上で，水温は適宜調整する。

7-2-3　アンビリカル

　混合ガス潜水では，送気ホースのほか，電話通信線，温水供給ホース，深度計測用ホース（ニューモホース），映像・電源ケーブルなど複数のホ

A：温水ホース（1/2"）
B：送気ホース（3/8"）
C：深度計ホース（1/4"）
D：音声通信ケーブル
E：カメラ・ライトケーブル

図 1-7-4　アンビリカル

ース，ケーブル類を一体化した「アンビリカル」（図1-7-4）が用いられる。アンビリカルの主な構成品類について以下に示す。

(1) 送気ホース

混合ガスを充填した高圧ボンベから減圧器，ガスコントロールパネルを経由したのち，送気ホースを介して潜水器に送気される。送気ホースの内径は潜水深度が浅い場合は4分の1インチ，深い場合は8分の3インチを用いる。

(2) 深度計測用ホース

潜水者の潜水深度はアンビリカルの深度計測用ホースを介して，船上のガスコントロールパネルに装備された深度計に表示され，モニターされる。深度計測用ホース（ニューモホース）は，内径4分の1インチで先端部が開口しており，船上から空気を送気することによって計測する。ホース内の空気は潜水深度の水圧により圧縮され，その圧力が深度換算されて深度計に表示される。

(3) 音声・映像通信用ケーブル

音声通信には防水マイクロホンとイヤホンの組み合わせ，あるいは骨伝導式マイク・レシーバーのものがある。映像通信ケーブルは潜水者が携行する耐圧防水カメラに準拠したものが使用される。

(4) 温水供給ホース

寒冷水域での長時間潜水においては，ドライスーツでは体温低下を防止できないので，温水潜水服を着用し，ホースによって温水を供給する。温水供給ホースは，内径2分の1インチと比較的大きく，船上で加温された海水は毎分20L以上の流量でホースを介して潜水者に送水される。

7-2-4 水中ビデオカメラ，水中ライト

送気式潜水器に装着した水中ライトとビデオカメラで潜水者の作業を船上でモニターすることにより，より安全で効率的作業が可能となる。また映像を録画することにより動画による作業記録を保存できる。

ヘリウム混合ガスカードル（47L×30本）　医療用酸素カードル（47L×9本）

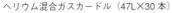

図1-7-5　ガスカードル

7-2-5　混合ガスカードル，酸素カードル

　混合ガス潜水で使用する混合ガスおよび酸素の供給は，それらが充填された高圧ボンベから行われるが，使用量が多いので，複数の高圧ボンベを組み合わせた「カードル」（図1-7-5）を用いる。カードルは，混合ガスでは数本から30本を，酸素は6本から9本の高圧ボンベを組み合わせたものが通常使用される。なおガスカードルを使用する場合，ガスの種類と容量によって，貯蔵や使用に高圧ガス保安法の適用を受ける場合がある。

7-2-6　ガスコントロールパネル

　混合ガス潜水では数種類の呼吸ガスを使用するため，潜水中に送気する呼吸ガスを切り替える必要がある。この呼吸ガス切り替え装置を「ガスコントロールパネル」あるいは「ダイビングコントロールパネル」という。ガスコントロールパネルでは呼吸ガスの切り替えに伴い，潜水深度に応じた送気圧の調整も行う。そのため潜水者の潜水深度を常時モニターするための深度計も備えている。通常，送気圧は潜水深度+0.7〜1.0 MPaである。このコントロールパネルには持ち運びができる1名用もしくは2名用（図1-7-6）のものと，3名以上の潜水者に送気可能な「コンテナ収納式」のもの（図1-7-7）があり，特に後者では，呼吸ガスの送気だけではなく，

図1-7-6　ガスコントロールパネル，1名用
　　　　　（左），2名用（右）

図1-7-7　コンテナ収納式ガス
　　　　　コントロールパネル

図1-7-8　ウエットダイビング
　　　　　ベルと水中昇降装置

潜水者との音声通信装置や潜水者が携行するビデオカメラからの映像をモニターする装置や送気ガスの酸素濃度モニターなどが備えられていることが多い。

7-2-7　ダイビングベル

　潜水深度が深くなると潜水者が自力で潜降・浮上するのに時間がかかるだけではなく，体力的な負担も増加するので，「ダイビングベル」を利用して潜水者の水中搬送を行う。ダイビングベルには，潜水者を完全に水中環境から隔離することができるタイプ（ドライベル）と底部が開放され，半分程度内部に水が浸入するタイプ（ウエットベル）のものがある。ダイビングベルを運用することにより，潜水者の潜降・浮上時の負担軽減と正確な減圧管理が可能となる。

7-2-8　水中昇降装置

　ダイビングベルを昇降する装置は“LARS”（launch and recovery system，水中昇降装置，図1-7-8）と呼ばれ，ダイビングベルと連結されたワイヤーとウインチから構成される。ダイビングベルを下降させる際には，まず

アンカーウエイトを降ろし，アンカーウエイトのガイドワイヤーに沿って
ダイビングベルを下降させる。このガイドワイヤーを使用することによっ
て，下降・上昇時の動揺を最小限にすることができる。ダイビングベルの
昇降速度は状況に応じて調整するが，最大昇降速度は通常毎分 20 m 程度
である。

7-3　混合ガス

7-3-1　混合ガスの準備

　混合ガス潜水では，潜水作業計画に基づいた潜水深度や潜水（滞底）時
間等によって使用する混合ガスの組成を定め，ある程度余裕を見込んだ十
分な量をあらかじめ準備しておかなければならない。また，使用する混合
ガスの成分割合は，減圧計算の観点から極力誤差の小さなものでなければ
ならない。

　混合ガスは，必要な成分ガスを入手して潜水現場で自ら混合する方法と，
ガス会社の専門工場に製造を依頼する方法の 2 つがあるが，使用するガス
量が大きいこと，高い混合精度を実現するためには専用の設備や計測装置
が必要となることから，通常はガス会社から供給を受けることが多い。

7-3-2　混合ガスの管理

　ガス会社等から混合ガスを入手した際には，計画どおりのガス成分並び
に誤差精度であること，ガス充塡圧力が規定のとおりであることを確認す
る。可能であればガス分析器を用いて確認することが望ましいが，現実的
には困難であるので，ガス会社が発行する成分ガス分析表や検査成績書に
よって確認を行う。特に成分ガスや成分比率の異なる複数の混合ガスを使
用する場合には，分析表等による確認を確実に行い，取り違えることのな
いように十分な識別管理を行う。誤った混合ガスの使用は，重大な潜水事
故に直結することを忘れてはならない。

　混合ガスの量は，ボンベやカードルの容積とガスの圧力から知ることが

できる。容積は一定なので，圧力の変化から消費量を算出する。潜水業務を行う前には，当該業務で消費するガス量に十分対処できるだけの圧力があることを確認する。

7-4 酸素減圧

　混合ガス潜水では，減圧時間を短縮するために「酸素減圧」が用いられ，水中で所定の深度から酸素呼吸を行う（水中酸素減圧）。中枢神経系酸素中毒を防止するために一定時間酸素呼吸したら5分間の空気呼吸（エアブレイク）を行うようにする。なお，同様の目的から空気潜水で酸素減圧を実施する場合も同様に行う（「水上酸素減圧」については，第2編第4章4-2項（p.187）を参照）。

7-4-1　水中酸素減圧の方法と必要な設備

　水中酸素減圧は，通常は9mもしくは6mから行われる。酸素は送気ホースを介して潜水者に供給されるため，送気を混合ガスから酸素に切り替える必要がある。酸素減圧は急性酸素中毒のリスクがあるので，安全確実に実施するためには，ガスコントロールパネルを用い，潜水者の水深や状態を確認しながら，送気する呼吸ガスの切り替えを行わなければならない。

7-5 等圧気泡形成（アイソバリック・バブル・フォーメーション）

　混合ガス潜水において，減圧途中にヘリオックスから空気やナイトロックスなどヘリウムとは異なった媒体の呼吸ガスに変更した場合に，「等圧気泡形成」（isobaric bubble formation）によって，肺内に気泡が生じる可能性があることが指摘されている。呼吸ガスを減圧中に変更するいわゆるガス・スイッチ法を採用して潜水しようとする場合は，専門家の指導や助言を得て慎重に対応することが望ましい。

第 8 章　飽和潜水

8-1　飽和潜水の概要

　潜水では，深度や潜水（滞底）時間に比例して呼吸ガス中の不活性ガスが体内組織に溶解するので，深度が深いほど，また潜水（滞底）時間が長いほど減圧に要する時間が長くなる。総潜水時間に対する潜水（滞底）時間の割合を「潜水効率」と言うが，浮上時間が長いほど潜水効率は低下することになる。大深度潜水等で減圧時間が過度に長くなると，総潜水時間のほとんどが浮上時間となり，潜水効率が著しく低下するため実用に適さなくなってしまう。

　体内への不活性ガスの溶解には限界があり，この限界に達した状態を「飽和」という。例えば，空気を呼吸して水深 10 m（約 200 kPa）へ潜水すると，呼吸ガス中の窒素分圧は約 158 kPa となる。そのまま潜水を続けると，体内組織はおおむね 2 昼夜（48 時間）でほぼ窒素飽和状態に達する。これ以降は，いくら潜水時間を長くしても窒素の溶解量が増えることがないため，減圧に要する時間が増加せず，潜水効率も向上する。ただし，この状態からの減圧浮上は容易ではなく，時間をかけて徐々に減圧する必要がある。以上が飽和潜水の原理である。飽和潜水を用いることにより，大深度での潜水業務を安全かつ効率よく実施することができる。

8-2　飽和潜水の方法

　飽和潜水では，潜水者は「船上減圧室」（DDC：deck decompression chamber）で目標深度より若干浅い深度相当圧力まで加圧される。そこでコンディションを整えた後，DDC に接続されたダイビングベル（SDC：sub-

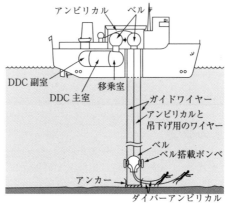

減圧室（DDC）に連結されたベルにダイバーが移乗し，ダイバーを収容したベルをDDCから切り離して水平に移動し，さらに海中に降ろす。ダイバーは海中のベルから外に出て作業をする（図はあくまで概念図であって，ベルの移動方向などは図に示したとおりではない）。

出典：池田知純『潜水の世界』（大修館書店，2002年）

図 1-8-1　飽和潜水の概念図

mersible decompression chamber）もしくはPTC（personnel transfer capsule）に乗り移り，目標深度まで降下する。目標深度に達したら，潜水装備を身に付け，SDCから海中に出て，所定の作業を実施する。作業を終えた後は，再びSDCで船上へ回収しDDCへ接続し，そこで生活する。潜水者は，7〜10日程度潜水作業に従事したのち，DDC内で生活しながら大気圧まで減圧される（図1-8-1）。

8-3　飽和潜水の特徴

飽和潜水には，以下のような長所と短所がある。

［長所］

①　大深度，長時間の潜水業務が可能となる。

②　飽和深度からの無減圧潜水範囲は，大気圧からの無減圧潜水範囲よりも大きくなる（エクスカーション潜水）。

③　通常数回から数日に分けて行う作業が1回の潜水で完了するため潜

水効率が高い。

④　潜水業務が 1 回の潜水，1 回の減圧で完了するため減圧症に遭遇するリスクは小さくなる。

［短所］

①　潜水に要する時間が，数十日に及ぶことがある。

②　潜水者の身体的，生理的および心理的負担が大きい。

③　潜水装置および支援設備が大掛かりとなり，多数の支援要員を必要とする。

第9章 潜水業務の計画と管理

　潜水業務における労働災害の発生状況は，中長期的には減少傾向にあるものの，他の災害に比べその程度は重篤で，死亡災害の割合が高い状況にある。社会的にも，生産活動における利益率向上のため，コスト低減や高い労働生産性を求めるあまり安全対策が十分に講じられず，労働災害の危険性が高まりかねない状況にある。このようなことから，労働安全衛生法では特に重篤な労働災害の防止のため規制や罰則の拡充が図られている。

　労働者の安全と健康の確保は，事業者が果たすべき社会的責任のなかで最も優先されるべき事項であり，高圧則においてもその旨を事業者に義務付けている。それを実現するための主体が作業計画や手順書の作成と安全管理活動となる。本章では潜水業務に必要な作業計画並びに安全管理の概要について示す。

9-1 潜水作業計画の立案

　高圧則では，潜水業務に際してあらかじめ作業計画を立案し，それをすべての潜水業務関係者に周知するとともに，計画に基づいて作業を実施するように求めている。作業計画には，送気またはボンベに充填する気体の成分組成，潜降を開始する時から浮上を開始する時までの時間（潜水（滞底）時間），当該潜水作業における最高の水深の圧力，潜降および浮上の速度，減圧の方法（浮上停止深度と停止時間）を記すことが定められている（表1-9-1）。

　潜水作業計画は画一的なものとせず，過去の経験や創意工夫を加えより充実したものとするよう努めなければならない。特に自然環境下で行われる潜水業務は，前日と同じ作業であっても，場所や天候等により作業条件

表1-9-1　潜水作業計画書の様式の例

潜水作業計画書

管理番号：

業務実施日：　　年　月　日			業務実施場所：		
潜水の種類：　空気　　混合ガス （ナイトロックス　ヘリオックス　トライミックス）			潜 水 方 式：　スクーバ　　送気式 　　　　　　　ヘルメット式　その他（　　　　）		
潜水士1 氏　　名： 潜水装備：	潜水士2 氏　　名： 潜水装備：		潜水士3 氏　　名： 潜水装備：		
潜水管理者 氏　　名：	潜水指揮者 氏　　名：		呼吸ガス組成(%)　　空気 or O₂：　　　He：　　　N₂：		

潜水計画	停止時間(計画)	時刻(実際)	潜水イベント	（計　画）	（実　際）
潜降開始			潜降時間：		
深度到着			業務深度：		
浮上開始			最大深度：		
第1停止点到着			潜水時間：		
36m停止			第1停止までの時間：		
33m停止			潜降時の不具合	（　有　　無　）	
30m停止			水深(m)	不具合の内容	
27m停止					
24m停止					
21m停止					
18m停止					
15m停止			浮上時の不具合	（　有　　無　）	
12m停止			水深(m)	不具合の内容	
9m停止					
6m停止					
3m停止					
水面到着					

総浮上時間：	潜降開始から水面到着までの合計時間：
潜降速度：　　　　　　　　m／分	浮上速度：　　　　　　　　m／分
減圧方式：水中空気減圧　水中酸素減圧　その他（　　　　　　）	
記録事項：	

は毎日変化するので，気象・海象条件に応じた作業中止基準を定め，無理のない条件下で，常に安全を確保しながら作業を行うように考慮しなければならない。

　また，潜水業務は潜水者ばかりでなく，船上または陸上にいて潜水を支援する者たちとの共同作業となる。安全に業務を行うためには，各自が定められた自身の業務と役割分担を，確実に実施することが肝要である。労働災害は不安全な状態と人の行動との相互作用によって発生する。

　このようなことから，潜水作業計画の立案に際しては，作業現場の状況を調査し，実施する業務の難易度を考慮して危険要因を予測し，それを防止した作業方法の検討並びに設備機材の選定を行わなければならない。

　作業計画では，事故発生時の救援体制を確実に定めておくことも重要である。事故発生時には，慌てて平静さを失い混乱することが多いので，役割分担を定め定期的に訓練を行うことが必要である。また，外部への支援を迅速に要請できるよう，緊急連絡先を定め一覧にまとめておくことも必要である。

9-2 潜水業務の管理

　潜水業務において必要な管理項目については，高圧則によって定められているが，これは潜水者の安全を確保する上での最低限の基準でしかない。したがって，実際の運用に際しては作業現場の状況や業務の内容に応じて管理項目を追加する必要がある。

　潜水業務の管理には，以下の3項目がある。
　①　潜水業務に従事する人に対する管理
　②　潜水器や潜水装備など潜水業務に使用される機器の管理
　③　潜水方法など作業の管理
　これらの各項について以下に示す。

9-2-1　潜水作業者等，人の管理

　潜水業務を行うためには，潜水士免許を受けた「潜水士」のほかに，自給気式潜水方式を用いる場合には潜水者の作業を監視する「監視員」，送気式潜水方式の場合には，潜水者の装備脱着などを補助する「支援員」，潜水者と常時連絡を取りながら潜水業務を管理する「管理者」，各種機材を運用する「操作員」が必要となる。監視者や管理者は特別の資格を必要としないが，送気式潜水で潜水作業者の送気を調整する業務を行う「送気員」には，特別の教育を受けていることが要求されている。

　潜水業務は水中高圧下での労働なので健康管理は特に重要である。このため，潜水業務従事者の雇入れ時，潜水業務への配置替えの際およびその後6カ月以内ごとに1回の定期の特殊健康診断を，定められた健診項目に従って行い，その結果は高気圧業務健康診断結果報告として管轄する労働基準監督署長に提出しなければならない。また，事業者は潜水業務従事者の高気圧業務健康診断個人票を作成し，この記録を5年間保存しておかなければならない。この健康診断で身体に異常が認められた場合および特定の疾病に罹患している場合には医師が必要と認める期間，潜水業務を行わせてはならない。

　潜水者の健康については，日々の管理も重要であり，具体的な確認項目を潜水作業計画に明記しておくことが必要である。潜水者の健康状態確認の具体的な項目としては，潜水前と潜水後において以下のような事項が考えられる。

　① 潜水前
　　・睡眠状態
　　・前日の飲酒の有無
　　・薬の服用
　　・けがの有無
　　・体調の異常の有無（風邪，痛み，痒み，耳の違和感など）
　　・前日の潜水作業内容と潜水作業終了時間

② 潜水後

・けがの有無

・体調の異常の有無

・減圧障害の兆候の有無（減圧症，空気塞栓症，窒素酔い，急性酸素中毒など）

9-2-2　潜水機器等，物の管理

(1)　送気式潜水方式の場合

(ア)　コンプレッサー（空気圧縮機）

コンプレッサー（空気圧縮機）は，送気式潜水で業務を行う潜水者の重要な生命維持装置のひとつである。万一故障等でコンプレッサーが停止してしまった場合に備え，潜水者を安全に海面まで浮上させるため，予備空気槽に必要最低限の圧縮空気を貯留しておかなければならない。

予備空気槽の構造は，最大潜水深度の水圧の 1.5 倍以上の耐圧を有し，その容積は下記の式により決定される値以上でなければならない。

① 潜水作業者に圧力調整器を使用させる場合

$$V = \frac{40\ (0.03\,d + 0.4)}{P}$$

② それ以外の場合

$$V = \frac{60\ (0.03\,d + 0.4)}{P}$$

V：空気槽の内容積（L），d：最高の潜水深度（m），

P：空気槽内の空気の圧力（MPa）

これらの予備空気槽は潜水者ごとに設置しなければならない。また，潜水者が緊急ボンベを携行する場合には，予備空気槽を設けなくてもよい場合がある。

㈠　機器設備類の点検

　(a)　潜水前に行う点検

　　　潜水を行う前には必ず，潜水器，送気管(ホース類)，逆止弁および信号索またはさがり綱（潜降索）を点検する。逆止弁の点検は，高圧則では特に義務付けられてはいないが，潜水中の送気ホース断裂事故の際に，潜水器からの空気の放出を止め，マスク・スクィーズなどの圧外傷を防ぐ重要な装備品であるので，潜水前には必ず点検するようにする。

　(b)　定期に行う点検

　　　潜水機器類は使用しなくても常に点検整備を行わなければならない。定期に行う点検の対象機器とその頻度は以下のように定められている。

　　　・コンプレッサーまたは手押しポンプ──1週間ごと
　　　・空気清浄装置────────────1カ月ごと
　　　・水深計─────────────1カ月ごと
　　　・水中時計────────────3カ月ごと
　　　・流量計─────────────6カ月ごと

　(c)　点検結果の記録と保管

　　　潜水機器類の点検結果は記録し，3年間保管しておく。

㈢　自給気式潜水の場合

　(a)　圧力調整器

　　　自給気式潜水器に使用する圧力調整器（レギュレーター）は，ボンベの貯気空気圧が1MPa以上の場合は，2段以上の減圧方式のものを使用する。

　(b)　機器類の点検

　　(i)　潜水前に行う点検

　　　　潜水を行う前には必ず潜水器，圧力調整器（レギュレーター）を点検する。

(ii) 定期に行う点検

定期に行う点検の対象機器とその頻度は以下のように定められている。

・水深計―――――――――――――1カ月ごと

・水中時計――――――――――――3カ月ごと

・ボンベ――――――――――――――6カ月ごと

(c) 点検結果の記録と保管

潜水機器類の点検結果は記録し，3年間保管しておく。

㈓ 再圧室

再圧室は，水深10m以上の潜水業務を行う場合に生じる減圧症などの高気圧障害を最小限にくいとめるための救急設備であり，常に利用できる体制としておかなければならない。特に，潜水深度が深い場合や，潜水時間が長い場合には必要不可欠である。高圧則では，再圧室を設置または利用できるような措置を講じることが義務付けられている（第42条）が，必ずしも潜水現場に再圧室を用意しておく必要はなく，再圧室と潜水現場との距離的な遠近にかかわらずいつでも利用できるような準備をあらかじめ整えておけばよい。

(a) 再圧室の設置場所

再圧室では高圧の空気などを利用するため，酸素分圧の上昇により，火災の危険性は通常より高くなることから，危険物，火薬類，多量の易燃性物質の貯蔵・保管場所やその付近といった火災・爆発などの危険性がある場所は避けなければならない。また，地形的な面からは，出水，なだれ，土砂崩壊などにより再圧室そのものが損壊を受けるおそれのある場所には設置してはならない。

(b) 立入禁止の措置

再圧室の内外部は送気・排気などの配管やバルブ・計器などが装備され，どれかひとつでも異常を生じた場合には，再圧室の操作に支障を来し，再圧室内の人の命に影響を与える結果となる。このた

め，再圧室を設置した場所や操作する場所はみだりに人が立ち入らないよう関係者以外の者は立入禁止とする。

(c) 再圧室の使用と点検

（i）再圧室の使用

使用時には以下のことを厳守する。

◎使用前の点検

再圧室の使用に際しては，事前に，送気設備，排気設備，通話設備，警報設備の作動状況を点検し，異常を認めたときは，直ちに補修するかまたは取り替える。

◎純酸素で加圧しない

純酸素で再圧室を加圧すると，例えば再圧室内部にある空気清浄用のフィルターなどにコンプレッサーなどからの油類が付着している場合には，これらに油類が高圧の酸素と接触し，火災を発生させる危険性がある。一度火がつくと再圧室内部の塗装や衣類などに燃え移り，ほぼ瞬間的に全焼状態となるため，消火設備があっても間に合わない。発火原因には静電気による放電などもある。このように，純酸素による加圧は危険であるので，どのようなことがあっても絶対行ってはならない。ただし，医療機関における再圧治療では酸素加圧方式の再圧治療装置が用いられることがある。

◎副室の完備

再圧室での火災やガス汚染が発生した場合には，主室から副室へ避難する方法が被害を避ける最良の方法である。したがって，再圧室には主室のほかに副室を設け，使用時には主室と副室を常に同圧にしておき，常に移動が可能な状態としておく。

◎常時監視

再圧処置中は再圧室の操作を行う者に加圧・減圧の状態その他異常の有無を常時監視させておくことが必要である。

◎再圧室使用記録の管理

再圧室を使用する場合はその加圧・減圧状況などを必ずその都度記録しておく。特に，加圧開始時刻，減圧開始時刻，圧力保持時間，室内圧力，内部の人の状況（痛みなど減圧症の症状の消失時刻と圧力など），温度，送気圧などが記録対象となる。

(ii) 再圧室の点検

再圧室は設置時およびその後 1 カ月以内ごとに次の点検を行い，異常を認めたときは，直ちに補修するか取り替える。

・送気設備および排気設備の作動状況
・通話装置および警報装置の作動状況
・電路の漏電の有無
・電気機械・器具および配線の損傷その他異常の有無
点検結果は記録し，3 年間保管しておく。

(iii) 危険物の持込み禁止

以下のものは再圧室内部へ絶対に持ち込んではならない。また，その旨を再圧室の入り口に掲示しておく。

・危険物その他，発火または爆発のおそれのあるもの（マッチ，ライター類）
・高温となって可燃物の点火源となるもの（カイロなど）

9-2-3 潜水作業の管理

(1) 潜水作業時間の厳守

潜水業務の実施に際しては潜水者の安全管理上，以下の時間を厳守するよう，管理しなければならない。

① 潜水（滞底）時間
② 浮上（減圧）時間
潜水深度と潜水時間に応じた浮上停止深度および時間
③ 今回の潜水が完了してから次回の潜水開始までの時間

(2) 浮上の速度の厳守

　潜水最大深度から最初の浮上停止深度までの浮上や，浮上停止深度間の浮上では浮上速度は毎分 10 m 以下の速度で行う。

(3) 送気量と給気能力の通知

　送気式潜水では潜水者への送気は潜水深度の圧力下での送気量を，定量送気式潜水器（ヘルメット式潜水器）の場合には毎分 60 L 以上，デマンド式潜水器では毎分 40 L 以上とする。自給気式潜水ではボンベの給気能力（残圧）を確認する。

(4) 浮上の特例

　事故などの緊急事態により，規定された水中での減圧が行えない場合には，浮上速度を速めたり，浮上時間を短縮することができる（高圧則第 32 条）。

(5) 純酸素の使用

　減圧潜水において，減圧のための水中拘束時間を安全に短縮する目的で，潜水者が溺水しないよう必要な措置を講じた場合，規定の酸素分圧範囲内において潜水者は純酸素を呼吸することが可能である。

(6) 潜水者の携行物

　潜水者は，潜水器のほか，以下のようなものを携行する。

㋐ 送気式潜水の場合
　・信号索
　・水中時計（潜水時計）
　・水深計
　・鋭利な刃物

　ただし，潜水者と通話装置により通話可能な場合には，信号索，水中時計および水深計は携行しなくてもよい。

㋑ 自給気式潜水の場合
　・水中時計（潜水時計）
　・水深計

・鋭利な刃物

・救命胴衣またはBCジャケット（浮力調整具，浮力補償具）

(7) **さがり綱（潜降索）**

　いかなる潜水方式の場合でも，潜水業務を行う際には潜降・浮上のための「さがり綱（潜降索）」を用意し，これを潜水者に使用させる。さがり綱には，浮上（減圧）停止深度を表示する木札，布などを，3mおきに取り付けておく。

第10章　潜水業務の危険性および
事故発生時の措置

　人間は人体の調整機能によって環境の変化に対してはある程度まで対応できるが，あまりに急激な変化には対応しきれない。このような場合に，適切な処置を施さないと重大な問題が発生することになる。

　潜水作業は，通常の何倍かの圧力を受け，かつ，高圧の空気を呼吸するので，通常では想像できないほどさまざまな影響が身体各部に生じる。また，水中は地上とは全く異なる環境下であり，特有の物理現象もある。このような環境条件下において，潜水器を装備して行う潜水業務は，人体の生理や潜水器の機能，水中の環境などの相互バランスを無視すると，直ちに圧力や浮力などさまざまな要因による事故発生の危険度が高くなる。潜水者は，これらの問題を理解するとともに，何が危険であるかをよく心得ておかなければならない。

　なお，潜水業務に伴って発生する障害のうち高気圧環境へのばく露に起因するものについては「第3編　高気圧障害（潜水による障害）」の項に詳述した。

10-1　潜水業務の危険性

10-1-1　浮力によるもの

　水中に存在するあらゆる物体は浮力の影響を受けるので，潜水業務においては水圧と浮力との調和を常に図りながら行動しないと，思わぬ事故を招くことになる。

　浮力による事故には「吹き上げ（ブローアップ）」と「潜水墜落（転落）」があるが，いずれもいったん発生すると浮力と水圧の関係が悪い方向に作用するため，一気に水面まで浮き上がるか，水底まで墜落することになり，

途中で停止することはほとんど不可能である。

　吹き上げは急速な浮上現象であるので，これにより減圧症，肺圧外傷，空気塞栓症などの障害につながる危険性が非常に高い。また，潜水墜落は急速な潜降現象であるので，急激な圧力（水圧）増加による送気不足が原因となる窒息事故や，均圧状態がくずれたことによる「スクィーズ」（締め付け障害）につながる。

10-1-2　水圧によるもの

　水圧は潜水業務に重大な影響を与える物理現象で，浮力，送気空気圧力，送気量などに大きな影響を与え，種々の事故・障害の原因となる。水圧による事故の代表的なものは「スクィーズ」（締め付け障害）である。これは水圧が身体に不均等に作用するときに生ずるものであり，その詳細は第3編に示す。

10-1-3　圧縮空気によるもの

　潜水作業においては，圧縮空気を呼吸するが，これは，減圧症や窒素酔いの原因ともなる。また，空気切れなどにより息を止めたままで浮上すると，肺内の空気の膨張により「肺圧外傷」を起こす。その詳細は第3編に示す。

10-1-4　送気によるもの

　送気式潜水（ヘルメット式潜水，全面マスク式潜水等）においては，空気圧縮機によって呼吸ガス（空気）が送気されるので，送気する空気にエンジンの排気ガスなどが混入しないように，吸入口の取付け位置に注意することが必要である。また，送気式潜水では，何らかの理由で送気が中断されたことによる潜水者の窒息事故の危険性に対する注意も必要である。

　ヘルメット式潜水においては，送気量が極度に多いと吹き上げ事故の原因となり，また極度に少ないと潜水墜落や炭酸ガス（二酸化炭素）中毒の

原因となる。そのため，送気設備の能力や作業内容を考慮し，常に潜水深度に適応した送気圧力と換気に必要な送気量を確保することが必要である。

10-1-5　潮流によるもの

　速い流れのなかでの潜水業務は，過去の事例からも減圧症が発生する危険性が高い。このような水域での潜水作業時には，減圧症の発症を防ぐため，潜水時間の短縮および減圧時間の適度な延長が必要となる。また，送気式潜水では，潮流により送気ホースが流されるため，大きなホース保持力が必要となり，潜水者に大きな負担がかかることになる。そのため，連絡員は常にホースを繰り出す長さや潜水作業場所と潜水作業船の係留場所との関係に配慮しなければならない（図 1-10-1）。

　潜水者が潮流によって受ける抵抗は，潜水方式によっても異なる。同じ送気式潜水であっても，ホースの太さや潜水器具の形状による影響の違いにより，ヘルメット式より全面マスク式，全面マスク式よりホースを使用しないスクーバ式の方が抵抗が小さくなる。また，どのような潜水方式を使用するにしても，自分の作業限界を定めておき，自然現象がそれを超えた場合には直ちに潜水を中止し，浮上・退避することが事故を未然に防ぐ重要な要素のひとつである。潮流の速い水域での潜水業務に自給気式潜水器（スクーバ）を使用する場合には，不測の事態に備えて命綱等を使用する必要がある。

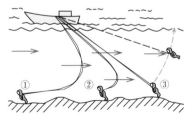

①：× 潮流による負荷が大きくかかる。
②：○ 適当な位置。
③：× 潮流により吹き上げられてしまう。

図 1-10-1　潮流と潜水者の位置

10-2 潜水業務を行う水域の環境による危険性

　水温や透明度，棲息する海中生物，潮汐や潮流の状況，海底の状態など，潜水業務を行う水域の状況は，それぞれ大きく異なっている。このような状況で安全に潜水業務を行うためには，それぞれの水域環境が持つ特徴を理解することが重要である。以下に潜水業務が行われる代表的な水域の特徴を示すが，初めて潜水業務を行う水域では，そこに精通した潜水者からあらかじめ情報を得ることも一助となる。なお，棲生物による危険性については，第 3 編第 2 章を参照のこと。

10-2-1　海洋での潜水

　海洋は潜水業務が最も多く行われている水域であり，海水の温度や密度，潮汐や潮流，透明度，海中生物，海底地形といった要因に加え，水面の状況（気温，湿度，風量）も潜水者に大きな影響を及ぼす。水圧の影響や低い水温などは，海洋に限らずほとんどすべての潜水環境に共通する問題であるが，海洋の潜水業務では潮流による影響を十分に考慮する必要がある。

　「潮流」は，潮汐の干満によって生じる流れのことであり，開放的な海域では弱いものの，湾口や水道，海峡といった狭く，複雑な海岸線をもつ海域では強くなる（図 1-10-2）。潮汐の干満は通常 1 日に 2 回ずつ起こり，その周期（干潮または満潮から次の干潮または満潮までの間）は約 12 時間 25 分である。満潮から干潮へ変化するとき，潮流は沖合い方向の流れ（下げ潮）となり，最強流に達した後，流速を減じてついには流れが停止する。この状態を「憩流」といい，「潮だるみ」や「潮止まり」とも呼ばれている。次いで潮汐は干潮から満潮へと変化をはじめ，潮流は逆方向（上げ潮）へ流れることになる。下げ潮→憩流→上げ潮→憩流というパターンが周期的に繰り返される。潮流の速い海域では，下げ潮および上げ潮時における最強流の中での潜水業務はほとんど不可能であるので，憩流の時期に限って行うようにする。

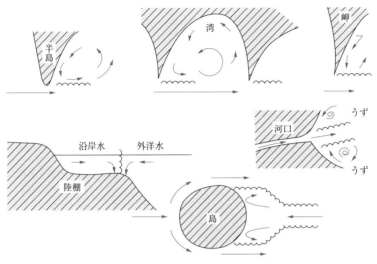

図 1-10-2　海流などの地形による変化

10-2-2　湖沼での潜水

　通常の湖沼で行われる潜水は，山や高地など海面よりも標高の高い場所で行われることが多い。これらの地域では，水面の気圧が海面のそれよりも低くなっているため，同じ水深と潜水時間であっても，海洋の場合に比べ長い減圧浮上時間が必要となるので，潜水業務を行う場合には，減圧方法を水面気圧の低下に応じて補正，調整しなければならない。

　また，湖沼には海洋のような大きな水の流れがないため，水底にはゴミとして投棄された障害物が散乱している場合が多い。これらの障害物は，割れたビンなどの小さなものから壊れた自転車や大木までさまざまであるが，特にダムなどの人造湖では，水没した家屋の残骸など非常に大きな障害物が存在しており，潜水業務の妨げとなるばかりか水中拘束を引き起こす原因ともなる。これらの水域で潜水業務を行う際には，水中カメラ等を利用して，あらかじめ水底付近の状況を十分に把握しておくことが必要である。

10-2-3　河川での潜水

　河川での潜水において最も注意しなければならない要因は，流れの速さである。川幅や川底の状況によって流れは異なるが，速いところでは約 15 km/時以上に達する場合もある。このような状況下では，潜水者は何かにつかまっていなければ瞬く間に下流に押し流されてしまうことになるうえ，面マスクなどの潜水装備も容易にはぎ取られてしまう。したがって，河川における潜水業務では，命綱（ライフライン）の使用や装着するウエイト重量を増大する必要がある。これらの方策により，2.5 ノット（約 4.5 km/時）程度までの流れの中で作業を行うことが可能になると考えられているが，それ以上の流れのなかでは，さらに追加の装備が必要となる。

　河川での潜水業務におけるもうひとつの問題は，水中で有効な視界を得にくいことである。河川では，流れによって川底の堆積物が巻き上げられ水中視界を阻害する。特に上流域で降雨があった場合などには，水中視界が全く失われることもある。濁った水中では，水中照明もほとんど用をなさないので，注意が必要である。また，濁っていない場合でも，速い川の流れが引き起こす渦や気泡のために太陽光が遮られ，水中視界が奪われる場合もある（図 1-10-3）。

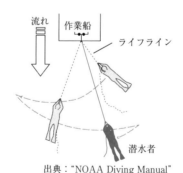

出典：“NOAA Diving Manual”

図 1-10-3　ライフラインを用いた河川での潜水例

10-2-4　暗渠内での潜水

　沈没船の船内，大口径のパイプライン内部，発電所の取水口や排水口の内部，タンカーなど大型船舶の船底部等で行われる潜水業務は，「暗渠内潜水」（閉所潜水）と呼ばれ，天井などの障害物により潜水者が水面に直接浮上することができないため，大変危険であり，実施に際しては十分な計画と対策が必要となる。暗渠内潜水では，機動性の観点からスクーバ潜水が多く用いられているが，潜水者が方向を見失い，脱出できずにボンベの圧縮空気を使い切って溺死に至る事故が少なくない。そのため，非常用の呼吸ガスを二重三重に用意することや，入口からの侵入距離を示したガイドロープを設置するなど慎重な安全対策が必要となる。また，安易にスクーバを選択することなく，送気式潜水の可能性を最後まで検討することも重要である。いずれの場合にも，潜水者には豊富な潜水経験と高度な潜水技術に加え精神的な強さが要求される。なお，米海軍潜水マニュアルでは，暗渠内での潜水は送気式潜水で行わなければならないとされている。

　暗渠内潜水で発生する事故は，潜水者のミスによるものばかりではない。潜水作業中に取水口の水門が急に開き，潜水者が流されてしまうような事故や，汲み上げポンプが急に運転され，ポンプに潜水者が吸い込まれてしまうというような事故も現実に発生している。これらは，潜水者が暗渠内にいるため，外部からその位置を視認できないことにもよるが，根本的な原因は，潜水作業者側と取水口などの施設管理者側との相互連絡の不足によるものであり，潜水作業の責任者は，潜水作業現場がどのように他の施設と関連しているのかを事前に十分把握しておくことが重要である。

10-2-5　汚染水域での潜水

　都市部の河川や港湾での潜水業務に従事する潜水者や，下水道などの保守点検作業に従事する潜水者は，一般家庭からの排水や病原微生物，有害な化学物質などに汚染された水域で潜水業務を行わなくてはならない場合がある。このような環境下で潜水業務を行った場合，細菌や原虫類，ウイ

図1-10-4　汚染水域での潜水

ルスなどにより，潜水者が下痢の症状を訴えたり，外耳炎や皮膚の化膿性
疾患を訴えることがある。

　このように汚染水域での潜水は非常に危険であるので，安易に実施すべ
きではなく，十分な教育と訓練を受けた熟練潜水者のみが，完全な装備と
潜水支援体制のもとで作業を行うようにしなければならない（図1-10-4）。
その場合でも，事前に作業水域の汚染の種類や程度，それが人体に与える
影響などを十分に把握しておくとともに，潜水者が汚染された場合の処置
をあらかじめ準備しておくことが必要である。

　汚染のひどい水域では，潜水者が汚染水を吸引しにくい構造の全面マス
ク（フルフェイス・マスク）もしくはヘルメットタイプ潜水器を使用する
とともに，ドライスーツ，フード，手袋などを着用して汚染水との接触を
可能な限り避けるため露出部を極力少なくした装備で，送気式により潜水
することが望ましい。緊急時の支援潜水者にも同じ装備が必要である。ま
た水上で潜水作業を支援する作業員も汚染からの防護対策を講じておかな
ければならない。

　潜水作業後には，潜水装備を装着した状態でまず全身を清水で洗い流して，汚染物を除去した後，使用した潜水器具，潜水服，付属機器類などを十分に洗浄するようにする。もちろん，潜水者も入浴等により，直ちに身体を清潔にするよう努めなければならない。

10-2-6　冷水域での潜水

　冷水域での潜水には多くの問題があるが，そのうち最も重要なことは，潜水者の体温の保護，特に体中心温度を維持することである。これは，潜水者の快適性のためばかりでなく，温度変化が作業能力や集中力，作業効率に著しい影響を及ぼすためである。

　水温が 20℃ 以下の場合には，急速に体温が低下するため，ウエットスーツの着用が必須であり，その場合でも寒さのために過度の疲労を感ずるようになる。15℃ 以下では，ウエットスーツでは 60 分間程度しか耐えることができず，ドライスーツの着用が必要となる。一方過度に高い水温も潜水者には影響を及ぼし，水温が 30℃ 以上の場合には，体温の上昇により極度の疲労を生じさせることになる。

　潜水者の体温の保持に最も有効な手段は潜水服の着用である。中等度の冷水中では，6.5〜13 mm の発泡ネオプレン製ウエットスーツとフードにより，60 分間程度の潜水作業であれば問題なく実施することができる。ドライスーツを用いれば，潜水作業時間は 2 時間程度まで延長することが可能となる。

　水温が非常に低い水域では，温水潜水服が用いられる。これは，船上からホースを介して温水を潜水者に供給するもので，潜水者は送気ホースの他に温水用のホースを持たなければならないが，極寒の水中でも体温を保護することができる。

　冷水域での潜水では，これらの他にも考慮すべきいくつかの装備上の問題がある。潜水呼吸器には，凍結対策が施されているものを使用することが望ましい。呼吸器のデマンドバルブ部分が凍結すると，バルブ機能が失

われてフリーフロー状態となるため，潜水することが不可能となる。また，冷水域では，マスクの面ガラス部が曇るか，凍結する可能性が高いので，事前に曇り止めなどの対策を施しておくことが必要である。

　手足や頭部などは脂肪が少なく熱を発散しやすいので，グローブやフードなどによって保護しなければならない。足には通常ブーツを履くが，熱絶縁性の高い靴下を併せて利用するとより高い保温性が得られる。

10-2-7　高所での潜水

　高所では水面での圧力と水中での絶対圧が海抜0メートルの時よりも小さくなるので，「深度補正」が必要となる。通常の減圧表は潜水者が海面で潜水した時に海抜0メートルの水面に安全に戻ってくるために開発されたものであり，海面よりも気圧の低い高所での潜水にそのまま適用できない。気圧の低い高所で潜水すると，距離的には同じ深度であっても気圧的には海面での潜水よりも深い深度に相当することになる。そのため海抜100 m以上の高所で潜水を行う場合は，深度補正を行わなければならない。また，高所潜水では通常の深度計では実際の深度を表示しないことを注意しなければならない。そのため高所潜水では「ショットライン」（測深ロープ）を使用して実際の潜水深度を測る。また，海抜1,500 m以上の高所では，浮上速度を通常の浮上速度よりも遅くして（20〜30%遅くして）浮上する。なお，高所での潜水に関しては，第2編第4章4-1項（p.186）に詳述する。

10-3　代表的な潜水事故とその予防法

10-3-1　潜水墜落

(1)　原　因

　潜水者が水中に留まる（中性浮力を維持する）には，浮力を調整するためにBCやウエイト（錘）を用いる必要がある。潜水中にBCに空気を送気しすぎたり，ウエイトが外れたりして中性浮力の維持に失敗する

と，潜水者は急速に浮上することになる。その際パニックに陥り急激に浮力を減ずると，一転して潜水者は沈降する。沈降し始めて水圧が増すと潜水装備内の気体容積が縮小していくので，浮力がますます減少することになり，一気に海底まで沈んでしまうことになる。これが「潜水墜落」である。潜水墜落により潜水装備内部あるいは身体内と水圧との圧力の不均衡が生ずればスクィーズを起こしたり，送気式潜水の場合は圧力の急激な増加により送気不足となったり，最悪の場合，窒息事故を起こすこともある。

潜水墜落の原因としては，次のことがあげられる。

① 不適切なウエイトの装備

② 急激な潜降

③ さがり綱（潜降索）の不使用

④ 吹き上げ時の処理の失敗

⑤ ドライスーツやBCの排気弁の故障または操作ミス

(2) **予防法**

潜水墜落事故に対する予防法としては，次のことがあげられる。

① 潜降・浮上にあたっては，必ず潜降索を使用する。

② 潜水者は潜水深度を変えるときは，必ず船上に連絡する。

③ ウエイトは，浮力の変化を考慮して適正なものを選ぶ。

④ ドライスーツやBCの排気弁の点検を確実に行う

(3) **措　置**

万一，潜水墜落事故が発生した場合には，直ちに潜水者を救出し，減圧症，スクィーズ，窒息などの障害に対しそれぞれ最適な処置を行う。

10-3-2　吹き上げ（ブローアップ）

(1) **原　因**

「吹き上げ」は潜水墜落とは逆の現象で，ドライスーツを使用したときに，ドライスーツ内部の圧力と潜水深度の水圧の平衡が何らかの理由

第1編●潜水業務

によって崩れ，内部の圧力が水圧より高くなったとき，内部に貯留されている空気の容積の膨張により体積が増加して正の浮力を生じ，浮上を始める。浮上により水深が浅くなると水圧が小さくなるため，さらに空気容積が膨張し浮力が増大するという悪循環を繰り返し，潜水墜落と全く反対に一気に水面まで浮上してしまうため「吹き上げ」と呼ばれている。一旦吹き上げ状態に陥ると，ドライスーツが膨張しパンパンに膨れ上がってしまい，自由に手足を動かすことができなくなることも対処を難しくする。

吹き上げの原因としては，次のことがあげられる。

① 潜水者のドライスーツ排気弁の誤操作

② BC排気弁の誤操作

③ 頭部を胴体より下にする姿勢をとったときに，空気を尻や足の部分に溜まらせたために逆立ちの状態になってしまった場合

④ 潜水墜落時の対応の失敗

⑤ 突発事故により，潜水者が身体の自由を損なわれた場合

(2) 予防法

吹き上げ事故に対する予防法としては，次のことがあげられる。

① 潜降・浮上時には，必ずさがり綱（潜降索）を使用する。

② 身体を横にする姿勢をとるときは，潜水服を必要以上に膨らませない。

③ 潜水者は潜水深度を変えるときは必ず船上に連絡する。また，送気員は潜水深度に適合した送気量を送気する。

④ ウエイト等は，浮力の変化を十分に考慮して選ぶ。

(3) 措 置

万一，吹き上げ事故が発生した場合には，直ちに潜水者を救出し，減圧症，肺圧外傷などの障害に対しそれぞれ最適な処置を行う。なお，吹き上げ後に排気弁を開きすぎると浮力がなくなって潜水墜落を招き，スクィーズや溺れたりすることがあるので，ドライスーツやBCの空気を

抜く際には慎重に行わなければならない。

10-3-3　水中拘束

(1)　原　因

　　送気式潜水では，送気ホースやアンビリカルがクレーン船の吊フック
やワイヤー，また，他の作業船のスクリューに絡みついたり，重量物の
下敷きになり潜水者が拘束されるといった事故が発生することがある。
また，スクーバ潜水では，作業に使用したロープなどが装備に絡みつき，
潜水者が拘束される事故例が多くみられる。これら以外にも，ダム等の
取水口付近での作業で足を吸い込まれ自力脱出が不能となったり，沈船
や洞窟に入って潜水器具が障害物に引っ掛かり身動きができなくなると
いう事故例も報告されている。これらの事故を「水中拘束」という。

　　水中拘束事故を起こすと，潜水者は浮上などの措置ができなくなるた
め，長時間水中に拘束されることになる。そのため，減圧症などの障害
を引き起こしやすくなり，スクーバ潜水ではボンベの空気切れによる窒
息事故につながる。

(2)　予防法

　　水中拘束に対する予防法としては，次のことがあげられる。

①　作業現場の状況をあらかじめよく観察し，拘束の危険のない作業
　　手順を定め，それに従って作業を進める。

②　障害物を通過するときは，その経路を覚えておき帰りも同じ経路
　　を通る。

③　障害物は周囲を回ったり，下を潜り抜けたりすることはせず，な
　　るべく上を越えていくようにする。

④　使用済みのロープ類は放置しないで船上に回収する。

⑤　救助に向かうことのできる潜水者（スタンバイダイバー）を待機
　　させておく。

⑥　沈船や洞窟などの狭いところに入る場合には，必ずガイドロープ

を使用する。

(3) 措　置

　水中に拘束された場合，外傷を受けていなければ水中拘束から脱出した後は，疲労や消耗が残る程度である。しかし，拘束によって潜水時間が計画より超過してしまった場合にはそれに対応する減圧時間によって浮上しなければならない。また，減圧症を起こした場合には，直ちに再圧治療などの最適な処置を施さなければならない。

　スクーバ潜水で装備を放棄して浮上するような場合には，肺圧外傷を起こさないように息を少しずつ吐きながら浮上するなどの注意が必要である。また，船上においても，万一の場合に備えて再圧などの処置が迅速に行えるよう準備態勢を整えておくことが必要である。

10-3-4　溺れ（溺水）

(1) 原　因

　「溺れ」には，気道や肺に水が入ってしまったため呼吸ができなくなり，窒息状態となる場合や，水が気道に入ったとき反射的に呼吸が止まってしまう場合などがある。潜水中の溺れの原因には，不完全な装備や潜水技術の未熟に起因することが多い。例えば，コンプレッサーの故障，

図1-10-5　溺れの原因①　送気ホースの巻き込みによるもの

図 1-10-6　溺れの原因②　窒素酔い

送気ホース取付け部や継手部の破損，作業船のスクリューによる送気ホースの巻込みおよび切断，送気ホースが石などの重量物の下敷きとなり送気が中断してしまった場合などがある。スクーバ潜水では，窒素酔いや些細なトラブルからパニック状態に陥り，正常な判断ができなくなり自ら潜水器（レギュレーター）を外してしまったり，ボンベの空気を使いきって溺れた事故例も多々ある（図 1-10-5，図 1-10-6）。

　このような事故を未然に防ぐためには，使用する潜水器具は常に最高の機能を発揮するように日常から点検・整備しておくことが必要である。また，作業前に潜水器の入念な点検を必ず実施することも忘れてはならない。送気式潜水における空気圧縮機の故障などによる送気停止の場合には，潜水者から連絡員に対し予備空気槽からの送気を指示するとともに安全な範囲内で迅速に浮上するようにする。

(2)　予防法

　溺れに対する予防法としては，次のことがあげられる。

①　送気式潜水では緊急ボンベを携行する。

②　事故その他緊急事態に対する十分な教育と訓練を施す。

③　潜水前の器具の十分な点検・整備を励行する。

④　身体の調子の悪いときは潜水をしない。

⑤　スクーバ潜水では救命胴衣または BC を必ず着用する。

⑥　潜水作業船には，スクリューによる送気ホース切断事故を生じないよう，クラッチ固定装置やスクリュー覆いを取り付ける。

(3)　**措　置**

万一，溺れ事故が発生した場合には，直ちに潜水者を引き上げ，次の措置をとる。

①　上気道から水や異物を取り除く。

②　胸骨圧迫（心マッサージ）ならびに必要により人工呼吸など救急蘇生を実施する。

③　医師に連絡し，速やかに適切な治療を受ける。

なお，潜水中の溺れを救助するため急速に引き上げると減圧症を起こす危険性があるので，場合によっては減圧症に対する措置も必要となる。

10-4　緊急の連絡体制の確立

潜水業務における労働災害は，水中という環境のため迅速な対応ができず，また，救助に時間を要する場合が多い。したがって潜水作業場所ごとに連絡体制を明確にし，緊急時には誰が何をすべきかを周知徹底することによって，救助に要する時間を短縮することができる。そのためにはあらかじめ救難機関，搬送機関，医療機関等について依頼先，依頼方法および連絡経路を明確にしておくとともに，潜水作業場所から関係者への連絡担当者を定めておき，緊急時の連絡に対応させることが大切である。また緊急連絡先を一覧にまとめ，関係各所に掲示しておくことも必要である（図1-10-7）。

連絡を要する事項は次のとおりである。

(1)　**被災の状況および被災者の症状**

①　被災の状況

いつ，だれが，どこで，なにを，なぜの内容で簡略に連絡する。

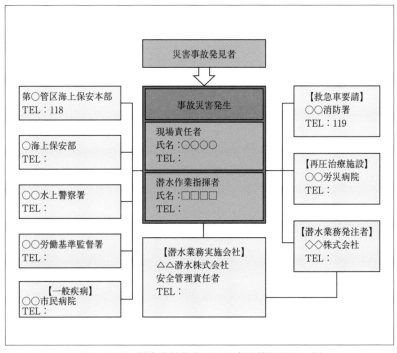

図 1-10-7　災害事故発生時の緊急連絡体制の一例

② 症　状

　ⓐ　呼吸の状況

　ⓑ　脈拍等の状況

　ⓒ　出血の有無

　ⓓ　骨折の有無

　ⓔ　頭部損傷の有無

　ⓕ　関節および筋肉痛の有無

(2)　被災者への処置の確認と実施

　①　被災者の陸揚げ場所の確認と所要時間の連絡

　②　救急車の手配

　③　救急処置方法の確認と実施

第2編

送気，潜降および浮上

第1章　潜水業務に必要な給気および送気

　潜水業務における給気および送気は，潜水者の生命維持に関わる非常に重要な要因である。給気や送気の方法は，呼吸ガスの種類や潜水方式によって異なるが，いずれの場合においても，潜水者の活動に十分な量を確保し供給すること，万一の場合に備えて緊急用の呼吸源を準備しておくことが不可欠である。さらに，空気潜水では，供給する圧縮空気の品質に，また混合ガス潜水ではその組成や混合精度にも十分配慮しなければならない。高気圧作業安全衛生規則（以下「高圧則」）では，これらの品質や精度に関して特に基準は設けられていないが，適切な呼吸ガスを供給することは安全性確保の観点から非常に重要であり，潜水者の快適性や作業効率にも直結するものであるので，慎重に取り扱わなければならない。

1-1　空気潜水における給気および送気

　空気潜水は呼吸ガスに圧縮空気を使用する潜水方式で，潜水業務に最も多く用いられている。空気は大気を構成するガスであるので容易に入手することができるが，大気圧のままでは潜水業務に使用できないため，コンプレッサー（空気圧縮機）等を用いて必要な圧力まで圧縮する必要がある。その際特に注意しなければならない点は，原動機等の排気ガス混入である。排気ガスには有毒な一酸化炭素が多く含まれており，これが混入した圧縮空気を潜水者が呼吸すると一酸化炭素中毒を発症することになる。潜水業務では，船舶やクレーン等の重機を稼働させながら作業を行う場合があるが，それらのエンジンからの排気ガスが送気用コンプレッサーに混入することがないように，空気取入れ口の設置場所には十分に注意しなければならない。いったん設置した後でも，風向きの変化や重機の移動などにより，

図 2-1-1　ガス検知管

排気ガスの流れが変わることがあるので，潜水業務中は常に注意しておか
なければならない。

　清浄な空気を供給するためには，コンプレッサーや高圧ボンベなどの給
気設備の保守管理も充実させなければならない。長期間保守点検を怠って
いたため，コンプレッサーのシリンダー内に溜まった潤滑油が燃焼し，発
生した一酸化炭素により潜水者が中毒症状を起こし，水中で意識を失うと
いった事故が実際に発生している。高圧則では，コンプレッサーは1週間
ごとに，空気清浄装置は1カ月ごとにそれぞれ1回以上点検することが義
務付けられているので，これらを確実に実施することが肝要である。また，
ガス検知管等を利用すれば，簡単に圧縮空気中の一酸化炭素濃度を調べる
ことができるので，それらを用いて圧縮空気の品質確認を行うことも有用
である（図2-1-1）。

1-1-1　スクーバ（自給気式）潜水方式に必要な給気

　スクーバ（自給気式）潜水における給気能力は，潜水者が携行する高圧
ボンベの本数，高圧ボンベの充塡圧力または空気圧力（残圧），および潜
水深度と潜水者の呼吸量によって決定される。したがって，潜水業務に際
してはまず給気能力を算出し，それに応じて潜水作業を計画しなければな
らない。特に比較的深い水深の潜水業務をスクーバ潜水で行う場合には，
短時間で給気能力を消失する。この時，正確に給気能力を把握していなけ

れば，給気切れを起こして溺水に至ることになる。このような事故事例は決して少なくないので，注意が必要である。

(1) 給気量の計算

高圧ボンベの空気容量は，ボイルの法則（第1編第2章2-2-1項参照のこと）によって求められる。すなわち，

$$P_1 V_1 = P_2 V_2$$

ここで，P_1＝大気圧（0.1 MPa），V_1＝大気圧下での容積（L），
P_2＝高圧ボンベ内の空気圧力（MPa：ゲージ圧力），
V_2＝高圧ボンベの容積（L）

上式において，高圧ボンベの空気圧力には，絶対圧力ではなくゲージ圧力を使用することに注意する。高圧ボンベ内の圧力が1絶対気圧（0.1 MPa）のときには，高圧ボンベ内の空気を呼吸することができないので，給気に利用できる空気容量を評価する際には，ゲージ圧力を使用する。例えば，19.6 MPaで充塡された内容積14 Lの高圧ボンベの空気容量（V_1）は，大気圧に換算すると，

$$0.1 \times V_1 = 19.6 \times 14$$
$$V_1 = 2,744 \ (L)$$

となる。

いったんボンベへの充塡が完了した場合でも，周囲温度が変化するとボンベの圧力や空気容量は影響を受ける。船上の気温と潜水中の水温に大きな差が見られる場合，低い水温によって高圧ボンベ内の空気が冷やされると，圧力が低下するうえ，空気容量（体積）も影響を受けることになる。温度変化による気体の圧力と体積の変化は，ボイル・シャルルの法則（第1編第2章2-2-3項参照のこと）によって示すことができる。すなわち，

$$\frac{P_1 V_1}{T_1} = \frac{P_2 V_2}{T_2}$$

ここで，P_1＝船上でのボンベ圧力，V_1＝ボンベの内容積，

T_1＝船上の気温（絶対温度[*1]），P_2＝水中でのボンベ圧力，

V_2＝ボンベの内容積，T_2＝水温（絶対温度），

ただしボンベの内容積が潜水によって変化することはないので，実際はV_1＝V_2となる。

また，絶対温度（K）は，温度（℃）に 273 を加えた値となる。

例えば，船上の気温が30℃で，そのとき空気を充塡したボンベ（内容積：14 L）の圧力が 19.6 MPa であった場合，水温5℃の水中へ潜水したときのボンベの圧力（P_2）は，上式から，

$$\frac{19.6 \times 14}{273 + 30} = \frac{P_2 \times 14}{273 + 5}$$

$$P_2 = 17.98 \ (\text{MPa})$$

となる。潜水者が全く空気を消費しないとしても，潜水による周囲温度の低下だけで空気圧力は 1.62 MPa も減少することになる。これを空気容量に換算すれば，高圧ボンベの容積が 14 L のとき，空気容量は約 227 L 減少したことになる。気温と水温がこのように大きく異なることはあまりないので，通常は水温の影響をほとんど無視することができるが，温度変化によって高圧ボンベ内の空気圧力および容量が影響を受けることは理解しておかなければならない。

(2) 給気可能時間（潜水可能時間）の算出

高圧ボンベの空気容量がわかれば，それと潜水者の空気消費量から給気可能時間を算出することができる。給気可能時間は，すなわち潜水可能時間となる。潜水者の空気消費量は，呼吸量と潜水深度から求められる。潜水者の呼吸量は潜水業務中大きく変化する。潜水者が運動や作業を行えば呼吸量は増加し，激しい作業により疲労したときにはより顕著

*1) 「絶対温度」は−273.15℃を基準とした温度単位系。

なものとなる。また，何らかの理由で潜水者が興奮状態に陥った場合に
も呼吸量は増大する。スクーバ潜水における潜水者の呼吸量は，毎分 13
L（軽い運動時）から 50 L（重作業時）程度の範囲内で変化するが，平
均呼吸量は毎分約 20 L くらいであると考えられる。ただし，潜水者の
呼吸量には大きな個人差があるので，過去の経験から潜水中における自
身の平均的な呼吸量を検討しておくことは有用である。作業や運動の強
さと呼吸量の関係については第 3 編第 2 章 2-3 項（p.220）に詳しい。

　潜水中の呼吸量の平均値に，潜水深度に相当する圧力を乗ずれば空気
消費量を算出することができる。例えば，平均毎分 20 L の呼吸を行う
潜水者が，水深 20 m（3 絶対気圧）で潜水業務を行う場合の空気消費
量（S）は，

$$S = 平均呼吸量 \times 水深$$
$$= 20\,L/分 \times 3\,気圧$$
$$= 60\,L/分$$

となる。このとき使用する高圧ボンベの空気容量を，この空気消費量で
割れば，給気可能時間が求められる。空気容量の算出方法は前述のとお
りであるが，緊急用の空気量を確保しておくために，高圧ボンベの空気
圧力は，実際の圧力から 5 MPa を差し引いた値を用いるようにする。

　したがって，容積 14 L，空気圧力 19 MPa の高圧ボンベを使用する場
合，使用できる空気容量（V）は，

$$V = \frac{（空気圧力-5）\times 高圧ボンベの容積}{大気圧}$$
$$= \frac{（19-5）\times 14}{0.1}$$
$$= 1,960\ (L)$$

となる。この容量の空気を毎分 60 L の割合で消費すると，給気可能時
間（T）は，

$$T = \frac{1,960}{60} = 32.666 \fallingdotseq 32 \ (\text{分})$$

となり，32 分間の潜水が可能であることがわかる。

　潜水業務を潜降，潜水作業，浮上もしくは減圧停止など，潜水中の行動に応じて細かく分類し，そのときの潜水深度と推定される呼吸量から，それぞれの空気消費量を算出することにより，さらに正確な潜水可能時間を知ることができる。

　スクーバ潜水では，潜水業務中，潜水者の不注意により深く潜りすぎてしまったり，不意の出来事により緊張状態に陥ったりすると当初の計画より空気消費量が多くなるので，潜水者自身が，経過時間と深度，およびボンベの残圧から潜水可能時間を即座に判断できるよう，空気容量と給気可能時間の関係を十分に理解しておくとともに，潜水中は潜水時計による潜水時間の把握と残圧計によるボンベ空気圧力の管理を確実に行うようにしなければならない。

(3) 高圧ボンベへの圧縮空気の充填

　ゲージ圧力 1 MPa 以上の気体は，すべて高圧ガス保安法の適用対象となる。コンプレッサー（空気圧縮機）を用いて高圧ボンベに圧縮空気を充填する行為は，高圧ガス保安法における「高圧ガスの製造」に該当するため，規制の対象となる（図 2-1-2）。規制区分は，使用するコンプレッサーの処理能力によって異なるが，1 日（24 時間）で処理することのできる圧縮空気の容積が 300 m³（0℃，大気圧換算）以上の場合には，都道府県知事への製造許可申請が必要であり，有資格者の配置も求められる。処理能力が 300 m³ 未満の場合には，都道府県知事への届出が必要となる。

1-1-2　送気式潜水における送気

　送気式潜水における呼吸用空気の送気は，コンプレッサー，高圧ボンベ，もしくはその両方から行われる。コンプレッサーを使用した送気系統の例

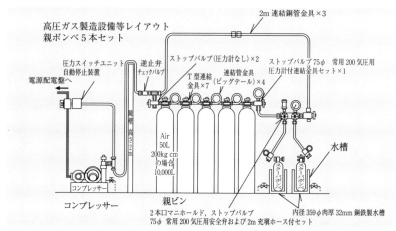

出典：『海中技術』一般改訂版，1999年

図 2-1-2　高圧ボンベ空気充填システム

を図 2-1-3 に，高圧ボンベを使用した場合の例を図 2-1-4 に，コンプレッサーと高圧ボンベを併用した場合の例を図 2-1-5 に示す。

　高圧則では，使用する潜水器に応じて送気条件の基準を定めている。すなわち，ヘルメット式潜水器などの定量送気式潜水器と全面マスク式潜水器などのデマンド（応需）式潜水器では，送気量や送気圧力等に関する規制が異なっている。

　実際の潜水業務では，作業の内容や程度，潜水者の体格や健康度，潜水技術のレベルなどが大きく異なるため，必要な給気能力も一様ではない。潜水業務に求められる送気設備には，規則による基準を満たし，かつ以下の 3 項目を満たす能力が求められる。

［送気設備に求められる要件］

　・潜水者の呼吸変化に十分対応できる送気容量を有すること。

　・ヘルメットや全面マスク内に炭酸ガスが滞留しないように，十分に換気することができる送気量であること。

　・送気ホースや継手による圧力損失，および潜水深度での水圧に打ち勝つ送気圧力であること。

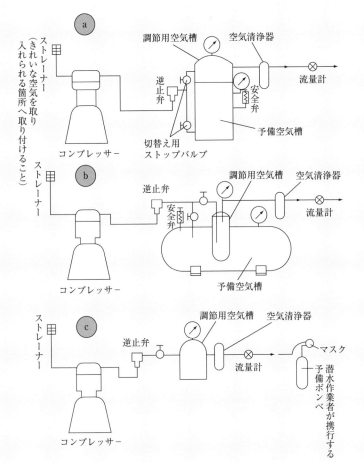

図2-1-3　コンプレッサーによる送気系統

(1)　定量送気式潜水方式に必要な送気

　　　ヘルメット式潜水器など定量送気式の潜水器を用いて潜水業務を行う場合，以下のような点を考慮して送気設備を準備しなければならない。

　(ア)　送気量（送気空気量）

　　　定量送気式潜水器では，ヘルメット内の炭酸ガス（二酸化炭素）滞留を防ぐために，比較的大きな容量の空気を連続的に送気する必要が

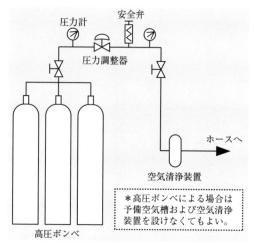

図2-1-4　高圧ボンベによる送気系統

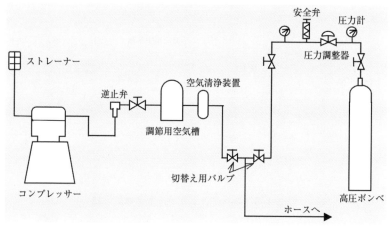

図2-1-5　コンプレッサーと高圧ボンベを使用した送気系統

ある。

　定量送気式潜水器では，呼気がヘルメット内に吐き出されてヘルメット内の空気と混ざるが，この呼気が混ざった空気は，炭酸ガス濃度が増大した状態で潜水者に吸気されることになる。したがって，ヘル

メット潜水器内の炭酸ガス濃度が有毒なレベルに達しないように，常に換気し続けなければならない。換気が十分でないと，潜水者は炭酸ガス中毒に罹患することになり，あえぐような呼吸や頭痛，めまいが生じ，さらに症状が進めば意識不明に陥ることになる。吸気中の炭酸ガス分圧が1.5 kPa（大気圧下で1.5％の濃度）を超えると炭酸ガス中毒のリスクが高くなるので，少なくともこれを超えることのないように換気することが必要であり，送気量もそれに見合ったものが要求される。また，炭酸ガスの蓄積は減圧症のリスクを高めることにもなるので注意が必要である。

　高圧則では，潜水深度の圧力（水圧）下で毎分60 L以上の送気量とするよう規定しているが，軽〜中等度の作業に比べ，激しい作業では，呼吸量が倍増することもあるので，送気設備には，潜水業務の内容や作業海域の状況などから潜水者の最大呼吸量（換気量）を推測し，それに見合った送気能力を有するものを使用しなければならない。

(ｲ)　送気圧力（送気空気圧力）

　定量送気式潜水器への送気圧力は，潜水深度での水圧に送気ホースや配管類，継手，バルブ等による圧力損失分を加えた圧力以上が必要である。送気設備や配管系等，使用する送気ホースの長さなどによって圧力損失の度合いは異なるが，一般的には100〜300 kPa程度と考えられるので，例えば水深15 mで作業を行う場合，潜水者へ送気する空気圧力は，潜水深度での水圧150 kPaに圧力損失補正分100〜300 kPaを加えた，250〜450 kPa（約0.25〜0.45 MPa）以上ということになる。

　定量送気式潜水器には圧力調整器が装備されていないため，送気圧力がそのまま潜水器に送り込まれる。このため，送気圧力があまりに高すぎると，腰バルブのわずかな操作でも大量の空気が送り込まれてしまい，吹き上げ事故を引き起こすことになるので，送気圧力は常に適正に調整されなければならない。

(2) デマンド式（応需送気式）潜水方式

デマンド式（応需送気式）潜水器である全面マスク式潜水器に使用する送気設備には，以下のような能力が求められる。

(ア) 送気量（送気空気量）

デマンド式潜水器では，潜水者が吸気するごとに空気が送気されるため，作業の状況により，送気量は大きく変化する。すなわち，激しい作業（運動）を行っているときには送気量は大きくなり，減圧時の浮上停止など安静な状態にあるときには比較的少なくなる。デマンド式潜水方式に用いる送気設備には，潜水業務中に必要な最大の送気量，すなわち潜水者の呼吸における瞬間的な最大吸気量に対応できる送気量が必要となる。この最大吸気量は，激しい作業を行っている比較的短時間に限られるが，送気設備はこれに応じた送気量を，必要な時間だけ供給できなければならない。

例えば，泥の海底を速く歩くことは非常に激しい運動であり，毎分40 L 程度の空気を消費すると考えられている（安静状態では毎分8〜10 L 程度）。このような運動は，個人差はあるものの，通常数分から数十分程度しか持続することができない。これは，潜水業務全体から見ればわずかな時間であるが，使用する送気設備の能力は，この時の空気消費量，毎分40 L を基準としたものでなければならない。例えば，水深20 m（3 絶対気圧）でこのような激しい運動を行う場合には，3 絶対気圧下で40 L/分の送気量，すなわち大気圧に換算して120 L/分の送気量が必要となる。したがって，使用するコンプレッサー等も120 L/分以上の吐出能力（圧縮空気製造能力）を有するものでなければならない。

高圧則では，圧力調整器を装備するデマンド式潜水器を使用する場合，送気量は，潜水業務を行う水圧下で毎分40 L 以上と規定されているので，規則を遵守すれば通常行われるほとんどの作業に対応することが可能である。

(イ)　送気圧力

　　デマンド式潜水器への送気圧力は，潜水深度での水圧，および送気
ホースや配管系統による圧力損失に圧力調整器（デマンドレギュレー
ター）の作動圧力を加えたものとしなければならない。作動圧力は使
用するデマンドレギュレーターによって異なるが，例えば，作動圧力
が 500 kPa のデマンドレギュレーターを使用して，水深 20 m で潜水
業務を行う場合，必要な送気圧力（ゲージ圧力）は，水圧 200 kPa，
圧力損失補正分 100〜300 kPa，デマンドレギュレーター作動圧力 500
kPa をあわせた圧力 800〜1000 kPa（0.8〜1 MPa）が必要となる。高
圧則では，送気圧力は，（水圧＋0.7 MPa）以上と規定されているの
で，実際に水深 20 m で潜水業務を行う場合には，0.9 MPa 以上の送
気圧力を用いることになる。なお，送気圧力が 1 MPa 以上となる場
合には，高圧ガス保安法の適用を受けるため注意が必要である。

　　送気圧力が高すぎると，レギュレーターのデマンド機構が機能せず，
送気が止まらない（フリーフロー）状態に陥る。逆に送気圧力が低す
ぎると，作動圧力の不足によりデマンドバルブがスムーズに作動せず，
大きな呼吸抵抗を生じることになる。いずれの場合も，潜水者の正常
な呼吸を阻害することになるので，潜水業務中は常に適正な送気圧力
で送気が行われるように注意しなければならない。

1-2　混合ガス潜水における給気および送気

　潜水業務に用いる混合ガスは，酸素と不活性ガス（ヘリウム，窒素）を
組み合わせたものが用いられるが，その割合は，潜水深度や潜水（滞底）
時間によって決定される。混合ガス潜水の実施に際しては，あらかじめ計
画された組成の混合ガスを準備し，その使用を関係者に周知するとともに，
潜水作業計画に明記しておかなければならない。

　混合ガス潜水は，大深度かつ長時間の潜水となり，呼吸ガス消費量も大
きくなるので，スクーバ潜水で行うことは困難であり，通常は送気式潜水

で行われる。ただし，閉鎖回路型潜水呼吸器（リブリーザー）を用いれば，スクーバ潜水でも可能となる。いずれの場合も高圧ボンベを利用した送気または給気となる。

混合ガスの入手方法としては，ガス製造会社に製造を依頼する方法と必要な成分ガスを用意し潜水業務現場で混合ガスの製造を行う方法の2つがある。混合比の精度が高く，安定していることから，潜水業務では通常前者の方法が用いられている。また，ガス製造会社から入手する場合には，必ず成分分析表が添付されるため，潜水業務記録の点からも有用である。しかしながら，製造依頼から納入までには一定の期間が必要なため，急な需要に即応することはできない。また，潜水深度などの条件が急変した場合には，用意した混合ガスが使えなくなる可能性もある。これらのデメリットを最小化するためには，潜水作業計画の策定は慎重かつ綿密に行うことが肝要である。

1-2-1　混合ガスの製造方法

混合ガスの主な製造方法には，「高圧混合方式」「低圧混合方式」「質量比混合方式」の3種類がある。これらは混合比率や精度，製造量等に応じて決定されるが，所定の混合比並びに精度で製造するのは2種よりも3種混合ガスの方がはるかに難しい。以下に，各混合ガス製造方法の特徴を記す。

(1)　高圧混合方式

「高圧混合方式」は，「ダルトンの法則」（分圧の法則）を利用した混合方式で，高圧ボンベにあらかじめ原料ガスを充填しておき，それに目標とする混合比（分圧）に相当する圧力で成分ガスを重ねて充填するというものである。産業用混合ガスの製造に広く用いられている方法であるが，正確な混合比を得るためには充填混合時のガスの温度や圧力など詳細な管理が必要となる。また，充填した原料ガスと成分ガスが完全に混ざり合うまでにはある程度の期間（拡散期間）が必要となる。

(2) 低圧混合方式

「低圧混合方式」は，比較的圧力の低い原料ガスと成分ガスを用意し，混合器を用いて混合する方式である。短時間で混合が完了するため，潜水業務現場での製造供給に適している。欠点としては，混合精度を保持することが難しいため混合異常を生じやすいこと，製造ロスが多いため結果的にコスト高となること，一旦設定した混合比を容易に変更できないことなどがある。

(3) 質量比混合方式

「質量比混合方式」は，高圧ボンベに充填したガスの質量を高精度な天秤を用いて測定し，ガスの分子量と純度から濃度を正確に決定するもので，非常に精密な混合ガスの製造が可能である。混合誤差もきわめて小さく，混合時の原料および成分ガスの圧力や温度に関係なく製造することができる。ただし，質量計測に超精密天秤ばかりを使用するためボンベ単位での製造となり，大量生産には適さない。

1-2-2　混合ガスに必要な要件

高圧則では，潜水業務に使用する混合ガスの組成に関して表2-1-1に示すような条件を設けている。これらの値は潜水深度下における吸気ガス中の分圧上限値であるので，この上限値を超えることのない範囲で使用する混合ガスの組成を決定しなければならない。ただし，酸素分圧に関しては，浮上時に溺水しない措置を講じた場合であれば，上限は220 kPaとなる。

表2-1-1　混合ガス潜水におけるガス組成の条件

ガス名	条　件
酸素分圧	18 kPa 以上 160 kPa 以下 （ただし，減圧中は 220 kPa 以下*）
窒素分圧	400 kPa 以下
ヘリウム分圧	制限なし
炭酸ガス分圧	0.5 kPa 以下

＊）潜水者が溺水しないよう必要な措置を講じて浮上させる場合

表2-1-2　混合ガスに使用するガスの基準

ガス	規　格	純　度	主な用途
酸素	日本薬局方	99.5% 以上	医療用
ヘリウム	グレード1 グレード2	99.99995% 以上 99.999% 以上	一般用，分析用
窒素	日本薬局方 食品添加物規定	99.995% 以上	医療用 食品密封用

　酸素分圧は低すぎると酸素欠乏に，高すぎると急性酸素中毒の危険があるため，それらを防ぐように範囲が設けられている。酸素濃度の希釈（調整）には不活性ガスである窒素並びにヘリウムが用いられる。高分圧の窒素は麻酔作用を生じることから，その上限は400kPaに制限されている。一方ヘリウムにはそのような作用がないので，特に制限は設けられていない。

　炭酸ガス（二酸化炭素）中毒を防ぐために炭酸ガス分圧にも制限が設けられている。混合ガスの成分ガスとして炭酸ガスを用いることはないが，混合ガスに用いる成分ガスに不純物が多く含まれていると予想外のトラブルが生じることになるうえ，計画どおりの混合比にすることも難しくなる。混合ガスに使用する酸素，ヘリウム，窒素は規格等級によってその品質が厳しく規定されているので，そのようなきちんと製造，管理されたガスを用いるようにしなければならない。各ガスの規格と純度等について**表2-1-2**に示す。

　混合ガスにおける各ガスの割合は潜水深度等によって異なるが，その誤差はできるだけ小さくすることが望ましい。誤差が大きすぎると，安全に減圧を行うことができず，またガスによる中毒作用の恐れも大きくなる。しかし，過度に誤差を小さくしすぎると製造コストは非常に高いものとなる。そこで，混合比率にもよるが，誤差は通常プラスマイナス1% 程度に設定するようにする。

1-2-3　混合ガスの送気方法

　混合ガスの送気は高圧ボンベから行われる。スクーバではリブリーザー

（閉鎖回路型潜水呼吸器）を使用することになるが，当該潜水器では呼吸ガスの酸素分圧が最適となるように，潜水深度の変化に応じて呼吸ガスの成分比が調整される。具体的には，潜水者の呼気は，呼吸循環回路で炭酸ガス（二酸化炭素）を除去したのち，必要に応じて酸素や混合ガスを添加したり，希釈のために空気や混合ガスを加え，再び潜水者に給気される。添加に用いる混合ガスや希釈用混合ガスは使用する潜水器によって異なるが，いずれも小型の高圧ボンベに充填して潜水器に装備される。リブリーザーの構造の一例を図2-1-6に示す。

　一方送気式潜水では，高圧ボンベの集合体である混合ガスカードルが呼吸源となるが，潜水業務中にガスカードルの交換が必要になったり，送気系統にトラブルが発生する場合に備え，2系統からなる主送気系と予備送気系を用意する必要がある。

　潜水業務現場で必要な混合ガスを製造供給する場合には，高圧ボンベに充填した原料ガス（酸素）と希釈ガス（ヘリウム，窒素）を準備し，現場に設置した混合装置を用いて混合ガスを製造し潜水者に送気する。その際，計画した混合比であるか，誤差範囲内であるかをガス分析器等によって確

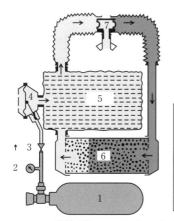

1	酸素または窒素酸素混合ガスボンベ
2	圧力計
3	圧力調整器
4	デマンド圧力調整器
5	呼吸バック
6	炭酸ガス吸収剤
7	マウスピース

資料：“International textbook of Mixed gas diving” 1999

図2-1-6　閉鎖回路型潜水呼吸器の構造

認することが必要である（図2-1-7）。

　混合ガスの製造をガス会社に依頼した場合，通常14.7〜19.6 MPaに充填されたガスカードルで納入されるので，潜水者への送気に際しては，ガスコントロールパネル（ガス送気調整操作盤）等を用いて潜水深度並びに潜水呼吸器に見合った圧力まで減圧しなければならない。潜水業務中にガス送気調整操作盤に故障等が生じると，致命的な事故に至る可能性が高いので，送気配管系統は主・副の2系統とし，それぞれ1個以上の圧力調整器を設けることが望ましい。ガスコントロールパネルには，供給元圧計，送気圧力計の2つの圧力計と潜水者に供給圧力調整を可能とするための二次圧力調整器の設置が必要である（図2-1-8）。

　混合ガス潜水ではデマンド式潜水呼吸器が用いられるので，送気量は潜水深度下で毎分40 L以上とすることが高圧則で規定されている。この送気量を基準に，総潜水時間や潜水回数から準備する混合ガスの量を決定するが，潜水者や業務内容によって呼吸量は異なるため，計画どおりになら

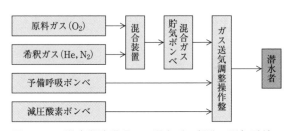

図2-1-7　潜水業務現場での混合ガス製造・送気系統

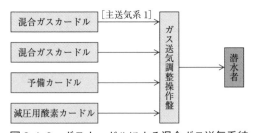

図2-1-8　ガスカードルによる混合ガス送気系統

ない場合が多い。潜水業務中に不足が生じた場合には，同様の混合ガスを直ちに追加準備することは難しいので，業務の中断もしくは中止を余儀なくされる。このような事態に陥ることを防ぐためは，混合ガス量は計画のおおむね1.3〜1.5倍程度のものを用意すると良い。

第2章　潜降および浮上

　潜水業務が行われる水中は，我々が通常生活する環境とはすべてにおいて大きく異なっており，潜水器等の生命維持装置を用いなければ長時間留まることはできない。水底での潜水業務中はもちろんのこと，周囲圧力などの環境条件が短時間のうちに変化する潜降，浮上時には特に注意しなければならない。さらに，水に入るときや水から出るときにも思わぬトラブルに遭遇することがあるので注意深く実施することが必要である。

2-1　潜　降

2-1-1　潜降時の注意点

　潜水業務時の事故には潜水設備や機材によるものが少なくない。一例をあげれば，潜水器の故障や送気ホースの漏えい，コンプレッサー（空気圧縮機）の性能低下などがある。給気や送気のトラブルは重大事故につながる可能性が高いので，設備機材に関する日々の保守点検は確実に実施するとともに，潜降に際してもこの点に注意して慎重に行うことが必要である。潜水者はいきなり潜降を開始せず，まず水面付近で潜水器や送気系の状態を確認する。この際，潜水はしごやさがり綱（潜降索）を利用すると安全に確認作業を行うことができる。異常や不具合が認められなければ，異常がないことを連絡員に伝え，了解の返信を確認した後に潜降を開始する。

2-1-2　深　度

　高圧則では窒素分圧の上限を 400 kPa としているので，それを空気潜水に当てはめると，許容される潜水深度は次のようにして求められる。すなわち，空気中の窒素の割合は約 79 % であり，1 気圧＝100 kPa＝水深 10 m

とされているところから，潜水で許容されるゲージ圧力は

$$400 \div 0.79 - 100 = 506 - 100 = 406 \, \text{kPa}$$

となり，深度で表すと 40.6 m になる。したがって，空気潜水で許される最大深度は正確には 40.6 m であるが，1 m 以下の単位で深度を管理することは現実的ではないので，安全性を考慮して 40 m を許容深度とするのが妥当であろう。

　以上のように高圧則では，空気を用いて潜る場合の深度を 40 m に制限しているが，このような制限が設けられた理由はひとえに潜水者の安全を確保することにある。たしかに 40 m を超えて空気潜水をすることは不可能ではない。以前は，経験した潜水深度の深さが潜水者の能力を評価する基準のひとつとして重視されたこともあったようである。しかし，安全を旨とする職業潜水の観点からは，窒素酔いの程度が増加し安全性が担保されなくなる深度に挑戦することは無意味である。現に，40 m を超えて潜水して死亡に至った例が少なくない。

　そのようなところから，空気潜水の潜水深度を 40 m に制限したわけであり，またこの基準は現在の国際的な標準にも合致していることを理解していただきたい。

　では，40 m 以深の場合はどのようにして潜るかというと，窒素酔いを考慮しなくてよいヘリウム等を用いた「混合ガス潜水」によって潜ることとされている。平成 26 年の高圧則改正により，ヘリウム等の使用が認められるようになったところから，混合ガス潜水が可能になったのである。

2-1-3　適正な潜降速度

　潜降速度に規定はないが，米海軍では毎分 75 フィート（約 23 m）を超えてはならないとされている。重要なことは，無理に速く潜降しようとすると，中耳や内耳などのスクィーズ（圧外傷）にかかり，難聴などの後遺症を残す可能性があることである。潜降している途中に耳抜きがスムーズ

に出来なくなったときは，潜降をいったん停止するなどしてゆっくりと潜るべきであり，場合によっては潜水を中止しなければならない。また，潜降中にめまいを感じることがあるが，潜降を一時停止すればほとんどの場合でめまいは消失する。

2-2　浮上（減圧）

2-2-1　適正な浮上速度

　水中での作業を終了し水面に浮上する際には，浮上途中で浮上（減圧）停止が必要なときには，あらかじめ計画された減圧スケジュールに従って，浮上停止深度および時間で浮上停止を行わなければならない。減圧スケジュール決定方法の詳細に関しては次項に記す。

　浮上停止以外の海底から水面あるいは浮上（減圧）停止深度までの浮上速度は，高圧則第18条並びに第27条によって毎分10 m以下で行うよう規定されている。高圧則改正検討会報告書（平成26年）では，毎分0.08 MPa（約8 m）の浮上速度で減圧表を作成しており，また，米海軍では毎分30フィート（約9 m）以下としている。このようにゆっくり浮上しなければならないのは，ひとえに第3編で詳述する空気塞栓症に罹患しないためである。

　もっとも，実際の潜水において正確に浮上速度を把握することは容易ではないので，目安として，小さい気泡と同じ速度で浮上するとよい，と昔から言われている。

　浮上速度以上に浮上中に気をつけなければならないのは，水面近くに障害物がないことを確認することである。船の推進器による外傷があとを絶たない。米海軍では，上を見ながら両手を頭上に上げて浮上することとされている。特にスクーバ潜水ではくれぐれも用心しておきたい。

　また，減圧表では無減圧の範囲にあっても，深度3〜5 mで5分ほど停止することが望ましい。無減圧範囲内でも体内には不活性ガスが溶解蓄積しており，これらの低減を図ることは，減圧症に対する安全性の観点から

は望ましいことと思われる。

2-2-2　急速な浮上

　急速な浮上には大きく分けて以下の 2 種類がある。

　ひとつは，浮力調整などに失敗して海底から水面に飛び上がるように浮上することで，「吹き上げ」あるいは「ブローアップ」といわれるものである。従来型のヘルメット潜水やドライスーツ，あるいは BC（浮力調整具。p.8 および p.64 参照。）などを着用したときに起こり得る。

　この場合，途中で浮上停止の必要が無い無減圧潜水でも空気塞栓症に罹患する可能性があるので，直ちに再圧処置を講じなければならない。特に浮上後に口から血を流している場合はその可能性が極めて高いので，再圧は必須である。空気塞栓症では，症状に波があり，いったんよくなったように見えたあとも病状が悪化することがあることも知っていて欲しい。

　浮上停止を要する減圧潜水では，空気塞栓症に加えて減圧症に罹患する可能性が強くなるので，この意味からも再圧をしなければならない。このような状況に陥ることのないように，浮上の際には必ずさがり綱（潜降索）を使用する等の注意が必要である。

　2 番目としては，潜水機器の不具合あるいは気象の急変等により，減圧途中であっても潜水を打ち切り浮上しなければならない場合である。このときは当然減圧症に罹患する可能性があるわけで，再圧をしなければならないが，その切迫の度合いは，減圧を省略した度合いによって左右される。規定の浮上時間から大きく逸脱した場合は重症の減圧症に罹患する可能性が当然高まる。しかしながら，このような事態に遭遇した場合，減圧症を恐れるあまり，潜水者をそのまま水中に留まらせれば溺水してしまうことになるので，躊躇なく浮上させなければならない。同時にこのような事態が生じることを前提に，救急再圧や救助の方法等を十分に検討し，万全の体制を準備しておかなければならない。

　詳細は第 3 編を参照されたい。

2-3 スクーバ潜水における潜降・浮上

　スクーバには開放式（デマンド式）や閉鎖循環式（リブリーザー）などがあり，呼吸ガスには空気のほかナイトロックスなどの混合ガスが用途に応じて用いられている。潜降・浮上の方法は，使用するスクーバの種類や呼吸ガスによって異なるが，ここでは，最も広く一般的に用いられている開放式スクーバによる空気潜水を対象とした潜降・浮上方法について示す。

2-3-1　潜水準備

　潜水業務を開始する前には，潜水の目的，潜水深度や潜水時間，作業内容等の情報が潜水作業にかかわるすべての人員に周知徹底されていることを確認しなければならない。情報が周知されていることが確認できなければ，関係者を集めて打合せを行い，再度情報の周知徹底を図ることが必要である。

　二人一組で潜水する場合には，潜水作業の役割分担，水中での合図の仕方，緊急時の支援方法等を潜水者同士で確認しておくことも必要である。

(1)　**高圧ボンベの確認**

　潜水業務を開始する前に，潜水者は使用する高圧ボンベについて，傷や腐食等を点検した後，当該潜水業務を行うに十分な空気圧力であることを確認する。スクーバ潜水では，高圧ボンベが水中での唯一の給気源となる重要なものであるので，必ず自身で確認を行い，決して他人任せにしてはならない。

(2)　**潜水装備の確認**

　潜水者は，スクーバ潜水での業務に必要な器材をすべて装備していること，ボンベのバルブが所定の位置まで開かれていること，ベルトやハーネス類がねじれていないことなどを自身で確認する。このとき，他の潜水者や支援員によって二重に確認することが望ましい。潜水器のレギ

ュレーターを口にくわえ，スムーズな呼吸動作が行えることを確認し，少しでも異常を感じた場合には，調整修理を行うか，正常なものと交換する。一連の確認が完了したら，その旨を支援員および管理者に連絡し，水に入る位置へ移動する。

2-3-2　潜　降

(1)　水に入る（エントリー）

　スクーバ潜水で水に入る方法にはいくつかのものがあり，潜水を行う場所や環境に応じて適切なものを選択する。いずれの方法においても，水に入る際には以下の点に注意する。

①　水に入る前には必ず水面を観察し，水面下に障害物がないことを確認する。確認できなかったり，不慣れな水域の場合には，潜水はしごを用いて水に入る。

②　水に入るときにはあごを引き，後頭部がボンベに激突することのないように片手でボンベを保持する。

③　水面に飛び込んだ際の衝撃に備え，片手で面マスクとレギュレーターを保持する。

　以下にスクーバ潜水で用いられる代表的な例を示す。

㋐　ステップイン（ジャイアントスライド）法（図 2-2-1）

　潜水者は一歩踏み出すように，大きく足を開いた姿勢のまま水に飛び込む。船舶や桟橋等の安定したプラットフォームからの潜水に適している。

㋑　バックロール法（図 2-2-2）

　潜水者は船縁に内側を向いて座り，あごを引いて面マスクとレギュレーターを保持した状態で後方に回転しながら水に入る。小型の船やボートから潜水する場合に適している。

　上記以外にもフロントロール（前方回転）法やサイドロール（横回転）法などがある。

図2-2-1　ステップイン法によるエントリー

出典：U. S. Navy diving manual rev. 6

図2-2-2　バックロール法によるエントリー

　船舶等を用いず，岸から水に入る場合には，まず，腰の深さまで歩いて行き，そこから水平の姿勢で潜水を開始する。比較的波が高いときには，後ろ向きでひと波ごとに進んでいくようにする。潜水者がドライスーツを装着している場合には，少なくとも肩の高さまで歩いて行き，そこでドライスーツ内に溜まった余分な空気を排出する。

(2)　潜降の仕方

　いったん水に入ったら，潜水者は潜降する前に器材装備の最終確認を行う。潜水器は水面下で呼吸を行い，異常がないことを確認する。また，潜水器やBCのバルブ，ホース，接続部から漏気がないことを確認する。ドライスーツを使用するときはスーツからの漏気にも注意する。面マスクについてもシール部から漏水がないことを確認する。器材装備の確認が終了したら，コンパスや目標物を利用して自身の位置を確認し，支援員に合図してからさがり綱（潜降索）を用いて潜降する。潜降は耳抜きが可能な範囲内の速度で行うが，決して無理をしてはならない。耳抜きが十分でないときは潜降をいったん中断し，確実に耳抜きを行う。

　BCを用いる場合，インフレーターを左手で肩より上に上げて，排気ボタンを押すとBCの空気が抜けて浮力を失い潜降を始める。インフレ

ーターのボタン操作ミスは，潜水墜落を起こす危険性があるので慎重に操作することが必要である。

(3) 潜水中の注意

スクーバ潜水では，潜水時間はボンベの空気量に制限されるので，潜水計画に従って無駄のないよう効率良く作業を行わなければならない。焦りや動揺は空気消費量を増大させるので，落ち着いて行動することを心がける。また，二人一組で潜水する場合には，互いに状態を確認しながら作業を行う。

潜水中，潜水者はできるだけ一定のリズムで呼吸を行い，意識的に長時間呼吸を停止するような断続的な呼吸（スキップ・ブリージング）を行ってはならない。断続的な呼吸は炭酸ガス中毒の原因となるうえ，減圧症や窒素酔い，酸素中毒のリスクを高める可能性がある。なお炭酸ガス中毒に関しては，第 3 編を参照されたい。

支援員は，潜水者が吐き出す気泡を監視して，潜水者の動きを追跡するとともに，異常の有無に常に注意しておかなければならない。

2-3-3 浮 上

(1) 浮上の仕方

作業が終了したり，所定の時間に達したら潜水者は浮上を開始する。浮上は，あらかじめ計画された手順で行い，浮上速度や浮上（減圧）停止深度・時間が計画から逸脱することのないよう注意する。浮上中は，頭上や周囲に船舶や障害物がないことを常に確認する。その際，腕を頭上に上げ，360 度緩やかに回転しながら浮上するとよい。

透明度が極度に不良の場合には，自分が浮上しているのか沈んでいるのかわからなくなる場合がある。マスクの中の空気が膨張して縁から出ようとするときは浮上しており，マスクが顔に押し付けられているようなときは沈んでいる。このような現象から，浮上・沈降を判断することができる。

　船上の支援員は，潜水者の吐き出す気泡から，浮上を開始したことや浮上する場所を知ることができるので，常に注意して監視し，浮上中であることが認められたならば，直ちに潜水者の引上げを準備する。

(2)　水から出る（エキジット）

　浮上後，水から出て船舶や桟橋等のプラットフォームに上がる際には，潜水はしごを利用する。はしごは，器材を装備した潜水者の重量に十分耐える頑丈なもので，潜水者が昇降しやすいサイズ・形状の踏さん（ステップ）を備え，設置した際に1m程度水面下に達する長さのものを用意する。

　使用時には，潜水者が昇降しやすいように適度に傾斜させて設置し，潜水者の重量や波浪による揺れによってはしごが外れたり，大きく動いたりしないよう確実に固定しなければならない。はしごが潜水者の重量に耐えられない可能性がある場合には，ボンベやウエイトなどを取り外し，それらを支援員に引き上げてもらった後にはしごを上がるようにする。

2-4　送気式潜水における潜降・浮上

　送気式潜水は長時間の潜水が可能なことから，多くの潜水業務に用いられている。潜水機材は，業務内容や潜水深度などに応じて比較的簡便なものから，潜水ベルを含む複雑でシステマチックな潜水機材まで，さまざまなものが用いられている。また，呼吸ガスも空気やヘリウム混合ガスが適宜用いられている。このように，送気式潜水の種類は広範囲に及んでおり，潜降・浮上の方法も一様ではない。そこで，本項では最も多くの現場で用いられている全面マスク式潜水器による空気潜水を対象とする。

2-4-1　潜水準備

　潜水業務を開始する前に，実施する潜水業務に関するすべての情報，すなわち潜水深度や潜水時間，作業内容，使用する道具類等が潜水作業にか

かわるすべての人員に周知徹底されていることを確認する。これらの周知が不十分であると，円滑な作業に支障をきたすばかりでなく，思わぬ災害を引き起こすことにもなる。実際，事前の連絡や確認が不十分であったため，クレーンによってつり降ろされたブロックに潜水者が挟まれ，死亡するという災害も発生している。情報が周知されていることが確認できなければ，関係者を集めて打合せを行い，再度情報の周知徹底を図ることが必要である。

(1) **送気設備の起動**

　送気員は，コンプレッサー等の送気設備を起動し，設備が正常に作動していること，送気系統に漏気がないこと，所定の送気圧力・送気量での供給が可能であることを確認する。高圧ボンベにより送気を行う場合には，ボンベの空気圧力が十分であることを確認する。

　送気式潜水では，コンプレッサーの不具合による事故が絶えないので，特に V ベルトの劣化や張り具合，接続継ぎ手類の緩みなどに注意する。

(2) **潜水装備の確認**

　送気設備を起動した後，潜水者は潜水器を装着し，正常に呼吸できること，逆止弁や通話装置の機能に不具合がないことを確認する。また，潜水者は，全面マスクのシール部や固定ストラップの状態，ハーネスやベルト類にねじれのないことなど潜水装備全般について点検を行う。特に送気ホースの接続部は慎重に確認する。器材装備の点検は支援員とともに行い二重に点検することが望ましい。潜水装備の確認が終了したら，潜水者はその旨を潜水管理者に報告し，水に入る位置に移動する。

2-4-2　潜　降

(1) **水に入る（エントリー）**

　送気ホースによって行動範囲が制限される送気式潜水では，岸から水に入ることはまれであり，通常は船舶や桟橋などから行われる。

　送気式潜水で水に入る方法には，スクーバ潜水と同様にステップイン

図 2-2-3　潜水ステージを用いた潜降

法で飛び込む以外に，潜水はしごや潜水ステージを用いる方法がある。いずれの場合にも，水に入る前には必ず水面を観察し，水面下に障害物がないことを確認する。確認ができなかったり，不慣れな水域では，ステップイン法による飛び込みは避けたほうがよい。潜水はしごを用いて水に入る場合，はしごの踏さんから滑り落ちないように注意する。

　潜水者が水に入る際，支援員は送気ホースが潜水者の動作を阻害することのないようにホースの繰り出し長を適切に調整する。また，船舶や桟橋の鋭い角や突起物等でホースが損傷することのないように注意する。

　潜水ステージを利用する場合（図 2-2-3），潜水者はステージと共に，さがり綱（潜降索）に沿って水面まで降下する。ウインチ操作者は，潜水者から降下準備完了の合図を確認するまでは，降下を開始してはならない。また，降下の際には潜水者や送気ホース類，水面の状況などに十分注意することが必要である。

(2)　潜降の仕方

　潜水者は，さがり綱（潜降索）や潜水はしごを利用して，まず，頭部まで水中に没して潜水器や装備の点検を行う。送気バルブ等を調整して呼吸が容易に行えることを確認する。また，全面マスク潜水器や送気ホース，ホース接続部，ドライスーツなどから漏気がないことを目視にて確認する。このとき，支援員も船上から確認する。異常がなければ，そ

の旨を支援員や潜水管理者に連絡し，さがり綱（潜降索）を利用して潜降する。潮流がある場合には，潮流によってさがり綱（潜降索）から引き離されてしまわないように，潮流の方向に背を向けるようにすると良い。また，潮流や波浪によって送気ホースに突発的な力が加わることがあるので，送気ホースを腕に1回転だけ巻きつけておき，突発的な力が直接潜水器に及ばないようにしておく。

　経験を積み自信過剰になると，さがり綱（潜降索）を用いずに，排気弁その他の調節だけで潜降しようとする潜水者がいるが，調整を誤ると潜水墜落を起こすことになるので，必ずさがり綱（潜降索）を使用しなければならない。

　潜降は潜水者の耳抜きが十分可能な範囲内で行うが，潜降中に耳痛を感じたときは，さがり綱（潜降索）につかまっていったん停止して耳抜きを十分に行う。耳抜きが十分でない場合には，無理をして潜降しようとせず，潜水の中止を検討する。

　潜水ステージを用いるときには，潜水者はステージの中央に立ち，手すりにつかまって姿勢を安定させた状態で潜降する。支援員は，ステージをつり下げるウインチワイヤーに送気ホースが絡まないように常に注意しておかなければならない。また，潮流が強い場合には，潮流に流されないように，ステージに鉛錘を追加して重量を増やす必要がある。潜降速度は，ウインチの操作に委ねられるので，ウインチ操作者は潜水者と連絡を密に取り，作業水深まで安全に降下できるように配慮しなければならない。潜降を安全に行うためには，ステージに船上で値を確認することができる水深計を設置し，ウインチ操作者が常にステージの水深を把握できるようにしておくことが必要である。ウインチ操作者は，ワイヤーの送り出し速度で潜降速度を測ろうとせず，常に水深計の値に基づいて，潜降速度の調整を行わなければならない。

　潜水ステージは，水底まで降ろされるが，水底地形や障害物などにより水底まで降ろすことができない場合には，少なくとも最初の浮上停止

深度（第一減圧停止点）以深に配置する。

(3) 水底での移動の仕方

　さがり綱（潜降索）によって作業現場付近の水底まで潜降したら，送気ホースや水中電話線等がさがり綱（潜降索）に絡み付かないように注意して，さがり綱（潜降索）から離れ作業場所に移動する。移動経路に障害物がある場合には，障害物の上を通過するようにする。障害物の周囲を通らなければならないときには，送気ホースが障害物に絡まないように，帰りも同じ経路としなければならない。

　潮流の速い水底を移動する場合には，潮流の影響を極力少なくするために，屈みこむか腹ばいの姿勢を取るようにする。水底の岩場を移動するときには，送気ホースが岩の突起部に絡まないように注意する。また，尖った岩で，送気ホースや潜水服，潜水者の手や指が損傷されないように注意する。このような場所での潜水業務では，連絡員は特に送気ホースの余長（たるみ）の管理に注意しなければならない。

　ヘドロや泥が堆積した水底を移動する場合には，不必要な動きでヘドロを巻き上げると視界が失われてしまうので，注意して移動しなければならない。また，不注意に移動するとヘドロや泥の中に身体が埋まってしまったり，障害物や危険物が沈んでいたりする場合があるので，移動の際には，浮力を適切に調整し，安全を確認しながら慎重に行動することが重要である。万一身体が泥の中に埋まってしまった場合には，無理に脱出しようとすると，かえって状況を悪化させることになるので，水中電話機や信号索で船上に救援を依頼する。

2-4-3 浮 上

(1) 浮上

　船上と「浮上」の連絡をかわしたら，潜水者はさがり綱（潜降索）のところまで戻る。このとき，潜水者は，送気ホースや信号索などが岩や障害物に引っかからないよう注意して移動し，船上の連絡員も送気ホー

スや信号索の余長を随時巻き取っていく。潜水者は浮上の準備が整ったならば，浮上を開始する旨を支援員に連絡し，さがり綱（潜降索）を用いて潜降時と同じ姿勢で徐々に浮上する。浮上は毎分 10 m 以下の速度で行い，超過しないように注意する。

潜水深度や潜水時間の関係で，減圧症予防のため浮上停止を行う必要があるときには，所定の水深で所定時間浮上を停止する。浮上停止の間もしくは次の浮上停止点への移動の際には，潜水者は自身の体調に何らかの変化が生じていないか，常に注意していなければならない。万一何らかの異常を感じた場合には，直ちに船上へ連絡し，緊急処置の準備を依頼する。

潜水者が浮力調節によって浮上することができず，さがり綱（潜降索）をたぐって浮上する場合には，支援員がさがり綱（潜降索）を引き上げ，潜水者の浮上を補助する。この際（緊急時以外は），毎分 10 m の浮上速度を超えないように注意しなければならない。

潜水ステージを用いる場合には，潜水者はステージに衝突しないよう注意して近づいて，中に入り，潜降時と同様に安定した姿勢を確保した後，浮上準備完了の合図を船上に送る。合図を確認したら，ウインチ操作者は，水深計の値を見ながら浮上速度を調整し，所定の水深までステージを引き上げる。この時，支援員は，送気ホースや水中電話線等がウインチのつり下げワイヤーに絡まないように注意して引き上げていく。ステージが引き上げられる際には，潜水者も送気ホース等がステージやベルの本体，もしくはウインチワイヤーに絡まないように，常に注意しておかなければならない。

(2) 水から出る（エキジット）

水面に到着したら，潜水者は潜水はしごを用いて船上に上がる。このとき，潜水業務が終了した安堵感と作業による疲労から，はしごを踏み外したり，はしごから落ちたりする危険があるので，支援員はそれらに十分注意して，潜水者を補助するようにする（図 2-2-4）。

図2-2-4　潜水はしごによるエキジット

　潜水ステージを用いる場合には，ステージが水面を離れて所定の位置まで引き上げられ，動きが完全に停止して固定されたことを確認してからステージを離れるようにする。

第3章　適正な浮上（減圧）速度の制定

3-1　減圧表改正に至った経緯

　平成26年の高圧則の改正は，主に減圧表に関するものであった。それまでの減圧表の主な問題点をあげれば以下のようになる。

① 減圧表作成のもととなる減圧理論が明示されていなかったこと

② 欧米の減圧表に比較して減圧時間が短い傾向にあったこと。これはその減圧表が危険なことを示す

③ 実際に実施することが困難な深度90mまでの空気潜水を想定していたこと

④ 表ではなく実質上は図で示されていた，繰り返し潜水の減圧表の根拠が明らかでなかったこと

⑤ 用いられていた概念および用語が国際的な標準と合致していなかったこと

⑥ 混合ガス潜水を想定していなかったこと

⑦ 酸素の使用を認めていなかったこと

　これらのことから，減圧理論を明示したうえで，混合ガス潜水や酸素の使用も可能とする，より安全かつ効率的な減圧表を策定しようとしたわけである。

3-2　減圧表の概念と用いられている用語

3-2-1　概　念

　高圧則で示されている，減圧表の作成に用いられる理論（減圧理論）は，欧米では以前より用いられている灌流モデルに基づくもので格別新しいも

のではない。詳しく記す前にその概要を以下に示しておく。

すなわち，減圧症発症の原因となる窒素などの不活性ガスは，肺を通して時間の経過とともに指数関数的に血流を介して体内に取り込まれ，また排出されていく。その不活性ガスの動態を把握するために，体をガスの移動の速さに応じていくつかの組織に理論上分類し，その組織ごとに取り込まれている不活性ガスの圧力（分圧）を算出する。減圧のときには，減圧症に罹患しない上限の分圧以内に収まるように減圧してくるわけである。

ここで注意しなければならないのは，高圧則で示されるものはあくまで減圧理論あるいは計算方法であり，減圧表そのものを示すのではないということである。ここで規定された計算方法によって後述する「M値」が導かれるが，潜水者はこのM値の範囲内で潜水しなければならない。また，欧米で使用されている減圧表，あるいは独自に制定した減圧スケジュールに従って潜水してもよいが，その場合も，このM値を超えてはならない，と規定されている。

3-2-2 用　語

減圧理論では従来にない用語が用いられているので，主要なものについて解説しておく。

① 不活性ガス分圧

　生体に溶け込んでいる不活性ガスの量は圧力で示すことが可能で，それを「不活性ガス分圧」という。あるガスによる分圧はそのときの全体の圧力にそのガスの割合を乗じたものである。例えば窒素50%，ヘリウム30%，酸素20%からなる気体が全体で2気圧の場合，窒素の分圧は2×0.5=1気圧，ヘリウムの分圧は2×0.3=0.6気圧となる。

② 半飽和組織

　「半飽和時間組織」「半減組織」「半減時間組織」ともいうが，みな"half time tissue"の訳語であり同じことである。「組織」というのは

生体の構成要素と考えたらよい。

　ここで用いられる半飽和組織というのは，以下に示すように，減圧計算に用いられる理論的な概念である。すなわち，生体が高圧下にばく露された場合，不活性ガスは生体内外の不活性ガス分圧の差によって生体に取り込まれる。取り込みの速さは指数関数的に行われ，最終的にはその環境圧力における不活性ガス分圧と等しくなる。この状態を「飽和」，その時の圧力を「飽和圧力」という。そして，加圧前の圧力から加圧後の飽和圧力のちょうど中間の圧力（半飽和圧力）まで指数関数に従って不活性ガスが取り込まれる時間を「半飽和時間」といい，減圧の場合は不活性ガス分圧が半分になるまでの時間を「半減時間」という。しかし，理論上は加圧の場合も減圧の場合も同じ速度で不活性ガスが移動するとされているので（正確には異なるが），半飽和時間も半減時間も同じ時間を示すことになる。現に英語では half time という同じ言葉が使われている。

　高圧則に用いられた減圧理論では，生体において，半飽和時間が空気の場合で5分から635分まで，ヘリウムの場合1.887分から239.623分までの16の半飽和組織を想定している。

　ここで想定された半飽和組織はあくまで理論上の組織で，特定の個々の組織を示すものではない。しかし，減圧理論の基礎となる灌流モデルによれば，不活性ガスの移動の速さは血流の多寡に従っているので，半飽和時間が短い組織は血流が豊富で不活性ガスの移動が速い組織，逆に長い組織は血流に乏しく，不活性ガスの移動が遅い組織を代表していることになる。

③　M値

　「M値」とは "maximum allowable value" のことであり，日本語でいえば「最大許容値」のことであるが，潜水の世界ではM値（M value）という用語が通用する。浮上してくる場合，体内の不活性ガス分圧がその深度の飽和圧力よりも大きくなることがあり，それを「過飽和」

というが，過飽和もある圧力以内では減圧症には罹患しない。その減圧症に罹患しない最大の不活性ガス分圧を M 値という。

④　酸素を用いた潜水

　酸素は不活性ガスではないので，基本的には減圧症の原因となる気泡を形成しないとされる（厳密には必ずしもそうではない）。すると呼吸ガスに純酸素を用いると呼吸ガス中の不活性ガス分圧が0になるので，生体内外の不活性ガス分圧の差が大きくなる。一方，不活性ガスの移動の速さは生体内外の不活性ガス分圧の差が大きいほど速くなるので，酸素を呼吸すると不活性ガスの排出は促進され浮上（減圧）時間も短くてすむ。これが潜水に酸素を用いる理由である。なお，純酸素を呼吸しなくても，酸素分圧が大きくその分不活性ガス分圧が小さい呼吸ガスを使用することも不活性ガスの排出を促進することになる。

⑤　酸素中毒

　酸素による毒性の作用をいう。詳しくは第3編を参照されたい。また毒性の強さを示す数式に用いられる "UPTD" は 3-4-5 項（p.182）を参照のこと。

⑥　混合ガス潜水

　空気を構成する窒素のかわりにヘリウムを使用する潜水を主に指す。ヘリウムには麻酔作用がないので，空気潜水で問題となる「窒素酔い」（第3編第2章2-3-5項（p.234）参照）を防ぐことができる利点がある。そのほかに，空気の代わりに濃度が空気と異なる窒素酸素を用いた「窒素酸素混合ガス潜水（ナイトロックス）」，窒素とヘリウムと酸素を混合した「三種混合ガス潜水（トライミックス）」があり，これらも混合ガス潜水に含まれる。

⑦　等価深度

　ナイトロックス潜水の場合，窒素と酸素の割合を変えているので，潜っている深度における不活性ガス分圧はその深度における空気潜水の場合とは異なる。その時の窒素分圧が，空気で潜っている場合のど

の深さに相当するかを示した深度を「等価深度」という。この等価深度を用いることにより，ナイトロックス潜水でも空気潜水用の減圧表を使用することができる。

3-3 減圧理論

ここで用いられている減圧理論はスイスのビュールマン教授（Bühlmann）が提唱した ZH-L 16 モデルによるものであるが，基本は上に記した灌流モデルのひとつである。

このモデルでは，生体の組織を**表 2-3-1** に示すように，窒素では半飽

表 2-3-1　16 に分類した半飽和組織と関連数値

半飽和組織	窒素半飽和時間（分）	窒素a 値	窒素b 値	ヘリウム半飽和時間（分）	ヘリウムa 値	ヘリウムb 値
第 1 半飽和組織	5.0	126.885	0.5578	1.887	174.247	0.4770
第 2 半飽和組織	8.0	109.185	0.6514	3.019	147.866	0.5747
第 3 半飽和組織	12.5	94.381	0.7222	4.717	127.477	0.6527
第 4 半飽和組織	18.5	82.446	0.7825	6.981	112.400	0.7223
第 5 半飽和組織	27.0	73.918	0.8126	10.189	99.588	0.7582
第 6 半飽和組織	38.3	63.153	0.8434	14.453	89.446	0.7957
第 7 半飽和組織	54.3	56.483	0.8693	20.491	80.059	0.8279
第 8 半飽和組織	77.0	51.133	0.8910	29.057	71.709	0.8553
第 9 半飽和組織	109.0	48.246	0.9092	41.132	66.285	0.8757
第 10 半飽和組織	146.0	43.709	0.9222	55.094	62.049	0.8903
第 11 半飽和組織	187.0	40.774	0.9319	70.566	59.152	0.8997
第 12 半飽和組織	239.0	38.68	0.9403	90.189	58.029	0.9073
第 13 半飽和組織	305.0	34.463	0.9477	115.094	57.586	0.9122
第 14 半飽和組織	390.0	33.161	0.9544	147.170	58.143	0.9171
第 15 半飽和組織	498.0	30.765	0.9602	187.925	57.652	0.9217
第 16 半飽和組織	635.0	29.284	0.9653	239.623	57.208	0.9267

和時間5分から635分まで，ヘリウムでは窒素の半飽和時間の2.65分の1として1.887分から239.623分までの16の組織に分類し，次項に示す計算方法によって不活性ガスの分圧を計算する。

　なお，この表の「窒素a値」「窒素b値」「ヘリウムa値」および「ヘリウムb値」は，次項で示すようにM値を導くための値である。

　混合ガス潜水の場合は，窒素とヘリウムそれぞれの分圧をもとめ，M値も窒素とヘリウムの合成値を導き出し，不活性ガス分圧の合計値がこのM値を超えないようにして減圧する。

　前回の潜水から14時間以内に行う潜水は「繰り返し潜水」として，前の潜水による不活性ガス分圧の残存圧を算定して，その残存圧を初期値としてそこから新たに不活性ガスの取込みを計算する。

　酸素を呼吸する場合は，酸素が存在する分，不活性ガスの割合が減少するので，減少した不活性ガスに基づき不活性ガス分圧を求める。純酸素を使用すれば不活性ガスの割合は0になるが，環境ガスの混入や呼気の流入の可能性もあるので，安全性の観点から20%前後の不活性ガスを含んでいるものとして計算することが多い。

　M値は潜水者が今潜っているところの深度に比例して大きくなり，飽和時間が長い組織ほど小さくなる。そのM値は次項に示す式によって算出することができる。

　そして，減圧表は，上で導き出した潜水者の不活性ガス分圧が，すべての深度におけるすべての半飽和組織のM値を超えないような減圧スケジュールを求めることによって作成できるわけである。

　具体的に海底から階段状に減圧する場合を考えてみよう。まず，浮上開始直前に組織に取り込まれている不活性ガスの分圧を各半飽和時間組織ごとに求める。そのためには次項に示す数式に海底の圧力と海底に滞在した時間を入れて計算し，浮上開始直前の各組織内の不活性ガス分圧を算出する。ついで，その不活性ガス分圧を有したままどの環境圧力まで，言い換えればどの深度まで減圧症に罹患することなく浮上できるかを表す許容環

境圧力を求める。許容環境圧力の求め方の詳細は後述の p.348（参考）を見ていただきたいが，通常の減圧表は浮上停止深度が3m，30kPa 刻みになっているので，3m ごとの浮上停止深度の環境圧力が許容環境圧力よりも大きくなる最も浅い深度を最初の浮上（減圧）停止深度とし，その深度まで浮上する。

　この深度を第1浮上停止深度とすると，次はもう一段浅い第2浮上停止深度に上昇するまでにどれだけ第1浮上停止深度に留まらなければならないかを決めなければならない[1]。そのためには，不活性ガス分圧がその第2浮上停止深度の M 値以下に収まっていることが必要で，計算式からその時間を算出する。これを繰り返すことによって海面までの浮上スケジュールを求めるのである[2]。

　なお，高圧則では，第3編で記す酸素中毒についても考慮することとさ

---

*1)　浮上停止深度から次の浮上停止深度までの深度差は3mに過ぎないので，通常はこの間の浮上時間は次の深度の浮上停止時間に組み入れて対処することが多い。

*2)　別の説明の仕方をすると，下記のように算出することもできる。

① 大気圧下での不活性ガス分圧を始点として，水面から滞在を予定している深度までの潜降完了時点の不活性ガス分圧を算定する。

② 上記①で算定された不活性ガス分圧を始点として海底での滞在時間が経過し，浮上開始する時点の不活性ガス分圧を算定する。なお，簡単のため，潜降開始時点からすでに海底に滞在したものとして，上記①の手順を省いてもよい。

③ あらかじめ減圧のため浮上停止する海面からの深度を決めておく。一般には，水面から3m刻みに設定されることが多い。

④ 上記②を始点として，上記③で設定されたもののうち，最も潜水した深度に近い浮上停止深度まで浮上したものとして，その時点の不活性ガス分圧およびM値を算定する。

⑤ すべての半飽和組織において上記④で算定された不活性ガス分圧がM値を上回らないことを確認する。続いて一段階浅い浮上停止深度で同様の計算を行い，以降，不活性ガス分圧がM値を上回る深度までこれを繰り返す。海面まで浮上しても不活性ガスがM値を上回らない場合は，無減圧となる。

⑥ 上記⑤で不活性ガス分圧がM値を上回ったら，直前の浮上停止深度で一定時間停止してから浮上したものとして再計算を行い，浮上停止時間を適宜増加させて，すべての半飽和組織で不活性ガス分圧がM値より小さくなるまで繰り返す。

⑦ 以降，上記⑥の計算を各浮上停止深度毎に水面まで繰り返す。

⑧ 海面に浮上後，さらに繰り返して潜水を行う場合は，水上で休憩中も大気圧下での不活性ガス分圧の計算を継続する。

⑧ 次の回の潜水には，上記⑧で計算された潜降開始時点の不活性ガス分圧を始点として，①からの手順に従って減圧スケジュールを決定する。

れている。酸素中毒の大きさを導く数式および許容量は次の項で示すが，許容された中毒量以内で潜らなければならない。

3-4 用いられている数式の説明

3-4-1 窒素分圧の計算式

高圧則における当該半飽和組織における窒素分圧は

$$P_{N2} = (P_a + P_b)N_{N2} + RN_{N2}\left(t - \frac{1}{k}\right) - \left\{(P_a + P_b)N_{N2} - Q_{N2} - \frac{RN_{N2}}{k}\right\}e^{-kt} \qquad \text{i)}$$

によって示される。ここでそれぞれの記号は

P_{N2}　当該区間において時間経過後の窒素分圧（kPa）

P_a　　大気圧として 100 kPa

P_b　　当該区間が始まる時点（ある深度で停止した場合の最初の時点）のゲージ圧力（kPa）

N_{N2}　当該区間の窒素濃度（％）

R　　　加圧または減圧の速度（kPa/分）

t　　　当該区間の時間（分）

k　　$\dfrac{\log_e 2}{\text{半飽和時間}}$

Q_{N2}　当該区間が始まる時点での窒素分圧（kPa）

　　ただし，潜水業務の最初の場合は水蒸気圧を除いた 74.5207 kPa

e　　自然対数の底

である。

　注意しておきたいのは，この減圧計算においては，簡易化のために大気圧（1気圧）を 100 kPa としているが，実際の計算にあたっては，飽和水蒸気圧を勘案し，100 から 5.67 を差し引いた 94.33 kPa とすることが望ましい。

　この数式は潜降浮上の速度を考慮に入れたものだが，その速度を無視して，例えば潜水を開始した直後から海底に到達した，と考えて減圧計算を

行うこともよくある。そうすると，体内に取り込まれるガス量が加圧速度を見込んだ場合よりも多く算出されるので，より安全な減圧スケジュールが導かれることになる。実際に多くの減圧表では潜水開始から海底にいることとして潜水開始から浮上開始までの時間を「潜水（滞底）時間（bottom time）」とし，その潜水（滞底）時間と深度に基づいて減圧計算がなされることが多い[*3)]。

この場合，加減圧速度を無視するのであるから

$R = 0$

となって，上式は

$$P_{N2} = Q_{N2} + \{(P_a + P_b)N_{N2} - Q_{N2}\}(1 - e^{-kt})$$ ii)

としてより簡潔に示すことができる。

実際に計算する場合には，状況に応じ，上の i）と ii）を使い分けて計算する。

3-4-2 ヘリウム分圧の計算式

ヘリウムの場合，当該半飽和組織におけるヘリウム分圧は

$$P_{He} = (P_a + P_b)N_{He} + RN_{He}\left(t - \frac{1}{k}\right) - \left\{(P_a + P_b)N_{He} - Q_{He} - \frac{RN_{He}}{k}\right\}e^{-kt}$$

によって示される。ここでそれぞれの記号は

P_{He}　当該区間において時間経過後のヘリウム分圧（kPa）

P_a　大気圧として 100 kPa

P_b　当該区間が始まる時点（ある深度で停止した場合の最初の時点）のゲージ圧力（kPa）

N_{He}　当該区間のヘリウム濃度（%）

R　加圧または減圧の速度（kPa/分）

＊3)　従来，「在底時間」という用語が使われていたが，これは海底に到着してから浮上開始までの時間を指し，国際的にはほとんど使われていない。

t　　当該区間の時間（分）

k　　$\dfrac{\log_e 2}{\text{半飽和時間}}$

Q_{He}　当該区間が始まる時点でのヘリウム分圧（kPa）

　　　ただし，潜水業務の最初の場合は 0 kPa

e　　自然対数の底

である。

　実際の混合ガス潜水においては，当初は窒素も存在するために，別々に窒素とヘリウムの分圧を計算して合計したものを用いる。また，酸素減圧を，潜水ベルなどを使用して空気環境下で実施する際には，酸素マスク内への環境ガス混入を考慮し，安全側にたって酸素呼吸中も窒素が 20％含まれているものとして計算する。

　以上がガスの動態を示す数式であるが，容易には理解できない人もいることと思う。そこで，やや感覚的であるが，この数式が具体的にどのようなことを意味しているのかを記しておこう。それはすなわち，「生体内外のガスの移動は不活性ガスの分圧の差が大きいほど速やかで，かつ時間の経過に伴って指数関数的に行われる」，ということである。

3-4-3　M 値の計算式

　次に M 値の導き方について記す。M 値は半飽和組織と深度ごとに異なる。すなわち，半飽和時間が短い組織ほど高値を示し，また深度が深くなるほど M 値は大きくなる。深度と M 値との関係では，M 値を深度の一次関数

　　　M 値＝定数×深度＋定数

として近似させることが可能で，高圧則では

$$M = \frac{P_a + P_c}{B} + A$$

として表されている。用語は以下のとおりである。

P_a　大気圧として 100 kPa

P_c　圧変化後の環境ゲージ圧力（kPa）

B　当該半飽和組織の窒素 b 値およびヘリウム b 値の合成値。次の式
　　によって求められる。

$$B = \frac{b_{N2}\, P_{N2} + b_{He}\, P_{He}}{P_{N2} + P_{He}}$$

ここで b_{N2} および b_{He} は表 2-3-1 における窒素 b 値とヘリウム b 値であ
る。

A　当該半飽和組織の窒素 a 値およびヘリウム a 値の合成値。次の式に
　　よって求められる。

$$A = \frac{a_{N2}\, P_{N2} + a_{He}\, P_{He}}{P_{N2} + P_{He}}$$

ここで a_{N2} および a_{He} は表 2-3-1 における窒素 a 値とヘリウム a 値であ
る。

　なお，ヘリウムを使用せず空気のみで潜水する場合は，上のヘリウムに
関連した項が 0 になるので，$B = b_{N2}$，$A = a_{N2}$ となって，より簡単に計算
できる。

3-4-4　安全率を考慮した計算式

　安全率を考慮する場合があるが，それは M 値を安全率 α で割って，より
小さい換算 M 値を導き出し，その換算 M 値を指標として減圧計算をする。

$$換算 M 値 = \frac{M 値}{\alpha}$$

　例えば，基本となる減圧表よりも安全率 1.1 でより安全な減圧表を求め
ようとすると，α を 1.1 とするので，換算 M 値は M 値の 1.1 分の 1 倍の
より小さい値になる。この値を使って減圧計算をするので，減圧時間が長
くなる。このように，安全率を M 値に反映させることによって減圧表の

安全性を高めることができる。

3-4-5　酸素中毒を表す計算式

　次に酸素中毒を表す数式を示す。50 kPa を超える酸素分圧にばく露されると肺酸素中毒に冒されることがわかっており，1気圧の酸素に1分間ばく露されたときに受ける毒性の量を，肺活量の減少の指標として算出する「UPTD（unit pulmonary toxicity doses：肺酸素毒性量単位）」という単位で表す。1 UPTD は1気圧の酸素分圧に1分間ばく露されたときの毒性単位である。

$$\mathrm{UPTD} = t \times \left(\frac{P\mathrm{O_2} - 50}{50} \right)^{0.83}$$

　ここで t は当該深度での経過時間，$P\mathrm{O_2}$ はその間の平均酸素分圧を表し，1日あたりの許容最大被ばく量を 600 UPTD，1週間あたりの許容最大被ばく量を2,500CPTDとする。「CPTD」は "cumulative pulmonary toxicity doses" のことで，累積肺酸素毒性量単位を表す。

　減圧計算をする場合にはこの指標を超えないようにしなければならない。肺酸素中毒そのものについては，第3編で詳述する。

　なお，不活性ガスの動態をなぜ指数関数で表すことができるか，酸素中毒単位を示す式がどのようにしてもたらされたのか，を明瞭に邦文で記した資料は参考文献[1]を参照されたい。

3-5　減圧計算の実際

　以上の理論と数式によって減圧表を作成するのであるが，その過程は減圧理論の項で述べたようにきわめて煩雑かつ複雑で，その全容を本文に記載することはページ数の関係でできない。一例として，深度24 m 潜水(滞底)時間80分の潜水の減圧計算の実例を参考（p.348）に示した。全般的な例は高圧則改正検討会報告書（平成26年）で例示された計算の過程を参照されたい[2]。空気潜水，安全率を考慮した場合，途中で酸素を用い

表 2-3-2　高圧則改正検討会報告書の別添資料として示された空気減圧表（安全率 1.10，抜粋）

安全率を設定した空気呼吸・空気減圧表
設定安全率：1.10（180, 150, 120, 90, 60, 30, 0 kPa）
減圧速度：80 kPa/min

圧力（kPa）	水深（m）	潜水時間（分）	浮上停止深度（m）および時間（分）						総浮上時間	総潜水時間
			18	15	12	9	6	3		
220～240	22～24	10							3	13
		20							3	23
		30						3	6	36
		40						8	11	51
		50					2	16	21	71
		60					5	23	31	91
		70					10	30	43	113
		80					16	38	57	137
		90					21	46	70	160
		100				4	25	51	83	183
		110				7	28	61	99	209
		120				9	34	74	120	240
		130				12	39	87	141	271
		140				17	42	99	161	301
		150				20	46	116	185	335
		160				23	49	131	206	366
		170				26	56	141	226	396
		180				32	60	166	261	441
		190			1	35	67	192	298	488
		200			3	38	75	215	334	534
		210			4	41	83	235	366	576

て減圧した場合，酸素減圧を取り入れた混合ガス潜水について，計算過程が具体的に詳しく示されている。

　個々の潜水者が減圧表を作成するのは専用のソフトウェアを用いない限り容易ではないが，高圧則改正検討会報告書（平成 26 年）の別添資料 3 を参照して潜水計画を立てることができる。

　この資料は，安全率を 1.0 とした空気呼吸・空気減圧表と 1.1 とした空気呼吸・空気減圧表，安全率を考慮した空気呼吸・酸素減圧表，および繰り返し空気呼吸・空気減圧表である。

　ここで，それらのうち，安全率を 1.1 とした空気呼吸・空気減圧表を用いて深度 23 m に 100 分潜った場合の減圧スケジュールの求め方を示しておく（表 2-3-2）。

　深度 23 m は減圧表で水深 22～24 m，圧力 220～240 kPa に相当するので，その水深における潜水（滞底）時間 100 分を見ると，深度 9 m で 4 分，深度 6 m で 25 分，深度 3 m で 51 分，合計 80 分減圧停止することになる。

浮上は毎分 80 kPa，8 m で浮上することとされているので，最初の減圧停止深度 9 m までは 1.75 分となるが，水面まで毎分 80 kPa で浮上したとすると，水面までは 2.875 分かかることになる。それを繰り上げてその浮上（減圧）時間を 3 分として，総減圧時間を概略 83 分とするのである。

なお，高圧則第 16 条において酸素分圧の上限が 160 kPa とされているので，深度 12 m から酸素を呼吸する酸素減圧表はその制限に抵触するように見えるが，同 27 条において，「潜水者が溺水しないよう必要な処置を講じて浮上させる」限りは酸素分圧の上限を 220 kPa とする，と記載されていることによって，酸素減圧表の使用が可能になる。160 kPa という制限は水中で作業しているときに当てはまるもので，減圧を速やかに行うために上限をより緩くしているわけであり，その間は減圧症を防ぐため，あまり動かず静かにしている必要がある。また，もし酸素中毒に罹患しても容易には溺水させないような装備を整備しておかなくてはならない。

繰り返し潜水に関しては，米海軍の繰り返し潜水の減圧表の制定過程をみると，2 回目以降の潜水については，減圧計算に通常よりも負荷をかけた計算によって導かれている。繰り返し潜水を行う場合は，潜水（滞底）時間を実際の倍にして計算するなど，さらにより一層の安全に配慮した慎重な対応を取った方がよいと思われる。

この項の最後にどうしても記しておくべきことがある。それは，検討会報告書資料に例示された減圧表は，これを守らなければ罰則が科せられる最低限のものである点に留意しなければならないことである。実際の運用に際しては，潜水業務現場の状況（気温，水温や潮流等）や潜水者の体調などを考慮して，減圧時間を適切に延長することが必要となる。高圧則に示された計算式は，定評のあるビュールマンの減圧理論によるものであるから，過度に警戒する必要はないかもしれないが，潜水やそこからの減圧に伴う複雑な生理的反応をすべて数学的に示すことは不可能である。そのため，減圧表の信頼性は実際の運用によって確認する他にはなく，その点からも減圧方法の決定は慎重の上にも慎重を期さなければならない。

【参考文献】
1　池田知純：『潜水医学入門』．東京；大修館書店．1995；pp. 262-266.
2　厚生労働省労働基準局：『高気圧作業安全衛生規則改正検討会報告書』（2014）
3　厚生労働省労働基準局：『高気圧作業安全衛生規則改正検討会報告書』別添資料（2014）

第4章　個別の潜水状況への対応

4-1　高所で潜水する場合

標高の高い高所の圧力は1気圧よりも低いので，高所で潜水し浮上すると不活性ガスが気泡化しやすい。そのために，1気圧下で潜ることを想定した減圧表はそのままでは使えず，使うためには修正しなければならない。いくつかの方法があるが，米海軍で採用されているものを以下に示しておく。数式で表すと

$$減圧計算のための潜水深度＝高所の潜水深度×\frac{1気圧}{高所の絶対気圧}$$

として，減圧計算のための潜水深度を求めることが出来る。逆に高所での浮上（減圧）停止深度は

$$高所での浮上停止深度＝大気圧下相当の浮上停止深度×\frac{高圧下の絶対気圧}{1気圧}$$

で求めることができる。

標高と気圧の関係についての計算式は略するが，**表2-4-1**のようになる。標高100 m以下の場合は高所の影響を考慮しなくてよい[1]。

なお，この表は理科年表に準拠しているもので，高圧則における減圧計算（大気圧を100 kPaとしている。）とは数値が異なるが，高度による補正を行う場合は，この表の気圧の値を用いたらよいだろう。

高所に関連して，潜水後の高所ばく露（低圧ばく露）についても触れておく。潜水後の峠越えあるいは航空機搭乗では環境圧力が1気圧以下にな

---

[1]　『米海軍ダイビングマニュアル（潜水教範)』では高度300フィート（90 m）までは高度による補正の必要は無いとしている。

表 2-4-1　高度と気圧の関係

高度　m	気圧　atm	hPa	kPa
0	1.0000	1013.3	101.33
200	0.9765	989.5	98.95
400	0.9534	966.1	96.61
600	0.9308	943.2	94.32
800	0.9087	920.8	92.08
1000	0.8869	898.7	89.87
1200	0.8657	877.2	87.72
1400	0.8448	856.0	85.60
1600	0.8242	835.2	83.52
1800	0.8042	814.9	81.49
2000	0.7846	795.0	79.50

るので，大気圧下では発症しなかった減圧症が出現することがある。それを防ぐためには，潜水終了後から低圧ばく露までに時間をあけることが推奨されており，その時間として 12 時間，14 時間あるいは 24 時間などが提案されている。総じて減圧負荷が大きい場合あるいは潜水が長時間にわたる場合にはその時間を大きく取る方が望ましい。飽和潜水では 2 日以上経過しているにもかかわらず発症することがある。

4-2　再圧室を用いて酸素減圧をする場合

　高圧則ではいかなる場合でも体内の不活性ガス分圧が M 値を超えてはならないとされているので，減圧中に大気圧までいったん浮上した後に再圧室で再加圧を行い，再圧室中で以後の減圧を行うということは許されない。しかしながら，世界の趨勢を見ると，このいわゆる「水上酸素減圧」が多くの現場で無難に実施されており，また潜水者にとっても水中で減圧するよりも，乾いた状態の再圧室内で減圧する方がはるかに快適である。そのようなところから，たとえ現在は実施不可能にしても，将来は有望な潜水方法であることは知っておいた方がよい。

　一方，水中で酸素を呼吸しながら減圧することには，注意しておくべきことがある。それは中枢神経系の酸素中毒に罹患し得ることで，そうなれば痙攣発作等でマウスピースが外れた場合には容易に致命的になる。そのようなことを防ぐために酸素分圧の上限を160 kPaとしているが，潜水器の種類によって150 kPaあるいは140 kPaのようにもう少し低い値を上限とした方がよいかもしれない。というのはフルフェイスのマスクでは意識がなくなっても呼吸が確保されるのに対し，軽便な送気式潜水では酸素中毒に罹患すると，より容易にマウスピースが外れて呼吸ガスの供給が途絶えることから，より酸素中毒に罹患しにくい低い値を酸素分圧の上限とするわけである。

　なお，酸素中毒を予防する目的で，減圧途中で呼吸ガスを酸素濃度が低い空気に変換するいわゆる「エアブレイク」を設けることもあるが，慎重に対応すべきである。なぜなら，水中において呼吸ガスを変換する際にガスの供給に不具合を来したら容易に致命的な状況に陥る可能性が高いから

水上酸素減圧法

　大深度／長時間の潜水では，減圧時間も長時間となる。これは，潜水者を水中に長時間拘束することになり，大きな負担を与えるため，それを軽減する方法として「水上酸素減圧法」が開発された。

　水上酸素減圧法では，潜水者は水中で所定の深度まで減圧浮上した後，以降の減圧を取りやめて，いったん水面まで浮上し，短時間のうちに船上に設置した「減圧チャンバー」内へ移動し，そこで酸素を用いて残りの減圧を完了する。

　減圧チャンバーは「主室」と「副室」を備えた2室構造のものを使用し，それぞれに酸素呼吸用マスク（BIBS：built in breathing system）を設置し，酸素は酸素ガスカードルからBIBSを介して供給される。減圧チャンバーは，万一の際には減圧症の治療用再圧室としても利用できる。

　水上酸素減圧では，減圧チャンバーなどの設備やその運用人員が必要となる。また，水中での減圧を中断しての浮上となるので，減圧症に対する備えも整えておかなければならない。事前の十分な訓練，運用関係者との連携が必要な方法である。

である。水中でのエアブレイクを実施するためには，周到な準備と十分な訓練が必須である。

また，繰り返して酸素減圧を行う場合には，前述の肺酸素中毒を考慮してCPTD（累積肺酸素毒性量単位）を許容内に留めなければならない。

4-3 減圧を省略して浮上した場合

ときに減圧を省略して浮上しなければならなくなることがある。そうした場合にどのような方策をとるべきかについては，第3編第4章に詳述してあるのでそちらを参照されたい。

4-4 緊急時の場合

水中で大きなけがを負ったり，呼吸ガスの供給が途絶えたりした場合は，緊急に浮上しなければならない。ときに減圧しなければならない場合にそれを打ち切って浮上すれば減圧症に罹患するおそれがある，ということで浮上をためらうケースがあるとされるが，その場合も現状が回復しなければ，浮上した方がよい。減圧症に罹患することが直ちに致命的になるわけではないからだ。

その他，留意しておくべきことを記す。

緊急事態に陥っていることは，潜水者そのものよりも連絡員が最初に気づくことが多い。潜水者に異常事態が生起していると感じたら，連絡員は躊躇することなく潜水者を引き揚げるべきである。

エア切れやホースの圧迫等による呼吸ガスの供給途絶にも注意しておかねばならない。緊急ボンベをつねに背負って潜るべきである。

バディーブリージングも安易には行うべきではない。呼吸ガスを供給して貰う側のみならず，供給する側もトラブルに巻き込まれ，却って危険な場合がある。実際に行うには十分な訓練をしておくことが必須である。

スタンバイダイバーも確保しておきたい。人数が少ない場合も配置の工夫等によって可能である。

第5章　減圧表の位置づけ

5-1 個別に作成した減圧表を使用する場合の留意事項

　現在，主として欧米においてさまざまな減圧表が使用され，それなりの実績を有している。それらは減圧理論や減圧計算方法を示すのとは異なって，減圧表そのものを提示しているので，一般の潜水者にとっては使用しやすい。したがって，それらの減圧表を使用して潜水するのもひとつの方法であるかもしれない。

　しかしながら高圧則では，その場合でもその減圧表に採用されたM値が高圧則の計算で求められるM値を超えないこと，とされている。また，潜水者が独自に作成した減圧表についても同様のことが要求されている。そうすると，結局どの場合でもM値を計算し高圧則のM値以内であることを示さなければならなくなり，潜水者にかかる負担は大きいままである。

　以上を勘案して，おおむね高圧則のM値以内に収まっている減圧表があるので，触れておく。それはカナダの『DCIEM減圧表』（DCIEM：Defense and Civil Institute of Environmental Medicine：国防文民環境医学研究所）と言われるもので，繰り返し潜水の減圧表もある。したがって，一般の潜水者にとって利用しやすい減圧表であるが，DCIEM減圧表を微修正して，すべてのM値が高圧則で示す値以内に収まるようにした減圧表も（一社）日本潜水協会などで用意しているので，必要であれば問い合わせられたい。

5-2 | 減圧表の限界

この章の最後に減圧表の限界について記しておきたい。というのは「減圧表を順守して潜水すれば，絶対に減圧症に罹患することはない」という誤った考え方があるからだ。

減圧症に 100％ 罹患しない減圧表は存在しない。なぜなら，減圧症になる可能性が限りなく 0 に近い減圧表というのは，減圧時間が途方もなく長くなって，その減圧表を使った潜水は効率がきわめて悪くなり，結局誰も使わなくなる。したがって，現在使用されている種々の減圧表を使用して潜水しても，ある一定の確率で減圧症は発症することになる。課題は，許容できる確率の高さであるが，それは時代によって異なり，総じて時代が新しくなるほど小さい確率になってきている。しかし，決して 0 になることはない。

すなわち，特に過誤なく潜っても一定の確率で減圧症に罹患し得るということである。したがって，いかなる場合でも減圧症の発症を前提に，十分な備えをしておくことが重要である。また，浮上後の潜水者の状態に注意することも必要である。減圧症を含め，浮上後の潜水者の異常は，潜水者の体調管理の不備や減圧の失敗等に原因を求める向きが多い。減圧症に対する感受性には大きな個人差があることが認められており，複数の潜水者が同一の潜水業務と減圧浮上を行っても，一人だけが減圧症となることもまれではない。したがって，これを潜水者個人の問題として捉えることは，根本的な原因を見逃すことに繋がりかねない。大事なことは，些細な事象も含め浮上後の潜水者の異常の有無を正確に把握することであり，それを減圧表の信頼性評価と改良に結び付けていくことである。

第 3 編

高気圧障害

（潜水による障害）

第1章　人のからだ

　高気圧障害を理解するためには人体の生理（かたちと仕組み）がわかっていなければならない。そこで，本論に入る前に潜水に関係したごく基本的な事項を記す。

1-1　循　環

　血液は心臓がポンプの働きをして全身の血管の中を移動し，酸素を体内に取り込み炭酸ガス（二酸化炭素）を排出している（図3-1-1）。すなわち，肺の毛細血管で酸素を取り込み炭酸ガスを排出した酸素を多く含む血液（「動脈血」といわれる）は，肺静脈を経由して心臓の左心房に還ってくる。さらに左心房から左心室に至り，そこから大動脈に送り出される。大動脈へ送り出された動脈血は筋肉や内臓などの末梢組織に動脈を通って運ばれ，今度は末梢の毛細血管を通過する際に酸素を末梢組織に渡し炭酸ガスを受け取ってくる。この酸素が少なく炭酸ガスが多い血液を「静脈血」といい，静脈血は末梢から静脈を通って大静脈に集められ右心房に至る。さらに右心房から右心室に運ばれ，今度は肺動脈を通って肺の毛細血管に至り，肺毛細血管の中を移動する短い時間の間に，炭酸ガスを排出して酸素を受け取り，酸素の多い動脈血となる。この動脈血は肺静脈を通って再び左心房に至り，今までの動きを繰り返す。

　このように心臓は全身に血液を送り出すポンプとしての重要な役割を持っているが，それが健全に働くためには，心臓自身にも酸素を多く含んだ動脈血が行き届かなければならない。そのための通路である「冠動脈」と呼ばれる動脈は，心臓から出たすぐのところで大動脈から分岐して心臓全体に血液を送っている。この冠動脈の血流が不足したり途絶えたりした状

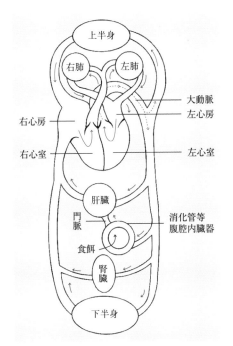

出典：池田知純『潜水医学入門』（大修館書店，1995年）

図 3-1-1　血液循環の概要

態を「狭心症」あるいは「心筋梗塞」という。潜水中に心筋梗塞に罹患すると高い確率で致命的になる。

　また，心臓そのものの構造についても触れておかねばならない。心臓は左右それぞれの心房と心室，つまり4つの部屋から成り立っており，心房の左右の間は機能的には閉じている。もっと正確にいうと，胎児期には左右の心房の間には「卵円孔」という開口部があってつながっていたものが，肺で呼吸を始めるとともに速やかに閉じていく。しかし，ある程度の頻度で特に症状はないものの卵円孔が開存したままの人がおり，これが後述する減圧障害の発症にかかわっているのではないか，ともいわれている。

1-2 呼吸器

　人は呼吸によって空気中の酸素を取り入れ炭酸ガスを排出している。具体的には肺を膨らませることによって空気を肺内に吸い込み，肺を縮ませることによって空気を外に出し，空気が肺内にいる間に酸素と炭酸ガスの交換を行っている。ここで重要なことが2つある。

　ひとつはガスの交換が肺の一番奥深いところで行われていることである。鼻や口から吸い込まれた呼吸ガスは，「気管」「気管支」「細気管支」「呼吸細気管支」の順でおよそ22〜23回の枝分かれをした後，全体で3億個ほどの小さな「肺胞」に至る（図3-1-2）。肺胞は，内側は呼吸ガスで満たされ，外側は毛細血管内の血液で覆われている。つまり，肺胞の薄い膜を

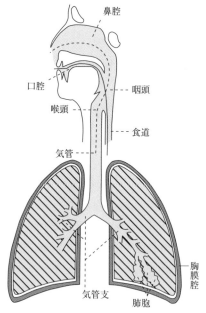

（頭を右に向けた状態を前からみたところ）

図 3-1-2　呼吸器系の構造

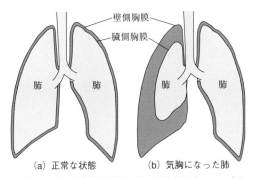

壁側胸膜

臓側胸膜

肺　肺　　肺　肺

（a）正常な状態　　（b）気胸になった肺

出典：池田知純『潜水医学入門』（大修館書店，1995年）

図3-1-3　肺と胸膜の関係

隔てて気相と液相が相接することになり，その間の濃度勾配に従ってガスが肺胞の内外に移動する。このような働きをする場所は肺胞と呼吸細気管支に限られ，そこから口側の空間はガスの交換には直接は関与していない。このようなガスの交換には関与しない空間を「死腔」という。浅く速い呼吸ではこの死腔の中をガスが往復することになり，ガス交換の効率は著しく低下する。また，潜水呼吸器を装着すれば，どのような機材であれ，死腔も当然増加することになる。

　2番目は肺の動きに関するものである。先に，肺を膨らませたり縮ませたりする，と記したが，これは正確な表現ではない。肺自身には膨らむ力がなく，放っておけば縮んでいく。図3-1-3を見られたい。図は肺と胸膜の関係を示したもので，肺の表面は「臓側胸膜」で覆われており，臓側胸膜は肺門部で折り返し今度は「壁側胸膜」となって肺を収容している「胸郭」の内側を覆っている。臓側胸膜と壁側胸膜で囲まれた部分を「胸膜腔」といい，通常は外界とつながっていない。筋肉を使って胸郭を拡げていくと壁側胸膜も拡がり，胸膜腔は密閉空間であるので臓側胸膜も拡がり，それにつれて受動的に肺も膨らむわけである。

　そうすると，何らかの原因で胸膜腔の密閉状態が破れた場合，言い換えれば胸膜腔に気体が侵入した場合，筋肉の方ではいっぱい肺を拡げようと

しているのに肺は拡がらないことになる。この状態を「気胸」というが，潜水現場で発生することがあり，気をつけておかなければならない。

1-3 神経系

　身体を環境に順応させたり動かしたりするためには，身体の各部の動きや連携が統制されていなければならない。身体の中でそれを司っているのが「神経」である。神経系は「中枢神経系」（脳と脊髄）と「末梢神経系」

表3-1-1　神経系の区分

$$
\text{神経系}
\begin{cases}
\text{中枢神経系}
\begin{cases}
\text{脳} \\
\text{脊髄}
\end{cases} \\
\\
\text{末梢神経系}
\begin{cases}
\text{体性神経}
\begin{cases}
\text{知覚神経} \\
\text{運動神経}
\end{cases} \\
\text{自律神経}
\begin{cases}
\text{交感神経} \\
\text{副交感神経}
\end{cases}
\end{cases}
\end{cases}
$$

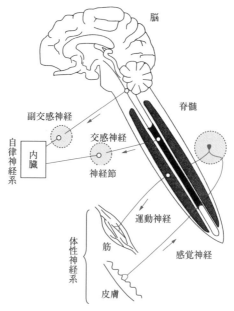

図3-1-4　神経系の区分

（体性神経と自律神経）に分けられる（**表 3-1-1**，**図 3-1-4**）。中枢神経系の命令（興奮）は末梢神経系に伝えられ，末梢からの刺激が中枢に伝えられることにより，身体は統制されている。脳や脊髄では各種の高次な機能が営まれ，末梢神経系では情報の伝達が主となる。末梢神経系に比べて中枢神経系には再生能力がほとんどないため，一度破壊されるとその神経細胞は生涯欠落したままとなりやすい。例えば脳はその活動と維持のために多くのエネルギーを要するが，脳への酸素供給が 3 分間途絶えるとエネルギー不足から修復困難な損傷を受けるといわれている。

第2章　潜水による障害とその対策

2-1　医学面よりみた潜水の特徴

　潜水の場である水中環境は陸上とは大きく異なっている。第1に，水の中では適切な方策を講じなければ呼吸が確保できず，できない場合は死に直結する。2番目に，水中の圧力は陸上の大気圧よりも大きい。この高圧環境から適正に減圧してこなければ，減圧症等として知られる疾患に罹患し，重症の場合には致死的になる。3番目に，水の熱伝導度は空気に比べて26倍にも及ぶので，適切な対応を行わなければ水温によっては容易に低体温症で死亡する。

　つまり，安全に潜水するためには，呼吸，圧力，温度の3つを適切に管理することが要点になる。したがって，潜水の致死事故を防ぐためにはこの3つに重点を置いて安全策を立てておくことが重要である。

　また，陸上であれば直ちに死に至らない障害も致死的になる。例えば，酸素中毒による意識障害は，陸上であれば呼吸ガスを空気に変えることで問題なく解決するが，水中では，特にスクーバ潜水の場合には，呼吸が確保されなくなるために，死亡することが多い。心筋梗塞などの潜水とは直接の因果関係のない疾患も同様である。そこで，意識障害や筋力低下に至るような一般的な疾患についても注意を払っておかなければならない。

　なお，以上は致死的になり得る疾患について記したが，社会の価値観は大きく変動しており，"Quality of Life"（QOL：生活の質）の観点から死亡に至らない疾患についても留意しておく必要がある。具体的には，骨壊死，聴力障害，減圧症の後遺症等があげられ，それらについても記述する。

2-2 圧力が関係する疾患

圧力が関係する疾患は次の2つに大きく分けることができる。そのひとつは，潜水中の環境圧力（潜水者を取り巻く圧力）が増加するに従って溶け込んだ窒素などの不活性ガスが，浮上による環境圧力の低下に伴って気泡化し，「減圧症」として知られるさまざまな変化を引き起こすことである。2番目は，体の中の気体を含んだ空間（肺や副鼻腔など）の容積が，環境圧力の変化に伴って増減することによって生じる疾患で，「圧外傷」として知られている。「空気塞栓症」は肺の容積が許容範囲を超えて膨張し，肺内の気体が動脈を経由して脳などに至り発症するもので，一部の病態を除いて圧外傷のひとつと考えてもよいが，往々にして症状が激烈で死に至る可能性が高いので，別個に扱うことが多い。本書でも項を別に設けて記述する。

なお，最近では患者を診た場合に減圧症と空気塞栓症を明確に鑑別できないことが多いことから，両者をひとまとめにして，「減圧障害」と呼ぶことが多い。しかしながら，発症に関するメカニズムは両者の間で明らかに異なっているので，減圧症と空気塞栓症は区別して捉えておくことが必要である。

2-2-1 減圧症

(1) メカニズム

潜水士の周囲の圧力（環境圧力）は10 m深く潜るごとにおよそ1気圧増加し，その分，体の中に溶け込む窒素などの不活性ガスも増加する[1]。

---

*1) 不活性ガスが体の中に溶け込むのは，そのほとんどが肺の毛細血管を通して，特にエネルギーを使わずに受動的に行われる。具体的には，環境圧力が増加すると肺胞の中のガスの圧力も増加する。そうすると，肺胞のまわりはガスを通す薄い膜で肺毛細血管内の血液と接しているので，肺胞内の圧力の高いガスは圧力差の勾配に従って血液の中に運ばれる。血液内に運ばれたガスは血流によってガス圧力の低い末梢組織に運ばれ，今度はそこで血液から組織内に移動する。これが，ガスが体の中に取り込まれるということである。浮上して環境圧力が低下した場合は，逆のことが生じて，ガスは体外へ排出される。これらのことから，重作業の潜水では時間あたりの血流量が増加しているので，不活性ガスの溶け込みが増加しており減圧症に罹患しやすくなっていることが理解できる。

溶け込む不活性ガスの量は，潜水深度が深くなればなるほど，また高圧下にいる時間が増すほど大きくなる。次に，その状態から浮上してくると，環境圧力が下がってくるので，その環境圧力下で通常溶け込んでいる不活性ガスの量よりもたくさんの不活性ガスが体の中に存在することになり，その程度が限度を超えると，不活性ガスが気泡化する。そして，この気泡化が減圧症の直接の原因ではないかとされている。

　しかし，よく誤解されているように，発生した気泡が血管内に詰まることによって減圧症が生じるというほど，減圧症の発症機序は単純なものではない。

　図3-2-1は超音波で捉えた浮上後の心臓内の状況で，多数の気泡が心臓内に認められる。もし，この気泡がそのまま循環して全身に及んでいれば，重篤な疾患を起こすはずであるが，そのときの潜水者は無症状であった。その理由は，超音波で検知された気泡はあくまで静脈側の右心系（主に右心房と右心室）に存在しており，血液が右心室から肺動脈を経て肺を通過する際に，血中の気泡は細かい肺毛細血管においてろ過され，血液を全身へ送り出す動脈側の左心系（左心房と左心室）には現れないからである。

　とすると，そのとき検知された気泡は減圧症の発症には直接にはかかわっていないということになる。なお，このように症状を呈していないときにみられる気泡を「サイレントバブル(沈黙の気泡,無症候性気泡)」という。

　もっとも，きわめて多数の気泡が出現した場合は，気泡による肺毛細血管の塞栓症を来し，「チョークス」として知られる重篤な肺減圧症を起こしたり，気泡がろ過しきれずに全身に及び，空気塞栓症のような劇症の病態を示すことがある。この場合はたしかに気泡が発症に直接関与しているが，これは無謀な減圧をしたときのような特殊なケースであり，規定の減圧時間から大きく逸脱することなく浮上して発症した場合の減圧症とは状況が大きく異なる。

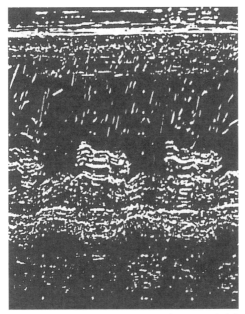

横軸は時間経過，たて軸は胸部の皮膚からの心臓へ向けた深さを表す。右斜め上に
走っている無数の線状影が気泡で，心臓内の気泡が身体の表面に向かって移動して
いるところを捉えたものである。

出典：池田知純『潜水医学入門』（大修館書店，1995 年）

図 3-2-1　超音波 M モード法で捉えた心臓内の気泡

　では具体的にどのようにして劇症とはいえない減圧症が発症するかと
いうと，後述する再圧治療によってきわめて速やかに症状が軽快するこ
とから推測されるように，気泡化が関与していることは確実なものの，
その詳細は今もって解明されていないのが実情である。よく認められる
関節の痛みなど局所の症状は，末梢部位における気泡化に伴うさまざま
な反応の結果であると思われる。

　減圧で出現した気泡による組織の物理的障害や血管閉塞が起こり，最
初の症状が発現する（気泡の一次的な影響）。気泡の影響はこれだけに
留まらず，その後複雑な病態が形成され，症状が強くなったり，新たな
症状が出現するようになり（気泡の二次的な影響），重症化し難治性と

なる。この病態は，気泡発生から早い段階で起こるため，発症後直ちに酸素再圧治療をする必要がある。

　気泡の発生についても若干誤解されている。というのは，何もないところから気泡が突然発生するということはほとんどあり得ないことで，通常は体の中に気泡の基となる部分があり，それを核として気泡が成長していくとされている。その核となる部分として想定されているのは，組織内の非常に小さなでこぼこや傷で，年をとったり，手術や外傷を受けたり，あるいは一度減圧症に罹患したりするとそのでこぼこ状態が強くなるため，気泡ができやすくなると考えられている。また，激しい運動をすると，詳細は省くが，核となる小さな気泡を外側に引っ張り出す力が働くので，気泡が形成しやすくなるともいわれている。

　ということは，予防の観点からは，これらの状態を避ければいいわけで，例えば浮上後の激しい運動は避けた方が望ましいことが理解できる。

　なお，「ベンズ」という言葉が軽症の減圧症を表す用語として用いられることがあるが，間違った概念なので，記しておく。ベンズは曲げるという意味からきたもので，減圧症に罹患した人が膝を曲げて歩くことが多いことから，減圧症を表す言葉として主に英国などで用いられることが多く，特に軽症の意味はない。現に「痛みのみのベンズ」という言葉もあれば，逆に「脊髄型ベンズ」という使われ方をすることもある。脊髄型ベンズは決して軽症型ではないことからもベンズが軽症型減圧症を示しているものではないことが理解できるだろう。

(2)　症状と診断

　減圧症は**表3-2-1**に示すように分類される。基本的には「Ⅰ型」減圧症が局所の症状で軽症，「Ⅱ型」は全身に及ぶもので重症とされているが，「4-4-2 緊急再圧治療の判断」の項でも述べるように，必ずしもそうとは限らない。しかしながら，この分類は『米海軍ダイビングマニュアル』にあり，広く周知されているものであるため，これに従って，以下解説を加えていく。

表3-2-1　減圧症の分類

I型減圧症
a) 皮膚掻痒感（かゆみ）
b) 皮膚の発赤　大理石斑
c) 筋肉あるいは関節の痛み
d) リンパ浮腫
II型減圧症
a) 脊髄―知覚障害，運動障害，直腸膀胱障害等
b) 脳―頭痛，意識障害，痙攣発作等
c) 肺（チョークス）―前胸部違和感，胸痛，咳，喀痰等
d) 内耳―めまい，吐き気，耳鳴等
e) ショック
f) 腹痛，腰痛等
g) その他

　I型減圧症は，原則として皮膚や関節の痒みあるいは痛みを呈するものを指し，比較的軽症である。痒みのみを訴えるものは特に治療しなくてもよいとする考えもあるが，長期的な健康を考慮すれば，やはり無視できず，治療を受けた方がよいであろう。皮膚の大理石斑（赤色と紫色がまだらになった皮膚の発赤）とリンパ浮腫（減圧症による浮腫）を来した場合は，より重症な減圧症に進行する可能性が高い。

　II型減圧症は概して重症なタイプであるが，「脊髄型」の減圧症はそれほど無謀な減圧をしなくても罹患することがある。また，最初は簡単に考えていたのが，詳しく診察してみると，知覚障害や軽い筋力低下があり，このタイプの減圧症であったということもよくある。脳や肺に認められる減圧症は多数の気泡が脳や肺を冒したもので，通常極めて重症であり，速やかに治療しなければ容易に致死的になる。また，ショック状態として運び込まれることもある。腰痛や腹痛も減圧症である可能性がある。

　耳の最も奥にある「内耳」という所に起きる内耳型減圧症は，耳鳴り，聴力低下，回転性めまい（まわりがぐるぐる動く），眼振（眼球が小刻みに動く），吐き気，嘔吐の症状が出現するII型減圧症で，ヘリウムと

酸素を使用する混合ガス潜水時に起きるのが特徴的であるといわれている。それは，潜水呼吸ガスをヘリウム酸素から空気へ深い深度でスイッチした直後に起きやすいことがわかっている。1970 年代の減圧表開発のための深度 500 フィート（153 m）ヘリウム酸素潜水において，130 フィート（40 m）でヘリウム酸素から空気に切り替えたときに内耳型減圧症が観察され，60 フィート（18 m）での切り替えに変更して発症が抑えられている。

　肺減圧症は，多数の気泡による肺毛細血管の塞栓症を来し，息切れ，チアノーゼ，胸痛，咳が出現する「チョークス」として知られる重篤な減圧症であるが，同様な症状を呈するが異なる病態として，肺に水が溜まる「肺水腫」がある。しばしば判別は困難な場合があるが，潜水深度が浅く，潜水時間も短く，体の中に溶け込んでいる窒素ガス量が少ないときには，チョークスは考えにくい。また，水温が低い環境で強度の運動など心臓血管系に負担がかかるような場合は，潜水による肺水腫の可能性が高く，その場合は一晩で回復することが多い。

　脊髄神経症状の出現に先行して皮膚症状（大理石斑）がみられる場合や，腰痛が出現した後に尿が出にくくなる障害が出現することがあるため，大理石斑や刺すような腰痛は重症の予兆として取り扱う。重篤な神経障害を示すのは少数であり，多くは軽度であるが，自律神経を含めすべての神経・感覚器が障害される可能性を持ち，その神経障害には減圧障害に特徴的なパターンはないため，注意深い観察や診察が必要である。

　潜水後の異常な倦怠感や疲労感，また，集中力低下や性格の変化も減圧障害の症状として出てくることがある。減圧症は気泡化ないし気泡が原因となって生じる疾患であるので，体の中のどこに発症しても不思議はない。すなわち，減圧症に多くみられる症状はあるものの，この症状があれば減圧症である，あるいは減圧症ではない，と断言できる症状はないということに留意しておく必要がある。したがって，潜水後に異常を来したら，医療機関を受診することが肝要である。

表3-2-2　減圧症発症までの時間

発症までの時間	発症率
1時間以内	42%
3時間以内	60%
8時間以内	83%
24時間以内	98%

出典：U.S.Navy Diving Manual, rev 5, 2005

　また，減圧症であるかないかを判断するのに症状以上に重要な因子があることも知っておかねばならない。

　そのひとつは，減圧である。規定の減圧表から大きく逸脱した無謀な減圧をしていれば減圧症である可能性が高くなる。しかし，規定内の減圧であっても減圧症に罹患し得ることも了解しておいて欲しい。

　もうひとつは，浮上から発症までの時間である（表3-2-2）。ただし，発症の原因となる潜水のパターンによって発症までの時間が変化する。具体的には，長時間の潜水を行った場合は発症可能時間が延び，飽和潜水では浮上後24時間以上経過した後でも発症することがある。さらに，飽和潜水でなくても，潜水後に航空機搭乗や高所移動などによって低圧にばく露された場合は，大気圧下での飽和潜水からの浮上の亜形として捉えることができ，日単位の時間が経過した後でも発症し得る。

(3)　予　防

　減圧表を順守してもある頻度で減圧症に罹患することは避けられない，と述べたが，減圧症に罹患しないに越したことはない。そこで，減圧症に罹患しやすくなる潜水，あるいは減圧症に罹患しやすい状態について記しておく。

　最初は減圧症の原因となる不活性ガスの取り込みが増加する場合である。メカニズムのところで触れたように，ガスは血液を介して取り込まれるので，血流が増える状態がそれにあたる。具体的には，作業量の多い重労働の潜水である。

　逆にガスの排出が遅くなる場合も問題である。減圧中に体が寒くなる

と，血管が収縮し血流が減少するためガスの排出が遅くなり，減圧症に
罹患しやすくなる。減圧中に軽く体を動かすのは血流を促し，ガスの排
出に効果があるようである。以前に言われたように，減圧中はじっとし
ている必要はない。ただし，過度の運動は気泡を発生しやすくする方向
に働くので避けたほうがよい。

　呼吸ガスに用いる不活性ガスには窒素とヘリウムがあり，ヘリウムを
用いたほうが減圧に有利であるが，減圧症の発現については特徴がある。
これに関して，米海軍で酸素分圧を 0.7 気圧（約 70 kPa）に維持した
混合ガス潜水を行い，窒素とヘリウムの各々について減圧症発生率を検
討した研究がある。すべての減圧症発生率についてはヘリウムよりも窒
素を用いた潜水に多かったが，Ⅱ型減圧症に限ると窒素よりもヘリウム
を用いた潜水に多いという逆の結果であった（シャノン，Shannon 2004）。
超音波を用いた血液中の気泡の検討では，窒素潜水よりもヘリウム潜水
に多くの気泡が認められている（サルマン，Thalmann 1986）。酸素分
圧を 1.3 気圧（約 130 kPa）に上げたヘリウム潜水では，減圧症発生率
は減少したものの，そのほとんどがⅡ型減圧症であり，Ⅱ型に限れば，
酸素分圧が 0.7 気圧のときとほぼ同じ発生率であった（ゲース，Gerth
2002）。ヘリウムを呼吸ガスに用いたほうが減圧症に対して有利である
と考える向きがあるが，必ずしもそうではないので注意が必要である。

　次に，減圧症に罹患しやすい人というのはどのような人だろうか。そ
のひとつは高齢者であり，加齢による組織の変化から気泡が出現しやす
くなっている可能性がある。外傷や手術を遠くない過去に受けた人も問
題である。脱水状態は循環の観点からして望ましくないので，水分は充
分に補充しておきたい[2]。炭酸ガス中毒の場合も減圧症に罹患しやすく
なっているといわれているが，病態が明らかになっているわけではない。
　このような状態あるいは状況では，深度の一段深い，あるいは潜水時

*2)　潜水中は，水に漬かることに起因する生理的な作用により，脱水傾向になっている。

間のもう1ランク長い減圧表を適用するなどの対処は，減圧症予防の上で意味がある。

(4) 処 置

　減圧症が疑われるときは，水分を充分補給して医療機関を受診する。また，本人が了解していれば（医師法の制約からこのような限定を設けざるを得ない），医療機関に着くまでの間，酸素を吸入することが治療上からも望ましい。

2-2-2　圧外傷

(1)　メカニズム

　人の体は圧力が均等にかかっている場合，深く潜っても特に問題は生じない。しかし，もし不均等に圧が加わるとなると，非常に小さい圧力差で「圧外傷」として知られる疾患に罹患する。不均等に圧力が加わる場としては，体の内部の気体を含んだ空間（含気体腔），あるいは面マスクの中など，潜水器材と体の表面との間の空間があげられる。腸の中のガスは周囲がやわらかく環境圧力がそのまま腸内ガスに伝わるために，加わる圧力が不均等になることはないので，特別な例外を除いて圧外傷に罹患することはない。

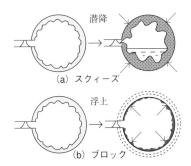

(a) スクィーズ

(b) ブロック

潜降・浮上のいずれのときでも生じる。潜降時のものを「スクィーズ」，浮上時のものを「ブロック」と呼ぶことがある。

出典：池田知純『潜水医学入門』（大修館書店，1995年）

図3-2-2　圧外傷のメカニズム

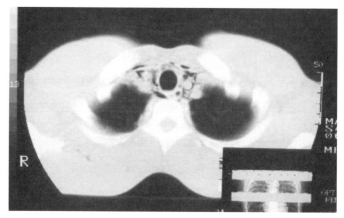

中央の丸い円形が気管で，その周囲のくさび形の黒い像が縦隔に漏れ出た空気である。
出典：池田知純『潜水医学入門』（大修館書店，1995年）

図3-2-3　深度1.8mから浮上した後に生じた縦隔気腫

　圧外傷は図3-2-2に示したように，潜降，浮上，いずれの場面でも
生じ，それぞれ「スクィーズ（締め付け）」および「ブロック」と呼ぶ
ことがある。スクィーズでは，体腔の中の容積が減少するので，それを
補うべく，粘膜が腫脹したり，体腔内へ出血したりする。よく発生する
のは中耳腔や副鼻腔あるいは面マスクの内部や潜水服と皮膚の間である。
一方，浮上時に発生するブロックは，浮上による減圧のために体腔の容
積が増えることで生じる。つまり，体腔内の膨張した気体がスムーズに
体外に排出されないと，逃げ場を失ったガスが周囲を圧迫して痛みを起
こしたり，血管内に進入したりするもので，副鼻腔や肺あるいは中耳で
みられることが多い。

　では，どの程度の圧力差で圧外傷に罹患するかというと，非常に小さ
い圧力差で罹患する。図3-2-3は深さ1.8mのプールでの潜水訓練時
に発生した縦隔の圧外傷である。このように小さな深度差でも生じるこ
とを知っておかなければならない。

　また，深度あたりの容積の変化は浅いほうが大きいことにも留意して
おく必要がある。例えば同じ10mの深度差でも，深度10mから水面

に浮上すれば容積は 2 倍になるのに対し，深度 30 m から 20 m まで浮
上したとすると容積は 3 分の 4 倍になるにすぎない。言い換えれば，10
m から水面までの浮上では，30 m から 20 m までの 1.5 倍もの容積が
増加したことになる。よく，浅い潜水のほうが深い潜水よりも安全なイ
メージを持たれがちだが，こと容積の変化では浅いところのほうが大き
く，その分，圧外傷にもかかりやすいといえる。

(2) **症 状**

(ア) 肺圧外傷

　肺の圧外傷は重篤な空気塞栓症を引き起こすこともあり，充分注意
しておかなければならない。すなわち，何らかの理由で肺から空気が
スムーズに排出できなくなると肺は過膨張となって肺胞障害を引き起
こす（**図 3-2-4**）。そこから，行き場を失った空気が肺の間質に進入
し，肺の間質気腫を形成する。このようにして肺から漏れ出た空気が
縦隔に達すると，先に**図 3-2-3** で示したような縦隔気腫を来し，さ
らに頸部の方に移ると首筋を中心とした皮下気腫を引き起こす。この
皮下気腫がある程度以上になると，その部がむくんだようになり，強

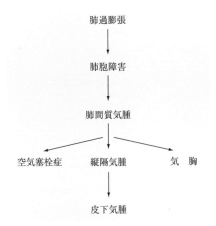

出典：池田知純『潜水医学入門』（大修館書店，1995 年）

図 3-2-4　肺過膨張における障害の流れ

く押してみると，空気が組織の中を移動するので，「握雪感」といって，新雪を握りつぶしたような触感となる。また，より重篤な気腫の場合には，顎から顔面にかけて腫れが認められ，上気道を圧迫して呼吸が妨げられることさえある。

　その他に，気胸と空気塞栓症を引き起こすことがある。気胸は，1-2項で述べたとおり，胸膜腔に肺の空気が漏れ出たもので，症状としては，胸痛，肺胞が傷害されることによる咳や血痰，換気自体が妨げられることによる息苦しさやチアノーゼ，あるいは不安感などがある。両側の肺が気胸にならない限り陸上では致死的になることは少ないが，水中では，片側の肺のみが気胸になっても溺れを生ずる危険がある。また，潜水中に気胸になると浮上中に胸膜腔内の容積が増加して肺の実質を圧迫し，「緊張性気胸」という，対側の肺まで圧迫する事態となり，間にある心臓がポンプ機能を果たせずショックとなることがある。この場合，呼吸は浅く切迫し，脈が触れなくなり，意識も低下しやすくなる。緊張性気胸は，緊急の胸腔穿刺による脱気を行わなければ生命にかかわることになる。

　減圧障害の症状がなく気胸のみがある場合は，再圧を行わないが，空気塞栓症がある場合には，きわめて危険な状態となるため，直ちに再圧を行うのが標準的処置である。その場合，胸腔穿刺などの処置は，治療深度に達してから行うことになる。それは，気胸によって生じた胸膜腔内のガスは再圧により縮小して，緊張気胸の状態が緩和されるからである。ただし，胸部X線検査にて気胸を確認することなしに処置するリスクは少なくないため，処置と再圧のどちらを優先するかは経験のある専門医がいるかなど状況により変わる。

　肺圧外傷の原因のうち潜水の異常によるものとしては，①レギュレーター異常によるフリーフローやボンベのエア切れによる呼吸ガス供給のトラブル，②コントロールできない急浮上となる浮力調整ミス，③浮上中の深呼吸や間欠的呼吸（スキップ・ブリージング）でも肺圧

外傷を引き起こすことがある。スキップ・ブリージングは一方で炭酸ガス（二酸化炭素）の蓄積を招くことがあるため，酸素濃度が高い呼吸ガスを使用する潜水では酸素中毒を引き起こす可能性を増大させ，痙攣発作により肺圧外傷を引き起こす。肺圧外傷が症状から疑われた場合には，使用した潜水器についてのダイバーから得られる情報は，肺圧外傷を診断するうえで非常に重要である。

　肺圧外傷の原因で身体の異常によるものとしては，①パニック，②咳，③気管支炎や気管支喘息による気道狭窄，④気腫性肺のう胞や肺気腫，⑤気胸の既往があり肺が限局して脆弱となっている場合などがある。

　肺圧外傷は，通常の潜水よりも，浮上中のバディ同士の呼吸訓練(バディ・ブリージング)，妨害排除訓練（トラブル対処)，緊急浮上訓練といったリスクの高い潜水訓練中に起きやすいため，再圧治療装置で直ちに対応できる態勢を取った上で，それらの訓練を計画することが望ましい。

(イ)　副鼻腔圧外傷

　顔面の骨の中には，「上顎洞」「前頭洞」「蝶形骨洞」および「篩骨洞」と呼ばれる4つの空間があり，いずれも管によって鼻腔に開口し外界と通じており，副鼻腔ともいわれている。この管が生まれつき閉じぎみで通気性が悪かったり，風邪などによる炎症のために塞がって

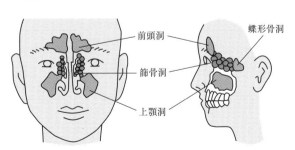

出典：池田知純『潜水医学入門』（大修館書店，1995年）

図 3-2-5　副鼻腔の場所

しまった状態で潜水を行うと，圧外傷に罹患することになる。前頭洞が好発しやすい。症状としては，額の周りや目や鼻の根部などに感じる痛みや閉塞感，また鼻出血がある（図3-2-5）。

(ウ)　耳の圧外傷

　耳は外側から「外耳」「中耳」「内耳」の３つの部分に分かれている（図3-2-6）。耳の圧外傷はこのいずれにもみられる。

　外耳は直接外界に開放されているので，通常は圧の不均衡が生じることはないが，耳栓をしたり，きつすぎるフードを被った場合には，これらと外耳とで囲まれた部分の圧力が外界圧力と異なってくるので，外耳圧外傷に罹患することがある。症状としては，外耳道内の出血があるが，耳栓では鼓膜が損傷を受けることもある。

　中耳は耳管によって咽頭と通じているが，通常は閉じているため，潜水の際には「耳抜き」動作によって耳管を開き，口腔の空気を中耳腔に送り込んで中耳腔内の圧力を高める（均圧する）必要がある。耳管の通気が悪く，耳抜きが上手くいかないと中耳あるいは後述する内耳に圧外傷が生じることになる。症状としては，耳の痛みと閉塞感が

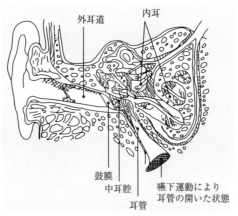

出典：池田知純『潜水医学入門』（大修館書店，1995年）

図 3-2-6　耳の構造

あり，難聴を訴えることもある。水中で鼓膜が破裂すると，中耳に入った海水で内耳内の温度変化を引き起こし，内耳リンパの移動が生じてまわりがぐるぐる動く回転性めまいが発現する。このためダイバーは上下感覚が消失し，パニックに陥りやすい。パニック状態での急速浮上は，肺圧外傷の原因となる。内耳リンパの移動は，温度変化が収まれば消失するので，対策としては，めまいが治まるのを待ってゆっくり浮上するのが良いとされている。また，中耳のなかに海水が入り，急性中耳炎などの感染症を引き起こすことがあるので，耳鼻科専門医の診察を受ける必要がある。

　浮上時に中耳から咽の奥に通じる耳管にブロックが起きた場合，中耳内腔の圧が高まり内耳のバランス機能に影響して回転性のめまいを引き起こすことがある。突然発生し，ほんの数分間であるが潜水者は制御不能となることがある。中耳のリバーススクィーズと言われ，「圧変動による回転性めまい」（alternobaric vertigo）が起きている状態であるが，浮上を停止したり1mほど潜降することによって耳管に空気が通じるとキューという音のあと直ちに回復する。

　「内耳圧外傷」は，潜降時に耳抜きが困難である時に，無理な耳抜き動作をすると起きることがあると言われ，素潜りで起きやすい。これは，中耳圧の耳抜き不良により相対的に陰圧になった状態に，無理な耳抜きで脳脊髄圧が上昇して，その圧力が内耳から中耳の方向に加わるため，内耳と中耳の間の薄い膜（前庭窓あるいは蝸牛窓）が破れて圧外傷を引き起こす。この時，パチッというポップ音を自覚することがあり，引き続いて内耳のリンパ液が中耳に漏れるために周りがぐるぐる動くめまいが起きる。聴力低下の程度が変動したり，音が割れて聞こえることがある。

　潜水後持続するめまいについては，内耳型減圧症との区別が重要である。内耳型減圧症は，再圧治療の適応であるが，内耳圧外傷は再圧によって内耳のリンパ漏れが助長され状態が悪化する。両疾患は発症

経過から区別できることもあるが，診断が難しい場合があり，破れた
リンパ漏れを早期に修復しないと聴力障害が残るため，早急な耳鼻科
専門医の診察が不可欠である。

㈡　その他の圧外傷

潜水服と皮膚の間，面マスクと皮膚や眼の間にも空間があるため，
圧外傷が生じる場合がある。潜降によって潜水服の下の空気容積が小
さくなり，皮膚に密着すると，潜水服のしわの中に皮膚が食い込み，
皮下出血を起こすことがある。面マスク内の空気容積が減少すると，
面マスクが顔面に強く押し付けられる状態となり，皮下や眼の結膜に
出血する場合がある。虫歯の処置後に再び虫歯となり内部に空洞がで
きた場合にも，その部分が圧外傷を起こすことがある。

(3)　予　防

潜降による圧外傷を予防するには，こまめに耳抜きやマスクの均圧作
業を行い不均等な圧がかからないようにして，無理に深く潜らないこと
が重要である。外耳圧外傷を防ぐためにはフードを強く締めすぎないこ
とが大事である。風邪などで耳管の通気性が悪いときも無理して潜って
はならない。

浮上時の肺圧外傷を防ぐためには，つねに息をはきながら浮上するよ
うに心がけておかねばならない。浮上速度も速くなりすぎないように注
意しておかねばならない。咳や痰があるときは，気管支が閉塞されてい
る可能性があるので，潜らないのが賢明である。また，胸部X線写真
等で肺疾患がないことも確認しておくべきである。

2-2-3　空気塞栓症（動脈ガス塞栓症）

気泡による血管内の塞栓症であるが，対象となるのは動脈系の血管の塞
栓である。潜水呼吸ガスが空気以外の混合ガスである場合もあるため，「動
脈ガス塞栓症」という名称を用いることもある。

(1) メカニズム

　何らかの理由で急速浮上した場合，あるいは充分に息をはかないで浮
上した場合等には，肺が過膨張の状態になり，行き場を失った肺内の空
気が肺胞を傷つけ，肺の間質気腫を引き起こす。さらにその空気が肺の
毛細血管に進入すると，空気が気泡状になって血管内を移動して肺から
心臓に還り，そこから動脈にのって全身に流され，その先で塞栓となっ
て血管を閉塞する。このようにして起こる疾患が「空気塞栓症」である。

　しかし，体の大多数の動脈の先は網の目のようになっていて，たとえ
1本の動脈が詰まったところで，別の血管から血液が回されてきて，そ
の先の血行が途絶することはない。問題となるのはその先が網の目状に
なっていない「終動脈」といわれる血管で，ここが詰まるとその先の組
織の壊死を来す。そして，そのような血管構築をしているのが，なぜか
脳と心臓という最も重要な臓器なのである。ところが潜水の現場では理
由は明らかではないが，心臓の塞栓症は皆無とはいわないまでもほとん
ど認められず，ほぼすべてが脳の塞栓症である。

　なお，典型的な脳の空気塞栓症は急浮上後の肺の過膨張によって発症
すると述べたが，何ら異常なく浮上し，明らかな圧外傷を伴わない空気
塞栓症も少なくない。この場合，肺あるいは気管支の一部に異常が存在
して局所的な肺の過膨張から肺胞障害を起こし，発症するのではないか
と推測されている。

(2) 症状と診断（含予防）

　一般的には浮上してすぐに意識障害や痙攣発作等の重篤な症状を示す。
パニック等によって急速浮上した場合や，皮下気腫等のあきらかな肺圧
外傷を伴っていたときには，容易に空気塞栓症の診断ができるが，上に
記したように，普通に浮上したときにも空気塞栓症に罹患し得ることを
知っておかねばならない。さもなければ，心筋梗塞や不整脈等と間違わ
れることがある。したがって，高血圧や明らかな心疾患の既往がなく意
識障害等を呈した場合は，まず最初に空気塞栓症を考え，適切に処置し

なければならない。なお，減圧表に規定する浮上（減圧）速度をはる
かに逸脱し，不充分な浮上（減圧）時間で浮上していた場合は，空気塞栓
症よりも重症の減圧症である可能性が高いが，以後の対応は変わらない。

　ガスが動脈内に入り塞栓症状で発症する空気塞栓症は水面浮上後 10
分以内に発症する例が多く，95 ％ は水面浮上後 2 時間以内である。空
気塞栓症でも，6 時間以上経過した後でも発症することがある。水面到
着後直ちに発症するものは空気塞栓症の可能性が高く重症であるが，脳
塞栓では 50 ％ が 3 分以内，脊髄塞栓では 50 ％ が 9 分以内に発症すると
いう報告がある（フランセス，Francis 1988）。

　気泡の一次的な影響で組織が虚血状態に陥って発症し，その後血流が
再開され，症状が改善し回復したかのような状態になる場合がある。し
かし，間もなく症状が急激に悪化したり，新たな症状が出現する状態を
呈したときには，重篤となることが多く，再圧治療にも抵抗するように
なる。これは，虚血となった部分の血流が再開すると，炎症関連のさま
ざまな物質が出てきて障害を起こすためである。この病態は，気泡発生
から 1〜2 時間程度で起こることがあるため，発症後直ちに酸素再圧治
療を行う必要がある。

　空気塞栓症と判断した場合は，適切な救急措置を行いながら再圧治療
ができる病院まで移送しなければならない。その間，可能であれば酸素
を呼吸させる。気泡が脳に行くことを避けるために，頭を下げる体位を
とることを奨励していたこともあったが，大動脈の激しい血流の中で小
さな気泡が浮力に従って移動することは考えにくい上，頭を下げること
によって脳圧が上昇し，状態が悪化する可能性があることから，水平仰
臥位（あおむけ）が推奨されている。また，舌根沈下によって気道を閉
塞しないように注意しておく必要がある。

　予防法としては，肺の圧外傷の項で挙げたことと同じである。

(3)　**素潜りにおける空気塞栓症**

　近年フリーダイビング（素潜り）競技会では意識消失する例が散見さ

れるが, 意識的に空気を肺活量以上に詰め込む (舌咽頭空気吸入: Glos-sopharyngeal Insufflation, 空気詰め込み: Lung packing) ことにより空気塞栓症が起きることがある。6名の素潜りダイバーに空気詰め込みをさせた空気塞栓症の可能性についての検証研究では, 無症候性ではあるが肺過膨張による縦隔気腫が胸部 CT 検査にて 4 名に認められたとする報告がある (シー, Ski 2010)。

2-2-4 骨壊死

(1) メカニズム

潜水者に「骨壊死」といわれる骨の病変が多くみられることが知られている。これは何らかの原因により骨組織が破壊されるもので, 骨組織における循環不全が大きくかかわっているとされている。減圧症に罹患した人や無謀な潜水を繰り返した潜水漁師に多くみられることから, 減圧症との関係は否定できない。減圧方法が改善されるに従って潜水漁師の骨壊死も少なくなってきており, 減圧症に罹患した場合でも適切な治療を速やかに受けていれば骨壊死の頻度が下がることが川嶌らによって報告されている[3]。

(2) 症状と診断 (含予防)

発症の部位によって症状は大きく異なる。骨幹部に発症した場合は大きな障害を認めないが, 骨端に出現した場合は病変が関節に及ぶことが多いので, 歩行障害や著明な痛み等を訴えることが多い。甚だしい場合は外科的処置に頼らざるを得ず, 通常は障害が残る。

予防の第一は減圧表を遵守し, 減圧症に罹患しないように努めることである。減圧症に罹患した場合は, しっかりと再圧治療をしておくことが大事である。高圧則第38条において, 必要な場合は骨の X 線写真 (図 3-2-7) を撮影するように定められているが, 初期の病変の検知能力は必ずしも高くない。その点, MRI (磁気共鳴映像法) 検査はその能

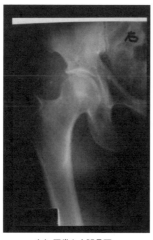 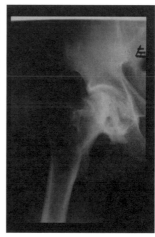

（a）正常な大腿骨頭　　　　　　（b）大腿骨頭の壊死例

（a）では丸い骨頭部の形状がよくわかるが，（b）は骨壊死により形がわからなくなっている。

資料提供：梨本一郎

図3-2-7　骨壊死を起こした大腿骨頭のX線写真

力に優れ，障害の出ない初期の段階で病変を検知できる確率が高いが，費用がかかる。

2-3　呼吸（含呼吸ガス）に関係する疾患

　呼吸では気道という細い管の中を気体が移動するので，当然抵抗が生じる。この抵抗は気体（呼吸ガス）の密度に比例して大きくなる。一方，高圧下では呼吸ガスが圧縮されてその密度は高くなり，抵抗は増加する。したがって，潜水中では呼吸運動によって移動できる呼吸ガスの量は深度が増すにつれて減少する。図3-2-8は人が力一杯呼吸することによって換気できる呼吸ガスの量（MVV）と深度の関係を示したもので，実際に測定してもこのように深く潜るにつれてMVVは減少している。実際の潜水では潜水呼吸器による抵抗も加わっているために，この曲線よりも顕著に減少する。

　また，図3-2-9は「フローボリューム曲線」といって，横軸は測定し

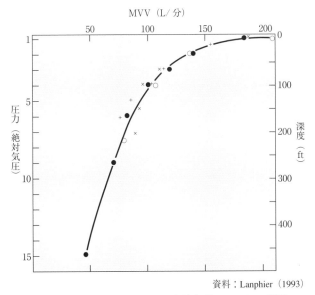

資料：Lanphier（1993）

図 3-2-8　潜水深度と最大努力換気量 MVV との関係

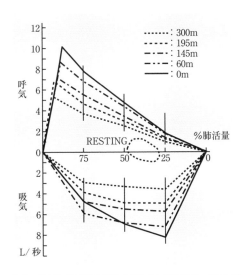

出典：池田知純『潜水医学入門』（大修館書店，1995 年）

図 3-2-9　フローボリューム曲線

たときの肺の容量が肺活量の何パーセントの状態に当てはまるか，縦軸は
その時の肺容量における 1 秒あたりの最大呼吸流量を深度ごとにそれぞれ
表したもので，深度が増すに従って，毎秒呼吸流量は明らかに低下してい
る。深度 300 m になると，最大に呼吸運動をした場合でも中央の円形で
記した安静時の流量に近くなっており，これは取りも直さず，呼吸の余裕
が少なくなってきていることを表している。なお，このグラフは空気より
も軽いヘリウム酸素環境下のものであるので，それよりはるかに重い空気
環境下ではもっと浅い深度でも同様の変化がみられる。

　さらに**表 3-2-3** は実際の潜水作業においてどの程度の換気量が要求さ
れるかを示したものである。このように作業量が大きくなれば必要な換気
量も著明に増加していくので，ある時点で供給可能な呼吸量と必要な呼吸
量が接近することになり，そこを超えれば当然必要な呼吸量をまかなえな
いので，危険な状態に陥る。

表 3-2-3　作業量と換気量および酸素摂取量

状　態	作業内容	分時換気量 （L/min）	酸素摂取量 （L/min）
安静	ベッド上安静	6	0.25
	静かに座った状態	7	0.30
	静かに立った状態	9	0.40
軽作業	硬い海底をゆっくり歩く	13	0.6
	時速 2 マイルで陸上を歩く	16	0.7
	0.5 ノットで泳ぐ（遅い泳ぎ）	18	0.8
中作業	泥の海底をゆっくり歩く	23	1.1
	時速 4 マイルで陸上を歩く	27	1.2
	0.85 ノットで泳ぐ	30	1.4
	硬い海底を最大限速く歩く	34	1.5
重作業	1 ノットで泳ぐ	40	1.8
	泥の海底を最大限速く歩く	40	1.8
	時速 8 マイルで陸上を走る	50	2.0
超重作業	1.2 ノットで泳ぐ	60	2.5
	上り坂を走る	60	4.0

出典：U.S.Navy Diving Manual

　この危険な状況を避けるためには，呼吸にはこのように限界があること
を理解しておき，限度を超えるような無理な作業を行わないことに加え，
呼吸抵抗の少ない潜水呼吸器を用いることが重要である。

2-3-1　酸素中毒

　酸素は，人が生命を維持するためにはなくてはならない重要な呼吸ガス
であり，今日の医療では広く治療に利用され，さらに，圧力をかけた状態
で酸素を投与するという高気圧酸素療法も普及しているが，過剰の酸素は
生体に悪影響を及ぼす。高分圧酸素の毒性によって発生する臓器障害を「酸
素中毒」という。

　酸素中毒の発症は酸素分圧と時間に依存し，症状が現れる主な臓器は，
脳（中枢神経系）と肺であり，前者は急性ばく露で短時間に出現し，後者
はある程度の時間経過後発現する。

　酸素中毒で実際に起きている機序は，いまだよくわかっていないが，高
分圧酸素により活性酸素種の産生亢進とそれに対抗する抗酸化防御機構の
不均衡により細胞膜や細胞内の障害を来すと考えられている。

　以前は，潜水作業での酸素の使用は規則により禁止されていたが，規則
改正により使用が可能となった。さらに 40 m 以深では，混合ガス潜水が
必須となったが，高分圧酸素を呼吸する潜水様式であるため，酸素中毒に
ついての正しい理解に基づく作業環境管理，作業管理および健康管理が必
要となっている。

(1)　**急性酸素中毒としての中枢神経系酸素中毒**（脳酸素中毒）

　　1878 年ポール・ベール（Paul Bert）は，15 気圧（約 1,500 kPa）か
ら 20 気圧（約 2,000 kPa）の空気にさらされたヒバリが痙攣を起こし
て死亡し，同様の現象がその 5 分の 1 の圧力の酸素でも起きることを観
察したことから，原因が高分圧酸素によることを明らかにした。この「中
枢神経系酸素中毒（脳酸素中毒）」は「ポール・ベール効果」とも言わ
れる。人では，1912 年ボーンスタイン（Bornstein）とストーインク

（Stroink）が，3 絶対気圧（ATA：atmospheres　absolute）の酸素を吸
入した 51 分間の自転車エルゴメータ運動で，手足の攣縮を観察してい
る。1933 年英国海軍のディモント（Damant）とフィリップス（Phillips）
らは，4 ATA（約 400 kPa）の酸素で 16 分と 13 分後にそれぞれ痙攣発
作を認め，その後，ベーンケ（Behnke）らによって 1 ATA（約 100 kPa）
から 4 ATA（約 400 kPa）の酸素で中毒研究が開始され，現在に至って
いる。

㋐　症　状

　　中枢神経系酸素中毒は，「トンネル・ビジョン（tunnel　vision）」と
いわれるトンネルの中から出口を見たような特徴的な視野異常，耳鳴
り，吐き気，部分的な筋肉の引きつれ（特に顔面），気分の変調，め
まいなどの症状が出現し，放置すると全身性の痙攣発作に至る。顔面
蒼白，唇のふるえ，発汗，脈が遅くなることが初期で起こりやすいが，
痙攣発作は何の前触れもなく突然生じることが多く，このようなこと
が潜水中に起これば，多くの場合で致命的になる。したがって，中枢
神経系酸素中毒の発生を予防することが，潜水を安全に行う上で重要
である。

㋑　中毒が出やすくなる状態

　　全身痙攣発作などの中枢神経系の症状は，2 ATA（約 200 kPa）以
上の酸素吸入で時間経過とともに出現する（図 3-2-10）ので，通常
の大気圧下では中枢神経系酸素中毒は発生しない。したがって，酸素
を使用する潜水や酸素再圧治療時に問題となる。

　（a）潜　水

　　　中枢神経系酸素中毒症状の出現にはさまざまな影響因子が存在す
　るが，運動，水中，低水温は促進に働く（表 3-2-4）。水中であれ
　ば酸素分圧が 1.3 ATA（約 130 kPa），水中でなければ 2.4 ATA（約
　240 kPa）を超えたときに症状が発現する可能性が出てくる。

　　　そのため世界的には，実際の潜水態様に応じて 1.4 ATA（約 140

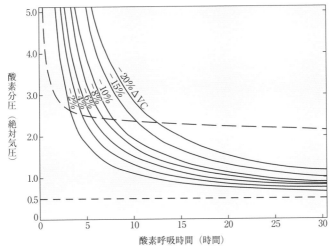

肺活量が，それぞれの曲線に示した数字の割合だけ減少するのに要する酸素
分圧とばく露時間の関係を示している。図中の破線は参考として，中枢神経
系酸素中毒発現からみたばく露限界を表している。

資料：Lambertsen（1978）＆Clark（1993）

図 3-2-10　肺活量の減少から見た高圧酸素ばく露量

表 3-2-4　中枢神経系酸素中毒を起こしやすくする因子

・高炭酸ガス血症 　　―炭酸ガス吸収剤（リブリーザー使用時）：性能限界，充填不良 　　―低換気：送気不足，スキップ・ブリージング ・運動量増大 ・水中環境 ・低水温

kPa）から 1.6 ATA（約 160 kPa）前後に設定しているものが多い。
すなわち，自給気式潜水器（スクーバ）では痙攣発作によって動脈
ガス塞栓症を引き起こしたり，マウスピースがはずれ溺死する可能
性が高いことから，安全域を広く取って基準としては低めの 1.4
ATA を，一方痙攣発作を起こしても直ちに致命的になるとは考え
られないヘルメット潜水や全面マスク式潜水では 1.6 ATA 前後を
上限の酸素分圧として設定するというものである。高圧則では，潜

表 3-2-5　中枢神経系酸素中毒を起こし得る潜水様式

	潜水様式	呼吸ガス*	可能性	注意点
自給気式	開式	空気	×〜△	深深度（60 m 以深）
		O_2 リッチ混合ガス	○	深度　O_2 濃度
	半閉式	O_2 リッチ混合ガス	○	深度　O_2 濃度　CO_2 吸収剤
	閉式	純酸素	◎	深度　時間　CO_2 吸収剤
		酸素分圧制御	○	時間　CO_2 吸収剤
送気式	フリーフロー式	空気	×〜△	深深度（60 m 以深）　送気量
	デマンド式	空気　混合ガス	○	深深度（$He-O_2$）
	ベル方式 （含む DDC**）	＋純酸素	△〜○	ベル・DDC 内制御に依存

*主として使用する呼吸ガスであり，多種に及ぶ
**deck decompression chamber 船上減圧室

　水作業中の酸素分圧の上限は，160 kPa（1.6 ATA）であり，高圧室内あるいは潜水者が溺水しないような措置が講じられている場合では 220 kPa（2.2 ATA）と定められているが，潜水様式によりリスクが異なることを充分に勘案して潜水計画を立てる必要がある。

　全閉鎖循環式や半閉鎖式スクーバ（リブリーザー）では，酸素濃度の高い呼吸ガスを使用する場合がある。呼出した炭酸ガス（二酸化炭素）を吸収剤で取り除き再呼吸させる構造であるため，炭酸ガス吸収装置に不具合があると吸気中の炭酸ガスが上昇する。動脈血中炭酸ガス分圧が上昇すると脳血管が拡張して酸素中毒が発現しやすくなる。また，潜水呼吸ガスの消費を少なくするための意識的な低換気（スキップ・ブリージング）をするダイバーは，高炭酸ガス血症を招くために酸素中毒になりやすい（**表 3-2-5**）。

(b)　高気圧酸素治療

　高気圧酸素治療で使用される酸素分圧は，治療効果というプラス面と酸素中毒というマイナス面を勘案して決められている。特に潜水によって引き起こされる減圧障害に用いられる高気圧酸素治療（酸素再圧治療）には，治療効果を期待して他の適応疾患よりも高い酸素分圧（2.8 ATA，約 280 kPa）が採用されているため，酸素

中毒の発生には注意が必要である。酸素再圧治療に携わる関係者は酸素中毒を回避する注意点や手順を熟知しておく必要がある。

(ウ) 予防と対処

　　中枢神経系酸素中毒の感受性については個人差があるうえ，日によって大きく変わるので，発症予測はきわめて困難である。そのため，中枢神経系酸素中毒の発生を予防する手段としての酸素耐性テストで合格したとしても，中毒が起きないという保証はない。

　　酸素中毒の発現は酸素の吸入時間と分圧の高さに相関するが，吸入ガスを酸素から空気に短時間だけ変える「間欠的酸素呼吸」（エアブレイク）により回復効果が得られ，発症までの時間が延長する。そのため，比較的高い分圧の酸素を使用する水上減圧法や減圧障害の治療などでは，5分間あるいは15分間のエアブレイクが設けられている。

　　酸素中毒の症状が現れた場合には，安全管理監督者に直ちに報告するとともに，呼吸ガスの酸素分圧を下げる処置を講じる必要がある。痙攣発作以外の場合は浮上（減圧）させて酸素分圧を下げる，あるいは酸素濃度の低い呼吸ガスに切り替えができる場合には18 kPa以上の酸素分圧を保てるように切り替える。高圧室内であれば酸素マスクを取り外すことが処置法であり，出ている症状と状況により適切に対処する。

　　高分圧酸素によって引き起こされる中枢神経系酸素中毒の生化学的変化は，酸素分圧を下げることにより短時間で回復するわけではない。いったん痙攣以外の早期の酸素中毒症状が出現すれば，高分圧酸素吸入を中止して1〜2分後でも，痙攣発作を引き起こしやすい状態にある。完全に回復するためには長時間必要であるが，高気圧酸素治療の必要性を考慮して，症状が回復してから15分後に酸素吸入を再開するという方法がとられている。

(2) **慢性酸素中毒としての肺酸素中毒**

1899年，ローレイン・スミス（J. Lorrain Smith）は，痙攣を引き起

こすに至らない酸素分圧でも長時間の酸素呼吸により「肺酸素中毒」として深刻な呼吸器症状が出現することを報告している。この肺酸素中毒は，「ローレイン・スミス効果」と言われている。

(ア)　症　状

　1 ATA（約100 kPa）の酸素を12時間以上呼吸すると肺酸素中毒症状が発現してくる。気管・気管支刺激症状として初めのうちは吸気の終わり頃に不快感が出て，前胸部が灼けるような感じが出るようになり，吸気時の胸痛となって次第に増強し，空咳から痰が絡む咳となり，遂には呼吸困難状態となる。肺のガス交換が行われるところでも炎症が起きて肺水腫状態となり進行性の呼吸不全となる。酸素分圧が高いほど病態が早く形成されるが，1 ATA以下の比較的低い高分圧酸素では数日から数週間かかる。初期の肺酸素中毒では，高分圧酸素ばく露が終われば正常にもどる。減圧障害の治療に用いる酸素分圧の高い再圧治療でも，少ない回数であれば後遺症はない。

(イ)　肺に対する酸素の毒性量の評価

　肺機能では，肺活量の低下（特に最大吸気量の低下），肺の柔軟性低下やガス交換機能の低下などが起きる。

　肺酸素毒性の評価のために詳しい肺機能検査の実施は効率が悪いので，簡易的に，毒性の程度や蓄積度の評価として，次式で求められる「肺酸素毒性量単位」（Unit Pulmonary Toxic Dose：UPTD）を用いることが一般的である。

$$\mathrm{UPTD} = t \times \left(\frac{P\mathrm{O_2} - 50}{50} \right)^{0.83}$$

ここで，$P\mathrm{O_2}$：酸素分圧（kPa），t：酸素ばく露時間（分）

　これは，肺活量の減少が酸素分圧とばく露時間について双曲線を描く関係（図3-2-10）にあることを利用して1 ATA（100 kPa）の酸素ばく露に換算したもので，酸素分圧1気圧下に1分間ばく露されたときの肺酸素毒性は1 UPTDとなる。ただし酸素分圧が50 kPaを超

えるばく露時に限られる。

　1 回で 1,425 UPTD，1 週間で 3,000 UPTD を超える酸素ばく露では，臨床症状および肺機能検査で異常が出やすいと言われ，高圧則では 1 日のばく露量を 600 UPTD 以下，1 週間あたりでは 2,500 UPTD 以下とし，連日ばく露の影響も考慮に入れた場合，各日のばく露量を 400 UPTD 以下とすることが望ましいとされている。なお，50 kPa 以下（42〜49.5 kPa）でも 2 週間以上の長期間にわたる酸素ばく露では，肺活量低下がなくとも肺拡散能力（酸素取り込み能力）が低下することがあり，完全に回復するには 3 カ月以上要する場合もある。

(ｳ)　予防と対処

　通常潜水時の酸素ばく露量は，健常人に使用することから，酸素再圧治療時のばく露量よりも少なくなっている。肺酸素中毒は，酸素分圧が 1 ATA（約 100 kPa）を超えて長時間の潜水を行う時に問題となり，起き得る潜水様式としては，酸素濃度の高い呼吸ガスを使用する混合ガス潜水や閉式あるいは半閉式スクーバや水上減圧を行う潜水が挙げられる。

　肺酸素中毒は肺機能の低下をもたらすが，中枢神経系酸素中毒とは異なり，生命を直接脅かすことはない。しかしながら，肺酸素中毒の初期症状として咳があり，これが潜水中で出現すれば動脈ガス塞栓症を引き起こす要因となるため，水中で高い分圧の酸素を呼吸する潜水では注意が必要である。

　高分圧酸素吸入による潜水後の肺活量の低下には個人差が大きいため，個別に潜水を継続するかどうかについては，胸骨裏の灼熱感や咳の出現が実際の指標となる。

　中枢神経系酸素中毒と同様に間欠的な酸素ばく露（エアブレイクおよび複数の高気圧酸素治療間のインターバル）により予防効果がみられる。

(3) その他の慢性酸素中毒

視覚器に対する影響として一過性の近視がある。1.3 ATA（約 130 kPa）の酸素分圧にて 1 日平均 4 時間で連日潜水したダイバーが，18 日目から近視を自覚して潜水最後の 21 日目まで近視が進行し，その 2 日後から改善し始め約 1 カ月で回復したという報告がある。

明らかな臨床症状として出現するために，中枢神経系および肺についての研究は精力的になされているが，症状として表面に現れなくとも，その他の臓器にも高分圧酸素の影響があると考えるべきである。例えば，末梢神経についても，1 日の酸素ばく露量が許容範囲でも慢性の蓄積的な酸素毒性としての知覚過敏あるいは知覚異常がある。酸素分圧 1.3 ATA（約 130 kPa）で 240 分の酸素ばく露（355 UPTD）あるいは 1.1 ATA（約 110 kPa）で 320 分（372 UPTD）でも連日の潜水により，2 週間程度から症状が出はじめることがある。

高分圧の酸素を用いる潜水を継続して繰り返す場合は，潜水作業管理者は，慢性の酸素中毒について注意を払わなければならず，その場合，倦怠感，頭痛，感冒様症状，手先・足指の異常感覚などの症状として現れてくることがあり，その場合には潜水の中止を考慮しなければならない。

2-3-2 低酸素症

呼吸ガス中の酸素が欠乏して組織が低酸素状態になり，健全な生命活動が維持できなくなった状態を「低酸素症」という。

(1) 素潜りにおける低酸素症

素潜り潜水では，浮上の際に水面近くで低酸素症による意識消失（Shallow water black-out）が起こることがあり注意が必要である。

体内の炭酸ガス（二酸化炭素）濃度は呼吸により一定のレベルで維持されているが，呼吸を止めると体内に炭酸ガスが蓄積して，呼吸しようとする刺激が強くなり，大きく速い呼吸となる。逆に通常よりも意識的

に過剰の換気をすると，炭酸ガス濃度は通常のレベルよりも低くなってしまい，体内での酸素消費によって炭酸ガスが溜まるまで，呼吸を止めておくことができる。すなわち，素潜り前の過剰な換気により，長い時間潜水することが可能となるわけである。

しかしながら，炭酸ガスが溜まるまでの間に，体内の酸素はその分消費され，海底にいる間に意識消失するほどの酸素分圧の低下がなくても，水面近くでは浮上に伴う酸素分圧の変化によって意識消失を来すレベルにまで低下してしまうことがある。そのため，素潜り前の過剰な換気は絶対にしてはならない。

また，体内の炭酸ガス濃度上昇に対して呼吸したいという感覚は，連続して素潜りを繰り返すうちに低下するため，素潜り作業を続ける場合には低酸素症への配慮が必要である。

(2) 素潜り以外の潜水で起きる低酸素症（表 3-2-6）

空気を使う通常の開放回路型スクーバ潜水であれば，呼吸する酸素分圧は 21 kPa（0.21 ATA）以上であるので，低酸素症を引き起こすことはないと考えられるが，ごくまれではあるが発生することがある。ボンベに空気を充塡したままで長期間放置すると，ボンベ内表面の酸化に空気中の酸素が使われて酸素濃度が下がり，それを呼吸したため低酸素症を来す場合がある。また同様に，不適切な酸素濃度の呼吸ガスや一酸化炭素で汚染されたガスが混入されたボンベの使用でも低酸素症を起こし得る。

混合ガスを利用する大深度潜水では，酸素中毒を防ぐために，潜水深度に応じて酸素濃度を低くした混合ガスを用いるが，このようなガスを誤って浅い深度で呼吸した場合には，意識を保つための酸素分圧が得られなくなり，低酸素症に陥る。

ガス切り替えを行って高濃度酸素と空気を切り替えて使用する潜水でも，低酸素性意識消失を起こす可能性が出てくる。高濃度酸素から空気呼吸に切り替えた直後に，急激な酸素分圧の低下のため脳組織が一過性の低酸素状態になることがあり，意識消失や痙攣など，酸素中毒類似の

表 3-2-6　低酸素性意識消失を起こす原因

```
・離脱現象（off phenomenon）
    高分圧酸素→空気　切り替え時
    高分圧酸素呼吸（混合ガス潜水等）から空気呼吸への切り替え
・潜水呼吸ガス
    不適切な酸素濃度のボンベ使用
    CO汚染ガス混入
・リブリーザー潜水器
    オリフィスのブロック（半閉鎖回路型）
    酸素供給不良（閉鎖回路型）
    呼吸袋の不適切なパージング（閉鎖回路型）
```

症状（離脱現象：off phenomenon）が出現する。

　閉鎖回路型または半閉鎖回路型スクーバ（リブリーザー）による潜水では，呼吸ガスを供給するオリフィスのブロック，酸素供給不良，呼吸袋の不適切なパージングなどで低酸素症を起こすことがある。低酸素症の危険なことは，酸素濃度（酸素分圧）は低下するが，炭酸ガス濃度（炭酸ガス分圧）が特に増加するわけではないので，特に息苦しさを感じることがなく，意識障害が初発症状であることが多い。そのため，リブリーザー潜水では単独で潜水することは危険であり，常にバディ潜水を行うことが基本となる。低酸素性意識消失は，いったん発症してしまうと自力ではほとんど対処することができず，最悪の場合には溺水に至ることになる。

2-3-3　一酸化炭素中毒

　一酸化炭素は酸素を運ぶ血中のヘモグロビンとの親和性（くっつきやすさ）が酸素に比較して200倍以上強いために，ヘモグロビンが一酸化炭素と結合してしまい，充分な量の酸素を組織に供給できなくなって発症する。この異常はきわめて低濃度の一酸化炭素で発生し，0.5％以下の濃度でも死亡に至る。

　潜水における一酸化炭素中毒のほとんどは，呼吸ガスにコンプレッサーなどのエンジンの排気ガスが混入することによって生じる。したがって，

エンジンの排気口とコンプレッサーの吸気口の間には充分な距離をとって
おかなくてはならない。また，充分な距離を置いていても，風向きによっ
ては排気ガスが吸入口に流れ込むことがあるので，それらについても充分
気をつけておかなければならない。

　なお，一酸化炭素中毒に罹患した場合は，酸素を運ぶ役目のヘモグロビ
ンが一酸化炭素によって占拠されているので，通常の状態で酸素を呼吸さ
せても充分な量の酸素が組織に行き渡らない。高圧下で酸素を呼吸させ，
血中に物理的に溶け込む酸素を増やすことによってはじめて充分な量の酸
素を組織に供給することができる。一酸化炭素中毒に高圧酸素が著効する
所以である。

2-3-4　炭酸ガス中毒

　生体内の炭酸ガス（二酸化炭素）が過剰になって正常な生体機能を維持
できなくなった状態を炭酸ガス中毒という。症状としては，頭痛，めまい，
ボーッとした感じ，体のほてり，呼吸困難，意識障害などがあげられる。
　潜水の現場で炭酸ガスが蓄積する主な原因は 2 つある。ひとつは炭酸ガ
スの排出が充分でなかった場合で，スクーバ潜水中にボンベ内の呼吸ガス
の消費量を少なくする目的で呼吸回数を故意に減らしたときなどに生じる。
潜水後の頭痛がその典型的なもので，ベテランの潜水者にみられることが
多い。また，潜水呼吸器の呼吸抵抗が限度を超えて大きくなると，充分な
呼吸ができなくなるので，炭酸ガス中毒を来す危険性がある。さらに当然
のことながら，潜水中の作業量が大きくなればそれに比例して炭酸ガスの
産生量も増加するので，その分充分な炭酸ガスが呼吸により排出されなけ
ればならない。
　2 番目は，炭酸ガス濃度の多い呼吸ガスを呼吸した場合である。通常の
空気中の炭酸ガス濃度は 0.04% 程度であるのに対し，呼気ガス中のそれ
は 4% 前後であるので，呼気ガスを再呼吸するような状況下では，容易に
炭酸ガスの蓄積を招く。具体的には，いわゆるヘルメット潜水で充分な換

気を行わなかったときに多く認められる。全面マスク式潜水でも，全面マスク（特に口鼻マスク）の装着が不完全な場合，漏れ出た呼気ガスを再呼吸することになるので，炭酸ガス中毒に罹患することもあり得る。

　また，死腔内のガスは基本的には呼気ガスと同じであるので，死腔容量が過大な場合も，呼気ガスを大量に呼吸することになり，炭酸ガス中毒に罹患しやすくなる。

　炭酸ガスが体内に蓄積すると，それ自体が呼吸しようとする刺激となり，炭酸ガスを体外へ排出する方向へと生理的に進むが，吸気中の酸素分圧が通常大気の5倍程度の1 ATA（100 kPa）近辺になると，炭酸ガス蓄積が呼吸刺激とはならなくなる現象が生じる。1 ATA前後の高分圧酸素を吸入するリブリーザー潜水において，炭酸ガス吸収装置の作動不良によって起き得る状態であり，呼吸しようという感覚が起きないまま炭酸ガスが体内に蓄積し続け，ついには意識消失することがあるので，注意が必要である。酸素呼吸を行い水面近くで使用するリブリーザーで起きる意識低下であるため，"Shallow water black-out" と言われる。ちなみに，同じ用語を素潜りでも用いるが，その場合は低酸素症による意識低下である。

　なお，炭酸ガス中毒を来すと，酸素中毒や減圧症あるいは窒素酔いに罹患しやすくなるとされているので，その意味からも炭酸ガス中毒に罹患することは望ましくない。

2-3-5　窒素酔い

　潜水深度が深くなると，空気や窒素酸素混合ガス潜水では，アルコール飲用時と類似した症状を呈する，いわゆる「窒素酔い」の影響が大きくなる。

　窒素酔いは，症状発現が早く潜水直後に出現し，潜水深度が浅くなれば症状は軽減する。自信が増加し注意力が低下するため，スクーバでは呼吸ガスボンベの圧力低下に気づかず，エア切れに陥ることがある。深い潜水ほど窒素酔いは重く，その場合のエア切れは致命的となることもある。

　注意すべきは，潜水経験を積むと窒素酔いに罹りにくくなるという錯覚に陥ることである。医学的な研究では，複数回の潜水によって窒素酔いに慣れたという客観的な証拠は認められていない。深い潜水の経験があるからといって過信することは危険である。

　高圧則では，窒素酔いによる危険性を避けるため，窒素分圧限界を 400 kPa（潜水深度約 40 m）以下とするよう定められているが，窒素酔いの程度には個人差が大きいので，制限深度より浅い場合でも注意が必要である。

　また，飲酒や疲労，大きな作業量，不安等も窒素酔いの作用を強くすると考えられているので注意が必要である。

2-4　温度の影響

2-4-1　水中での特性

　人が正常に活動するためには，体温を一定に保つ必要がある。この体温

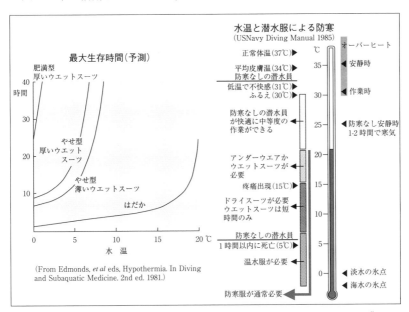

資料：“Hypothermia. In Diving and Subaquatic Medicine” および “U.S.Navy Diving Manual”

図 3-2-11　水温と最大生存時間および潜水服による防寒

調節は，代謝の結果体内に生じる熱（産熱）と，その放散（放熱）のバランスによって行われている。産熱が代謝という化学的プロセスで行われるのに対し，放熱は人体と外部環境の温度差に基づく物理的プロセスによって行われる。

　水は空気に較べて熱伝導度が 25 倍大きいので，水中では体の熱が容易に外に移動し，その結果低体温症に陥りやすい。米海軍では，図 3-2-11 に示すような目安を設けて，体温低下による事故が生じないようにしている。ウエットスーツを用いた潜水では熱の損失を防ぐにも限界があるので，必要な場合はドライスーツなど，断熱能力の高い潜水服を用いることである。飽和潜水などで，さらに深い潜水を行う場合は，温水を通して体を温める温水潜水服などを着用して体温低下を防ぐことが必要となる。

2-4-2　低体温症

　体温が低下すると，図 3-2-12 に示すようなさまざまな症状を呈する。一般に 35℃ 以下を低体温症とするが，36℃ 前後の軽微な低体温症でも判断力や運動能力など生体の機能が低下しており，それがもとで重大な事故に至る可能性もあるので，細心の注意が必要である。

　低体温になるとまず身体に震えがくる。35℃ くらいになると思考力や意欲が低下し，34℃ では，無気力と混乱により会話が困難となり，感覚が失われて足を動かすことも難しくなる。33℃ では，意識が混濁し死亡率は 50% に達し，さらに体温が低下すると，不整脈を起こし脳活動も低下して，しまいには死亡する。

　重度の低体温症では，呼吸数が極端に少なくなり，脈拍も非常に弱くなって，一見死亡したかのようにみえることがあるので注意が必要である。

　処置としては，体温を回復させることであり，発汗させるまで行うべきとされている。体熱の損失を最小にすることが必要であり，方法として，①濡れた潜水服を脱がせ，②何枚もの毛布（羊毛がよい）でくるんで，③風の当たらない場所に移動し，④可能であれば調理場などの暖かい所で体

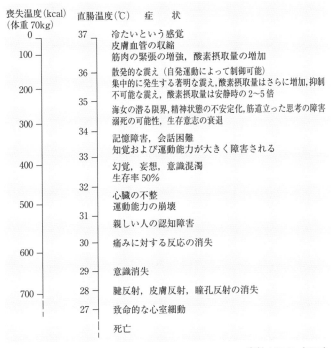

喪失温度（kcal）
（体重 70kg）

直腸温度（℃）　症　状

0	37	冷たいという感覚 皮膚血管の収縮 筋肉の緊張の増強，酸素摂取量の増加
100	36	散発的な震え（自発運動によって制御可能） 集中的に発生する著明な震え,酸素摂取量はさらに増加,抑制
200	35	不可能な震え，酸素摂取量は安静時の2〜5倍 海女の潜る限界,精神状態の不安定化,筋道立った思考の障害 溺死の可能性，生存意志の衰退
300	34	記憶障害，会話困難
	33	知覚および運動能力が大きく障害される
400	32	幻覚，妄想，意識混濁 生存率 50%
500	31	心臓の不整 運動能力の崩壊 親しい人の認知障害
600	30	痛みに対する反応の消失
	29	意識消失
700	28	腱反射，皮膚反射，瞳孔反射の消失
	27	致命的な心室細動
		死亡

資料：Webb（1976）

図 3-2-12　直腸温度と症状

温を回復させる，といった緩やかなものと，①暖かいシャワーか風呂に入
れ，②エンジンルームのような高温の場所で回復させる，という積極的な
ものがあるが，重度の低体温症の場合は，決して積極的な体温回復を行っ
てはならず，体を動かさないようにして寝かせ，緩やかな体温回復法から
始め，直ちに医療機関への搬送を行う。アルコールの摂取は，皮膚の血管
が拡張し体表面からの熱損失を増加させるので，軽度の低体温症において
も絶対に避けなければならない。

2-5　水中の生物による危険性

2-5-1　原　因

　海中の生物による危険性は生物によって異なり，大別すれば次のような
ものがある。

　①　かみ傷

　　　サメ，シャチ，カマス，タコ，ウミヘビ，ウツボ等にかまれるもの

　②　切り傷

　　　サンゴ類，ふじつぼ等の鋭いふちをもったものに触れて切られるも
　　の

　③　刺し傷（有毒のものと無毒のものがある）

　　　魚刺傷としてオニオコゼ，ミノカサゴ，ハオコゼ，アカエイ，ゴン
　　ズイ，ギンザメなどによるもの，棘皮動物刺傷としてガンガゼ，オニ
　　ヒトデによるもの，腔腸動物刺傷としてクラゲ（アカクラゲ，カツオ
　　ノエボシ等），イソギンチャク，サンゴ類などによるもの，イモガイ
　　刺傷（アンボイナ）がある。

2-5-2　症状と処置

　かみ傷，切り傷，刺し傷のいずれも出血が多い場合は止血処置が必要で
ある。細菌による感染を防ぐための抗菌薬は通常不要であるが，破傷風予
防は必要である。また，水中生物の毒は，種類により処置が異なるため，
見分けが必要である。

(1)　魚刺傷および棘皮動物刺傷

　　魚の毒棘に刺されると，そこに付いている毒腺から毒液が入り，直後
　から強い痛みが出現し，腫れやしびれを伴い，重症では吐き気，嘔吐，
　下痢・腹痛，呼吸困難を起こす。エイ類は尾部に，その他の魚は背鰭，
　臀鰭，腹鰭などに毒棘がある。ガンガゼは房総半島・相模湾以南で見ら
　れるウニの1種で長い棘に毒があり刺さると激しい痛みを起こす。棘に

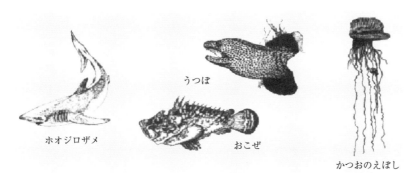

出典：“U.S.Navy Diving Manual”

図3-2-13　危険な海洋生物の一例

は逆刺があり折れやすく皮膚に残りやすい。オニヒトデには多数の有毒の棘が生えている。

　有毒成分はあまり解明されていない部分もあるが，一般的に致死的成分や痛みを起こす成分は熱により急速に分解される。傷口を洗い，棘が残っている場合は除去し，できるだけ熱いお湯（45℃以下）に30〜90分浸す。

(2)　**腔腸動物刺傷**

　クラゲ，イソギンチャク，サンゴなどの腔腸動物は刺胞と呼ばれる毒針を持っており，皮膚に刺さった刺胞から有毒物質が注入され，毒成分の直接作用とアレルギーにより症状がでてくる。軽症では局所が痛み，赤く腫れ上がる。水ぶくれやかゆみがあり，進むと全身のしびれやめまい，胸が苦しい感じや咳が出てくる。重症では吐いたり唾液が止まらなくなり，歩けなくなったり，呼吸も困難になる。

　刺傷部を擦らずにくらげなどの触手を海水で静かに洗い落とすか，タオルや布，あるいはゴム手袋を使ってそっと取り除く。食酢を大量にかける方法が有効であるのはハブクラゲ（琉球列島）やオーストラリアウンバチクラゲなどのネッタイアンドンクラゲ目に属するクラゲのみであり，それ以外では酢の使用が刺胞の発射を促すことがあるので使用して

はならない。真水やアルコールも刺胞を発射させるので使ってはならない。

　カツオノエボシ，非熱帯性のクラゲ，イソギンチャクの痛みには，できるだけ熱いお湯（45℃ 以下）に最長で 20 分浸す。このお湯の処置は，ハブクラゲやオーストラリアウンバチクラゲには効果がない。

　医療機関では局所症状に対してはステロイド軟膏，抗ヒスタミン軟膏，局所麻酔剤入りの軟膏の塗布，局所以外の症状がでている場合は，炎症，アレルギーあるいは感染を抑えるための点滴治療と数時間の経過観察が行われ，重症例では呼吸管理やショックの治療が行われる。サンゴによる切傷には化膿しないように洗浄，デブリードメントといわれる感染・壊死組織の外科的除去，抗菌剤が投与される。

(3)　**ウミヘビ咬傷，ヒョウモンダコ咬傷，イモガイ刺傷**

　症状のあるなしに関わらず，咬まれた場合には全例直ちに医療機関へ受診する。

　ヒョウモンダコにはフグ毒と同じテトロドトキシンという神経毒があるほか，ウミヘビにも神経毒があり，咬まれるとしびれや麻痺が起きる。重症の場合は呼吸が困難になり血圧が下がってショックとなる。イモガイは刺された直後はほとんど症状がないものの，数分で灼熱感としびれが出て，神経毒による麻痺が起こり 20 分以内に歩けなくなり呼吸も困難となる。刺されたときの応急処置として，刺し口に残る歯舌歯（しぜつし）を，それに充填された毒をさらに侵入させないために直ちに抜き取る。

　いずれも受傷したら寝かせて安静にして，傷口から心臓に近い側を弾性帯で緊縛し，呼吸状態に注意して必要に応じてマウスツーマウスなどによる人工呼吸を行いながら，直ちに医療機関に運ぶ。なお，毒素は熱に強くお湯の処置は無効であり，傷口の切開，吸引は推奨されていない。

　呼吸困難やショックとなった場合は人工呼吸や心肺蘇生が必要となるが，時間とともに毒素が排出され，適切な手当により回復が可能である。

2-5-3　予防法

　海中の生物による危険に対する予防法としては，次のことがあげられる。

①　生物の危険性，見分け方を十分に知り，むやみに近づかない。

②　潜水海域にどのような危険生物が生息しているか事前に調べておく。

③　危険な生物の生態および習性を十分に把握する。

　特にサメについては，近年我が国の沿岸海域に出没し，潜水作業中の潜水者を襲撃した事例が数件報告されている。サメの種類は数が多く，日本近海で見られる種類に限っても 120 種にのぼるといわれている。特に危険性の高いものはホオジロザメ，イタチザメ，オオメジロザメ，ドタブカであるといわれ，潜水者を襲って死亡させたものは，ホオジロザメであると推定されている。ホオジロザメは北海道から九州地方まで日本の各水域を回遊していると考えられるため，このような大型のサメに遭遇しないように次のような注意が必要となる。

＜サメの危険に対する予防法＞

①　海水が濁って視界が悪いときは，サメの攻撃を受けやすいので潜水を中止する。

②　河口，湾口，水深が深くなっているところには大型のサメがいる可能性があるので注意する。

③　サメの多い海域では海中の作業時間をできるだけ短縮する。

④　サメの多い海域では夜間の潜水作業は行わない。

⑤　船上から海へのゴミや残飯の投棄は，投棄物がサメを誘引することになるので絶対に行わない。

⑥　漁獲物を身体に付けた状態はきわめて危険であるので漁獲物を身辺に置かない。

⑦　海中でけがをし，出血した場合には，小さな傷でも直ちに海から上がる。

⑧　海中では血や尿は出さない，女性は生理中は海に入らない。

⑨　海中では複数で行動し，魚群の動き等周囲の状況によく注意する。

⑩　船上では常に見張りを怠らない。

⑪　過去にサメの被害があった場所や季節には特に厳重に注意をする。

また，海中でサメに遭遇してしまった場合には次の事項に注意する。

＜サメに遭遇した場合の対処方法＞

①　サメを脅かしたり引きつける行動はしない。

②　サメから目を離さないようにしながら，あわてず静かに浮上する。

③　サメが狂乱状態になっているときには直ちに作業を中止する。

④　ホオジロザメなどの大型のサメは攻撃速度が速いので，遠くにサメらしいものが見えたらすぐに浮上する。

⑤　浮上避難する余裕がない場合には，岩陰などに身を隠しサメをやり過ごしてから浮上する。

第3章　潜水者の健康管理

　潜水業務では，水中での高い圧力環境にさらされるため，それによりさまざまな障害を受ける可能性がある。それらのなかには不可抗力なものもあれば，しかるべき注意によって防ぐことができるものもある。潜水者の健康管理は障害を予防する有効な手段のひとつであり，そのため事業者には，潜水者に定期的に健康診断を受けさせることが義務付けられている。健康診断により，潜水業務に対する適性のない者，すなわち体力面，健康面から潜水に適さない者や高気圧障害等，潜水業務によって障害を起こすおそれのある者などを発見し，就業させないようにすることが必要である。また潜水が悪影響を及ぼす疾病にかかっている者はもちろん，治癒したと思われる場合でも，医師の判断の下に慎重に就業の可否を決定すべきである。

3-1　健康診断

　一般健康診断のほかに，高圧則では，主として高気圧障害に関連する項目（表3-3-1）について，雇入れ時，配置替えの際および6カ月以内ごと

表3-3-1　潜水作業者の健康診断項目

（高圧則第38条）

1. 既往歴及び高気圧業務歴の調査
2. 関節，腰若しくは下肢の痛み，耳鳴り等の自覚症状又は他覚症状の有無の検査
3. 四肢の運動機能の検査
4. 鼓膜及び聴力の検査
5. 血圧の測定並びに尿中の糖及び蛋白の有無の検査
6. 肺活量の測定
以上の結果，医師が必要と認めた場合
7. 作業条件調査
8. 肺換気機能検査
9. 心電図検査
10. 関節部のエックス線直接撮影による検査

に1回，定期的に特殊健康診断を行うことを定めている。このうち関節部のエックス線直接撮影は，骨壊死のチェックのためで，通常股関節，肩関節，膝関節など侵されやすい部位が対象となる。

骨壊死については，単純エックス線撮影で早期を検出することはできないので，深深度，長時間の潜水歴や減圧障害の罹患歴などがある場合には，MRI等の感度の高い検査が勧められる。

3-2 病者の就業禁止

高圧則では，潜水環境で病状の悪化するおそれのある疾病や，潜水によって障害を誘発するおそれのある疾病にかかっている人を潜水業務に従事させることを禁じている（高圧則第41条）。これらの疾病は，大別すると，減圧症や他の高気圧障害，呼吸器疾患，循環器または血液疾患，精神神経系疾患，耳の疾患，運動器疾患，アレルギー性疾患，内分泌・代謝または栄養関連の疾患などである（表3-3-2）。

気管支喘息は，可逆的な気道の狭窄状態があり，炎症のため気道に粘液栓が詰まる病態があるが，潜水環境では圧縮ボンベからの乾燥空気の吸入や運動により喘息発作が起こりやすく，浮上時に肺および気道内の圧が上昇して，肺の過膨脹や損傷を起こすことがある。そのため，高圧則では気管支喘息を持っている場合に潜水は不適格となる。気管支喘息は成人して

表3-3-2　就業を禁止される疾病

（高圧則第41条）

1. 減圧症その他高気圧による障害又はその後遺症
2. 肺結核その他呼吸器の結核又は急性上気道感染，じん肺，肺気腫その他呼吸器系の疾病
3. 貧血症，心臓弁膜症，冠状動脈硬化症，高血圧症その他血液又は循環器系の疾病
4. 精神神経症，アルコール中毒，神経痛その他精神神経系の疾病
5. メニエル氏病又は中耳炎その他耳管狭さくを伴う耳の疾病
6. 関節炎，リウマチスその他運動器の疾病
7. ぜんそく，肥満症，バセドー氏病その他アレルギー性，内分泌系，物質代謝又は栄養の疾病

からも発病することがあるので，風邪症状の後に咳が長引いたり，季節性
に咳が出やすいときには，呼吸器内科専門医に相談することが必要である。
　その他留意すべきものとして，重症の減圧症にかかったことのある人や，
呼吸器，循環器系に異常のある人，神経系に異常のある人などは潜水しな
い方がよい。いずれにしろ上記の疾病にかかっているときには，就業の可
否は医師の判断によらなければならない。
　ところで減圧症にかかった場合には，症状が軽く再圧治療によって速や
かに完治したとしても，直ちに潜水業務に復帰することはできない。減圧

産業医と専門医

　我が国における潜水医学の大学医学部および卒後教育は，きわめて一部に限定されているため，潜水関連の障害に精通している医師の数は非常に少ない。そのため産業医として潜水業務に関わる場合には，日本高気圧環境・潜水医学会による専門医研修講座や学術講演会等に参加して，潜水医学に関する研修を積む必要がある。また，潜水者の健康診断を担当した際に，潜水業務への就業適性等に疑義が生じたときは積極的に潜水医学に精通した専門医の助言を得る必要がある。潜水事業者においては，産業医の選任を要しない事業場にあっても潜水医学に精通した専門医を嘱託医（以下，産業医と併せて産業医等と略す。）とすることが望ましい。

　産業医等は，潜水作業が計画される段階から，潜水作業の内容と適用される潜水様式および減圧方法について，安全管理者および衛生管理者と共同して作業環境管理の観点から

関与する必要がある。さらには，設置が義務付けられている救急再圧のための高圧室の整備はもとより，潜水作業現場直近の高気圧酸素治療装置を有する治療施設の担当医と救急搬送時の処置と搬送要領について調整しておくことも必要である。治療施設としては多人数用の高気圧酸素治療装置（第2種装置）を有していることが望ましいが，近隣にない場合には，1人用高気圧酸素治療装置（第1種装置）での治療による緊急再圧治療を考慮しておく必要があり，第2種装置を有する施設との施設間の治療連携を調整しなておかなければならない。

　深度が大きく，長時間の潜水作業等で減圧障害等の発生リスクが高いことが予想される場合には，産業医等が緊急事態対処のために待機することが望ましく，少なくとも産業医等が不在の時の救急処置手順を前もって確認しておくことが肝要である。

症の再圧治療が終了した後しばらくは，体内にまだ余分な窒素が残っているので，そのままの状態で再び潜水すると，繰り返し潜水の場合と同様に，体内での窒素蓄積量が通常より大きくなる。また，減圧症を起こしたときの気泡による組織の傷害は，短期間では完全には修復されていないため，このような悪条件が重なると，気泡が生じやすく，気泡によって未修復の組織が再び傷害を受けることになるため，減圧症が再発する。

3-3 個人の健康管理

　健康診断で異常なしと判定されても，潜水環境に対し常に適応できる状態であるとは限らない。例えばふだん異常がなくても，風邪をひき鼻や咽喉に炎症を起こせば，「耳抜き」がしにくくなることは周知の事実である。このようなときに潜水を強行すれば，たちまち耳の傷害を起こすことになる。

　一時的に潜水ができない疾患としては，急性気管支炎，肺炎などの呼吸器感染症がある。潜水中の咳や痰による部分的な気道閉塞も空気塞栓症のリスクを高める。日常の潜水作業を行う前に咳，痰などの症状がないかチェックの励行が必要である。

　アルコールは窒素酔いを増強させるほか，末梢の血管が開いて潜水中に熱が奪われ低体温になる可能性がある。したがって，潜水当日にアルコー

健康に対する潜水の長期的影響

　潜水の長期的な影響による健康障害に関しては，現在研究が進められているところである。よく知られている慢性疾患には，骨壊死や難聴などがある。また不適切な潜水を長年にわたり続けると，脳に障害が発生する懸念も論じられている。その原因は必ずしも明確ではないが，こうした慢性的な健康障害を防止するためには，潜水深度に応じた潜水時間，潜降および浮上の方法などの作業管理，潜水者に対する清浄空気の十分な供給や保温などの作業環境管理，さらに潜水者自身による自己の健康管理などを充実させることが重要である。

ルが残るような飲酒は当然控えるべきであり，潜水前の呼気チェック等によるアルコール検査の励行が推奨される。また，飲酒により尿が出やすくなり脱水とむくみが出やすくなることが，減圧症発症のリスクを高めることから，潜水前日の飲酒は好ましくない。

　なお，就寝前の飲酒は，睡眠の質を低下させるため，勧められない。寝付きが良くなるということで就寝前に飲酒するものもいるが，実際のところ睡眠リズムが崩れ，早朝覚醒があったり，日中異常な眠気が出現しやすくなる。

　潜水者は常に自分の健康状態を把握し，無理をしないことが大切である。また同時にバランスのとれた食事や規則正しい日常生活，適切な運動など自己管理による健康の保持，増進も潜水による健康障害の防止に有効である。

　潜水士としての適性を欠く疾患として，「肺気腫」あるいは「気腫性肺のう胞」がある。この疾患は体質および加齢により形成されやすいものであるが，水面への浮上時にのう胞が過膨張となり，空気塞栓症（動脈ガス塞栓症）を起こしやすいため，この疾患を有するものには潜水適性がない。また肺気腫やのう胞形成は喫煙により促進されるため，禁煙が強く推奨される。40 歳を過ぎても喫煙習慣がある場合は，胸部 CT 検査を受けて肺気腫や気腫性肺のう胞があるかどうかチェックすることが望ましい。

第4章　潜水業務に必要な救急処置

　潜水者が業務遂行中溺れたり，潜水機器類の故障等による空気供給の不足または停止によって窒息状態に陥ったとき，また浮上中に肺圧外傷を起こすなどの原因で呼吸や心臓が止まったときには，その生命を救うため一刻も早く救急蘇生法を実施しなければならない。

　また減圧症や肺が過膨張を起こしたときは，「再圧」という特別な処置が必要となる。

4-1　潜水者の救助

4-1-1　潜水者の救助について

　事故にあった潜水者の救助については，普段からの準備に抜かりがあってはならない。高圧室内作業主任者，救急再圧員資格者の確保，AED等の器材の整備，潜水者が不明になったときの捜索要領，処置手順，産業医等との連絡方法などあらかじめ救助手順を決めておく必要があり，事故を想定した訓練等で救助法に慣熟しておくべきである。

4-1-2　発見時の対応

　潜水者が不明になったときは，しばしば不明の潜水者自身が，場所や時間経過がわからず混乱している。窒素酔いや呼吸ガス等のトラブルなどで困惑し，焦燥感が募りパニックとなっている。したがって救助者に対し危害を与える可能性があるため，不明者を発見したときは，救助者は危害を加えられないように十分注意して接近し，その潜水者を観察し，短時間で状況を把握しなければならない。

　発見された潜水者に意識がない場合は，潜水呼吸ガスを供給して意識の

回復を図る。意識が回復しなかった場合は，直ちに水面まで運び上げる。救助者は水面への浮上に際してスクーバ用レギュレーターでの空気供給が可能であれば実施する。浮上に伴って意識不明者の肺が過膨張となり，空気塞栓症（動脈ガス塞栓症）を引き起こす可能性があるので，その場合は直ちに再圧治療が必要となる。

4-1-3　一次救命処置

けがや病気などの発生に対して，救急隊等が到着する前に一般の人でも実施可能な手当がある。特に生命の危機に瀕する突発的な心肺停止もしくはこれに近い状態になったときに，「胸骨圧迫」および「人工呼吸」を行うことを「心肺蘇生」といい，この心肺蘇生と，AED（Automated External Defibrillator：自動体外式除細動器）による「除細動」，異物による窒息を起こした際の「気道異物除去」の3つをあわせて「一次救命処置」という。

また，心肺停止以外の一般的な傷病に対して行う最小限の手当てを「ファーストエイド（応急手当）」という。救急隊が到着するまでに行う「救急蘇生法」は，一次救命処置とファーストエイドである（**表3-4-1**）。

なお，海中の生物による危険に対する措置などについては，本編第2章2-5項（p.238）における該当箇所を，また酸素中毒など呼吸ガスに関連する障害における対応処置については本編第2章2-3項（p.220）の該当箇所をそれぞれ参照すること。

救急処置では，はじめに傷病者の状態（反応，呼吸，気道異物，出血等

表3-4-1　救急蘇生法

一次救命処置	心肺蘇生 AED 気道異物除去
ファーストエイド （心停止以外の諸手当）	止血法 頸椎固定 傷・やけどの手当 骨折・捻挫の手当など

第 3 編●高気圧障害（潜水による障害）

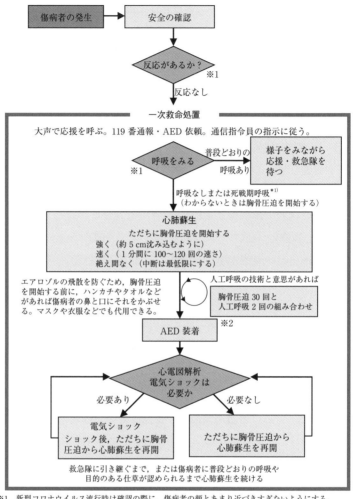

※1　新型コロナウイルス流行時は確認の際に，傷病者の顔とあまり近づきすぎないようにする。
※2　新型コロナウイルス感染症の疑いがある傷病者へは，人工呼吸を実施しない（新型コロナウイルス流行時）。
※　胸骨圧迫のみの場合を含め心肺蘇生はエアロゾル（ウイルスなどを含む微粒子が浮遊した空気）を発生させる可能性があるため，新型コロナウイルス感染症が流行している状況においては，すべての心停止傷病者に感染の疑いがあるものとして対応する。
※　成人の心停止に対しては，人工呼吸を行わずに胸骨圧迫とAEDによる電気ショックを実施する。

図 3-4-1　一次救命処置の流れ

（出典：一般社団法人日本蘇生協議会監修「JRC 蘇生ガイドライン 2015」医学書院　2016 年　一部改変）

───

＊1）　しゃくりあげるような途切れ途切れの呼吸。心停止直後などにみられる。

の有無）を確認したうえで 119 番等救急搬送するために通報することとなるが，呼吸停止（または正常な普段どおりの呼吸をしていない）の場合には，続けて速やかに一次救命処置を実施しなければならない（図 3-4-1）。

　処置法については標準化された方法があるため，ここでは記述を割愛する。

4-1-4　AED の使用

　AED については標準的な使用法によるが，潜水者に用いる場合には，救急再圧とのタイミングが重要である。強い呼びかけにも反応がなく，呼吸による体動がない心肺停止の潜水者に対しては，直ちに心肺蘇生を実施して，AED による除細動が最優先となる。心拍再開前の再圧は，避けなければならず，電気的な安全面に問題があるため再圧中は AED を使用してはならない。

　心肺停止後 10 分以内であれば，AED など必要な器具がそろい教育訓練を受けた者あるいは産業医等がいる場合には，加圧しないで心拍の再開するまで除細動を実施する。心肺蘇生が適切に行われても，再圧に関わらず 10 分以内に除細動が行われなければ救命は難しい。

　除細動が直ちに実施できず，産業医等が不在の場合は，180 kPa まで再圧して，再圧室内にて心肺蘇生を続けながら産業医等に連絡を試みる。20 分以内に除細動できるようであれば，90 kPa／分で減圧して大気圧に戻った後に除細動を試みる。除細動でも心拍が戻らない場合は心肺蘇生を継続する。除細動を実施しても心拍が戻らない場合，再圧すべきではない。

　潜水者が息を吹き返した時や，救助者が心肺蘇生を続けられなくなった時，あるいは医師が死亡を宣告する時まで心肺蘇生は継続して行わなければならない。心拍が再開したら，再圧治療の必要な症状等があれば再圧治療へと処置を進める。

4-2 緊急浮上後の処置

　潜水業務に従事しているとき，コンプレッサーの故障やホースの切断等で送気が途絶えてしまったり，また，天候の急変，危険な生物との遭遇など緊急事態が生じた場合には，緊急浮上により危機回避を行わなければならない。高圧則では，このような場合に限り，規定の浮上停止時間を省略もしくは短縮することができるとしている。ただしその後の処置として，潜水深度や浮上停止時間の省略の程度，再圧室の状況等を考慮して，適切に対処することが求められる。

　この緊急浮上における減圧停止時間の省略や短縮は，減圧停止を無視した無謀な潜水と同等の結果を潜水者にもたらす。緊急浮上後の再加圧や再潜水も，潜水者に繰り返し潜水や長時間の水中拘束を強要することになり，潜水者の身体に大きな影響を及ぼすので，再圧等については産業医等の指示に従って行わなければならない。また，緊急浮上を行うような状況に陥ることのないように，潜水装備や送気設備の点検を日頃から励行するほか，気象や波浪の予報を活用して潜水業務を行う海域の変化にも常に注意しておかなければならない。

　やむを得ず緊急浮上した場合の処置に関しては，参考として，広く用いられている米海軍による緊急浮上時の対処方法の一部を以下に紹介する。なお以下の対処において，再圧に用いる再圧室は，副室が設けられており介助者が出入りできる多人数用であるという条件があるため，一人用の可搬型の再圧室を潜水作業場所に設置しているのが大部分である我が国には，そのまま当てはめることはできない。詳細は『米海軍ダイビングマニュアル』（U.S. Navy Diving Manual, rev.6 Change A, 2011）を参照。

　［**米海軍における緊急浮上時の対処方法**］

(1) 緊急浮上後に減圧症等の症状が認められる場合の処置
　　緊急浮上後の潜水者に，減圧症や動脈ガス塞栓症の症状が認められた場合には，

直ちに所定の再圧治療を実施する。

(2) 潜水者に減圧症などの症状が認められない場合でも，後で支障を来すことのないように，以下に示す所定の処置を施す。

(ア) 無減圧潜水の範囲でありながら，浮上速度のみ 9 m／分を超える速度で水面まで浮上した場合は，1 時間水面で症状が出ないか観察する。症状が出現しなければ再圧する必要はない。

(イ) 20 フィート（6 m）かつ／または 30 フィート（9 m）において減圧中止して浮上した場合の処置

① 水面到着後 1 分以内の場合には，減圧を中断した浮上停止深度まで戻り，その深度での停止時間を 1 分間延長して，そのまま通常の減圧浮上を行う。

② 潜水者が水面到着後 1〜5 分以内であり，再圧室が潜水現場で使用可能な場合は，再圧室内に収容し，水上減圧にて減圧を完遂する。潜水者が減圧を中止したときに酸素呼吸していたならば，残りの酸素吸入時間を 1.1 倍に増やし，それを 30 分で割って酸素吸入周期の数を算出する。割り切れずに余った数は，0.5 に端数を切り上げて，半周期として用いる。例えば，中断した時点において水深 30 フィートで残り 5 分，20 フィートで 33 分の酸素吸入が必要であった場合，その合計の 38 分を 1.1 倍しそれを 30 分で割った値（38×1.1／30＝1.38）を切り上げ，酸素吸入周期を 1.5 周期として処置する。

潜水者が減圧を中止したときに空気呼吸していたならば，水上減圧表からその停止深度における等価酸素吸入時間を最初に算出する。例えば，20 フィートで 50 分の空気減圧が必要なとき，同等の潜水での水上減圧表では 20 フィート／27 分の酸素減圧が示されていた場合，50／27＝1.85 が等価酸素吸入時間となる。20 フィート／50 分の空気減圧を 20 分で中止したときには，残りの時間 30 分を等価酸素吸入時間 1.85 で割った値 16.2 分で切り上げて，17 分が残余等価酸素吸入時間となる。このときの酸素吸入周期数は，（17×1.1）／30＝0.62 を切り上げて 1 回とする。

20 フィートにて減圧中止した場合，上記のとおり残余等価酸素吸入時間を用いて，酸素吸入周期数を算出する。

30 フィートにて減圧中止した場合，30 フィートでの残余等価酸素吸入時間を算出し，水上減圧表の 20 フィートにおける酸素吸入時間を加え，総酸素吸入時間とする。これを 1.1 倍し，30 分で割ることにより酸素吸入周期数を求める。

いずれの場合においても，50 フィート（15 m）で 15 分の酸素減圧を追加する。

③ 潜水者が水面到着後 5 分を超え 7 分以内であり，再圧室が潜水現場で使用可能な場合は，再圧室内に潜水者を収容し，上記②に示した方法を用い，水上減圧にて減圧を完遂する。このとき，追加する 50 フィートでの酸素減圧時間は 15 分から 30 分に延長する。

④ 潜水者が水面到着後 7 分を超え，再圧室が潜水現場で使用可能な場合で，水上減圧スケジュールにおいて必要な酸素吸入周期数が 2 回以下のときは，治療表 5 に従って酸素再圧する。酸素吸入周期数が 2.5 回以上のときは治療表 6 によって処置する。

⑤ 潜水者が水面到着後 1 分を超え，再圧室が利用できない場合は，減圧を中止した深度まで潜水者を戻し，30 フィートまたは 20 フィートでの空気もしくは酸素減圧時間を 1.5 倍に延長して減圧を完遂する。

(ウ) 30 フィートを超える深度において減圧中止して浮上した場合の処置

40 フィート以上の減圧停止の一部もしくはすべてを省略し，再圧室が潜水現場で使用可能な場合，潜水者を治療表 6 にて治療する。再圧室が使えない場合は，最初の減圧停止深度まで戻って，元の減圧表に従い 30 フィートまで減圧し，30 フィートでは可能であれば酸素を使用する。30 フィートと 20 フィートで 1.5 倍の時間をかけて空気もしくは酸素で減圧完遂する。

浮上停止の省略や緊急浮上を行った場合でも，浮上後に異常が認められない場合がある。しかし，異常な浮上により減圧症リスクが高く，時間が経過した後に発症する可能性があるので，**表 3-4-2** に示すような予防的な処置が必要となる。

水中再圧は，潜水者を水中に拘束して低温にさらす危険性があるため，基本的には再圧室での再圧が強く推奨される。真にやむを得ず水中再圧する場合は，可能であれば酸素の使用が推奨されるが，その場合には潜水者を安静状態にし，支援潜水者を送り，潜水者との通話を継続するとともに深度を正確に維持することが肝要である。

4-3　水中で減圧症を発症した場合の処置

まれではあるが，減圧が長くなったときに水中で減圧症が発症することがある。通常は関節痛が多いが，知覚異常や筋力低下，聴力低下あるいはめまいといった，より重い症状が出ることがある。減圧症が起きやすいの

表3-4-2　浮上停止の省略あるいは急速浮上後において症状がない場合：空気潜水

最深減圧無視	水面インターバル	再圧室あり	再圧室なし
なし	何れも	1時間水面で観察	
20 fsw（6 msw）もしくは30 fsw（9 msw）	1分未満	減圧停止深度まで戻り，1分間減圧時間追加	
	1分以上7分以下	水上減圧表使用	減圧停止深度に戻り（酸素 or 空気で）30 and/or 20 fsw で1.5倍の時間で減圧
	7分を超える	治療表5 SurDO 2　2期間≧	
		治療表6 SurDO 2　2期間＜	
30 fsw（9 msw）超える	何れも	治療表6 50 fsw を超え，60分以下の減圧無視の場合165fswに加圧し治療表6 A	最初の減圧停止深度に戻った後30 fsw まで減圧し，可能なら酸素で，30 と20 fsw で1.5倍の時間で減圧

水上減圧における酸素吸入（SurDO 2）：50海水フィート相当圧（fsw）15分+40 fsw 15分から（酸素吸入30分を1期間とし，期間の間に空気5分の吸入を入れる）
水面インターバル（最終減圧停止点から水面到着後，再圧深度到着までの時間）が5分を超えて7分以下の場合，50 fsw における酸素吸入時間は，15分から30分に増やす。
水中再圧よりも再圧室による再圧が強く勧められる。
100 fsw/分を超えず，できるだけ速く再圧深度まで加圧する。
U.S. Navy Diving Manual. Revision 6, Naval Sea Systems Command Publication NAVSEA 0910-LP-106-0957. 15 April 2008. CHange A 15 October 2011（http://www.supsalv.org/00c3_publications.asp）

は水面到着前の浅いところがほとんどであるが，最初の減圧停止点への浮上中に起きることもある。

　水中における減圧症に対する処置は，状況により困難を伴う場合が多いので，潮流・水温などの海象状況や酸素吸入の可否，支援潜水者の技量，再圧室の準備状況など，現場で得られるすべての情報を収集して処置判断に役立てられるようにするとともに，産業医等からの助言を得て処置しなければならない。

4-4　再圧治療

　発症から再圧治療開始まで2時間以内であれば症状改善はかなり見込まれるが，2時間を過ぎると初回治療成績は急激に低下する。発症後12時間を越した場合には，神経学的な後遺症は著明に増加し，特に重症神経障害症例では4時間を越すと後遺症が増加する。

　再圧治療に用いる酸素分圧は280 kPa（2.8 ATA）と高いために酸素中

毒のリスクがある。また，治療時間も 2 時間余りから 5 時間弱までかかる
うえ，治療中に介助者を必要とする場合があることから，再圧室は，副室
構造を有する多人数用装置で，空気加圧方式で酸素吸入ができることが望
ましい。医療施設ではこの規格は，「第 2 種装置」といわれている。一方，
副室構造を持たない患者 1 人のみを収容する治療装置は「第 1 種装置」と
いう。潜水作業現場に設置される救急再圧装置は，可搬式の 1 人用で，酸
素吸入装置がないものがほとんどである。

　労働安全衛生法により，再圧室構造規格が定められているが，第 1 条に
おいて，「再圧室は，副室が設けられているものでなければならない。た
だし，可搬型の再圧室にあっては，この限りでない。」とされていること
から，上記に示す現状となっている。効果的な酸素再圧治療が，安全な副
室構造の再圧室で行われるように，あらかじめ検討しておくことが必要で
ある。

　潜水現場での緊急再圧には，上述のごとく課題が多いため，現実的に実

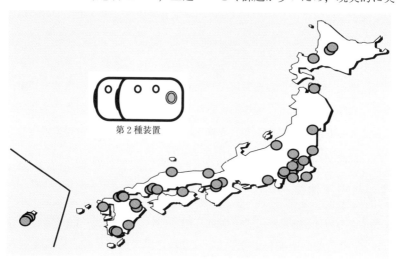

第 2 種装置

　減圧障害に対し再圧治療が可能な第 2 種装置を有する施設は地域により偏在しており，搬送
に 6 時間から 8 時間かかる地域や高所移動が避けられない地域がある上，受入状況もさまざま
であり，必ずしも迅速な再圧治療が実施できる状況にない。

図 3-4-2　我が国の第 2 種治療装置保有施設

施することが可能であるかについては，産業医等と潜水計画の段階から十分に検討しておかなければならない。現場での緊急再圧が困難であると判断された場合には，再圧治療が可能な医療施設への通報とともに緊急搬送することが次の対処手段となるが，我が国の第2種装置保有施設には偏りがある（図3-4-2）。再圧治療のための搬送に時間を要する地域については，第1種装置による治療を考慮せざるを得ず，治療施設間の連携が必要であるため，複数の治療施設との抜かりない事前調整が必要となる。

　さらに，緊急浮上や動脈ガス塞栓症，あるいは重症減圧症の場合は，後遺症を防ぐ観点から潜水現場の再圧室等を使用した救急再圧が必須であるが，リスクがあり，治療を伴う行為となることから，産業医等による指示の下で実施できるよう態勢を構築しておかなければならない。再潜水は，重症化のリスクが高いので，安易に実施してはならない。

4-4-1　再圧の概要

　既述のように，減圧症や空気塞栓症は，体内組織に発生した不活性ガスや空気の気泡によって引き起こされると考えられている。したがって，これらの障害に冒された場合には，気泡を縮小，消失させるために，発症者を高気圧チャンバーに収容して加圧し，病態に応じた手順で減圧しなければならない。気泡消失を目的とした一連の加圧および減圧を「再圧」といい，その手順を示したものが「再圧治療表」である。

　再圧治療表にはさまざまなものがあるが，米海軍によって開発されたものが治療効果に優れ，また最も頻繁に利用されていることから，標準再圧治療表として位置付けられている。我が国においても，再圧治療のほとんどが米海軍再圧治療表もしくはそれに準じたものによって行われており，高い効果を発揮している。

　米海軍再圧治療表は，以下を目的として設計されている。

①　気泡の圧縮・縮小による血流の回復

②　気泡の速やかな消失

③　気泡により障害を受けた組織への効率的な酸素の供給

当初再圧治療は空気のみを利用するものであったが，再圧により気泡の縮小は図れるが，それだけでは十分な治療効果が得られないことが次第に明らかとなった。例えば，5気圧まで再圧すると，気泡の体積は大気圧下の約16％にまで縮小するのに対し，気泡の直径は約半分に縮まるにすぎない。また，単に再圧の圧力を高めるだけでは治療効果は上がらず，かえって不活性ガスの取り込みが増えることも問題となった。このようなことから，現在では酸素呼吸を併用する酸素再圧法が一般的となっている。酸素は通常血液中へのヘモグロビンと結合して組織に送られるが，高気圧下で酸素呼吸を行うと，血液中に溶解する酸素（溶存酸素）量を増加させることができ，それによって障害に陥った組織へ効率よく酸素を供給することができる。さらに，血中の酸素分圧の増大は，不活性ガス分圧との圧力差を拡大し，不活性ガスの排出と気泡の消失を促進する効果もある。加えて，酸素再圧治療は治療時間の短縮が可能なうえ，治療開始が遅れた場合でも効果を発揮することが確認されている。

なお，我が国の法令では，治療行為は医師だけに認められたものであり，治療に用いる医療用酸素も薬として認定されたものであるため，医師の介在なしに作業現場単独で酸素再圧治療を行うことは禁止されている。

4-4-2　緊急再圧治療の判断

通達「再圧室の適正な管理等について」（昭和50.4.7基発第194号）において，緊急治療が必要とされる者は下記のように示され，できるだけ早く，十分な処置の受けられる医療施設へ収容し，当該医療施設へ収容するまでの間における再圧室の使用の是非等については，専門の医師の判断によることとされている。

①　意識不明に陥った者または何らかの意識障害のある者
②　顔面そう白，脈はく異常，呼吸困難，胸苦しさ等のショック症状のある者

③　言語障害，めまい，吐き気，知覚障害，運動麻ひ等の中枢神経障害のある者

④　重症の外傷のある者

⑤　その他高圧下の作業時間，加圧の程度，減圧または浮上の方法からみて前記①から③までの症状を起こすおそれのある者

本編第2章「2-2-1減圧症」（p.201）の項で，基本的にⅡ型減圧症は重症であると記述したが，再圧治療の緊急度を反映した分類ではない。四肢のぴりぴりした知覚異常についてはⅡ型減圧症に分類されるものの，緊急治療の対象とはならない。出ている症状が緊急を要するものであるかどうかについて，産業医等により速やかに判断される態勢を構築しておく必要がある。

4-4-3　再圧治療開始までの処置

減圧障害に対しては酸素再圧治療が非常に効果的であるが，潜水作業現場によっては，現場から離れたところにある再圧室まで発症者を搬送しなければならない場合がある。

搬送中は，水平仰臥位（あおむけ）が推奨され，脳圧が上がるため頭を下げる体位にしてはならず，低体温とならないように保温に努めなければならない。また，みるまに重篤化してしまうことがあるため，気道が吐物等で塞がれないように呼吸状態を監視するとともに，心停止やショックに陥っていないか血圧測定と心電図モニターにて油断なく観察することが求められる。腰痛や下肢の感覚異常や筋力低下があった場合には，尿意がなく排尿できなくなっていることがあるため，搬送前に排尿できるかどうかの確認が必要であり，場合によっては尿道に管を入れながら搬送しなければならないこともある。

最短時間で搬送できるように，あらかじめ搬送方法とルートを検討しておくとともに，減圧障害の進行を防ぐため，搬送中以下のような補助療法を施す。なお，搬送ルート検討に際しては，大気圧低下による症状の増悪

を防ぐため，ルート中には標高300mを超える地点を含まないようにする。可能であれば，可搬式の再圧室を用いて加圧下搬送を行うこともあるが，意識状態とともに呼吸と血圧が安定していることが条件となる。

(1) 酸素呼吸

　減圧障害では，体内に許容量を超える不活性ガス（空気潜水では窒素）が蓄積しており，また気泡によって血流が阻害された組織が低酸素状態に陥っているので，脱窒素による気泡収縮と組織への酸素供給のために搬送中は酸素呼吸を実施する。発症者がより多くの酸素を吸入できるよ

減圧障害の診断と鑑別

　減圧障害は自覚症状のみの場合が多く，減圧障害か否か，または障害の重篤度を客観的に判断することが難しい。減圧障害に対する再圧治療は，早ければ早いほど効果が高く，後遺症のおそれも小さくなる。そのため，減圧障害が多少でも疑われる場合には，再圧治療を実施することが推奨されている。減圧障害の判定や鑑別方法にはさまざまなものが提案されているがいまだ決定的なものはない。そこで，本項では海上自衛隊の堂本等による方法を紹介する。それによれば，判定方法としては，以下に示す5項目を基準とし，そのすべてを満たしている場合には減圧障害と判断するとしている。なお詳細に関しては成書*2)を参照されたい。

[減圧障害の診断上の要件]

　緊急治療を要するか否かの観点から検討された，再圧治療に直結する明らかな診断基準としてコンセンサスを得られたものはないが，以下に減圧障害を診断する上での必要条件

を述べる。

① 症状の発現が，潜水からの浮上後48時間以内である。
② 潜水前には同様の症状を有していない。
③ 減圧障害以外で，症状に関する疾患の既往がない。
④ 肺を除く耳，副鼻腔などの圧外傷ならびに海洋生物によるけがなどが否定できる。
⑤ 減圧症あるいは空気塞栓症として矛盾のない症状を有する。（症状については本編第2章2-2-1項（p.201）および2-2-3項（p.216）を参照のこと）
⑥ 減圧症の場合，潜水深度と潜水時間から発症するに矛盾しない生理的不活性ガス（窒素やヘリウム）の体内への取り込みがある。

　減圧障害であると判断された場合，減圧障害の種類（Ⅰ型，Ⅱ型もしくは空気塞栓症）や重篤度を鑑別する必要がある。例えば，知覚障害などのⅡ型減圧症の症状がⅠ型の関節痛

う，供給量は毎分 10〜15 L を目安とする。

(2) 水分摂取

減圧症に対する輸液は，従前から推奨されている。潜水中の寒冷および水圧へのばく露はいずれも尿量を増やす作用（1 時間あたり 250〜500 cc の水分の喪失）を有し，さらに減圧症が発症すると，障害部位の炎症が進んで脱水に陥り，末梢の血液の流れが悪くなっているため，積極的な水分補給が必要となる。

減圧症治療として経口水分摂取の効果については証明されていないが，

の影に隠れている場合に，Ⅰ型減圧症として処置を行うと症状を悪化させることもあり得るので，可能な限り鑑別をこころみる必要がある。ただし，鑑別に手間取るあまり再圧治療が遅れるようなことがあってはならない。

減圧障害の鑑別には，潜水プロフィール，症状，症状の発現時期など，事故発生時の状況を知ることが有用である。

[減圧障害の鑑別基準]

(1) 症状による鑑別
① 症状によってⅠ型減圧症であるかⅡ型であるかを区別することができる。（減圧症の型と症状については p.205 の**表 3-2-1** を参照のこと）
② 皮下気腫や血痰などがみられれば空気塞栓症の可能性が高い。
③ X 線撮影により，気胸，皮下気腫，縦隔気腫などが認められれば，空気塞栓症の可能性が高い。

(2) 症状の発現時期による鑑別
① 空気塞栓症は浮上後 10 分以内に発症することが多く，95％は 2 時間以内の発症である。
② 減圧症は，浮上後早期に発症するものほど重篤である傾向があるが，Ⅰ型とⅡ型減圧症で症状の発現時期に有意な差はないという報告もある。

(3) 潜水プロフィールによる鑑別
① 急浮上の場合には空気塞栓症を生じやすい。
② 浮上中に息こらえや咳などがあった場合には空気塞栓症が生じやすい。
③ 減圧表からの逸脱度合いが大きいほど減圧症の危険が高い。
④ 10 m 以浅の潜水では，減圧症の頻度は低い。
⑤ 空気による大深度，短時間潜水では，Ⅱ型減圧症，特に脊髄型減圧症を生じやすい。

＊2）『日本高気圧環境医学会雑誌』2001 年 Vol. 36，No.1，pp.1-17

意識がはっきりしていて，血圧や呼吸が安定していて，飲水可能な状態
である場合には，積極的に飲料を与えてよい。

経口水分摂取に関しては，水分と電解質が吸収されやすい条件がある
ので留意する必要がある。糖質は，水分の吸収を助けるが，濃すぎると
かえってナトリウム吸収が悪くなり有効な水分補給とならない。市販の
スポーツドリンクの場合は，糖質濃度が高いものが多く，また，ナトリ
ウム濃度が低いため，最適とは言えず，水で希釈して食塩を添加するな
どの工夫が必要である。

4-4-4　再圧治療表

(1)　酸素再圧治療表

米海軍再圧治療表のうち，減圧障害の治療に用いられているものは，
治療表4, 5, 6, 6 A および 7 と呼ばれる5種類がある。これらの特徴を
表3-4-3 に示す。これらのうち最も多く使われているのが治療表5と6
である。

グッドマン（Goodman）らは**図3-4-3**左に示すような圧力や時間を
かえた純酸素による治療を行い，統計学的処理により必要最小限の治療
表を導き出している。これから必要十分な治療表として，酸素中毒予防

表3-4-3　再圧治療表の種類と特徴

再圧治療表	特徴	最大圧力	標準再圧時間	主な用途
4	空気または酸素再圧	500（kPa）	40 時間 36 分	Ⅱ型減圧症および空気塞栓症
5	酸素再圧	180	2 時間 15 分	Ⅰ型減圧症
6	酸素再圧	180	4 時間 45 分	Ⅰ，Ⅱ型減圧症および空気塞栓症
6 A	空気および酸素再圧	500	5 時間 50 分	Ⅱ型減圧症および空気塞栓症
7	酸素再圧	180	48 時間（最短）	重症減圧症（再圧治療表6に続くもの）

のための空気呼吸（エアブレイク）を間に入れ，治療時間が1.5倍と3倍の治療表を考案し，それぞれ米海軍酸素再圧治療表5（以下表5と略す：疼痛のみの軽症用）および表6（以下表6と略す：神経症状など重症用）とした。

　表5および表6では，毎分60 kPaの加圧速度でゲージ圧力180 kPaまで酸素を呼吸しながら加圧し，そこで所定の時間滞在した後，減圧に転じ毎分3 kPaでゲージ圧力90 kPaまで減圧する。そして所定の減圧停止時間終了後，再び毎分3 kPaの速度で大気圧まで減圧する。表5と表6の違いは，ゲージ圧力180 kPaおよび90 kPaでの停止時間が異なる点であり，その他は同一である。

　表5は，神経学的に評価された疼痛のみの減圧障害に適用し，60 fsw（180 kPa，2.8 ATA）で10分以内に疼痛が消失しなかった場合には表6に移行する。表6では60 fswの酸素呼吸はエアブレイクを間に入れ2回まで延長でき，表5および表6では30 fsw（90 kPa，1.9 ATA）の酸素呼吸はエアブレイクを間に入れ2回まで延長できる。

　これらの治療表は現在標準治療として世界的に使用されており，発症から2時間以内の再圧治療は成績がよい。再圧治療は，初回の治療で症

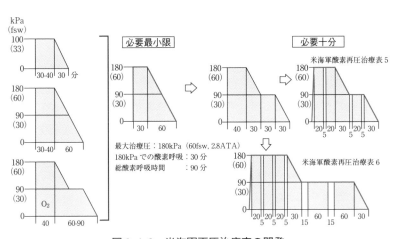

図3-4-3　米海軍再圧治療表の開発

状をできるだけなくすことが大原則であり，治療時間の延長は，症状がある限り積極的に行う必要がある。やむを得ず，症状を残したまま初回再圧治療を終えても，肺酸素中毒を勘案しながら，早い段階での追加治療が望まれ，症状の改善が見られなくなるまで複数回治療を継続する。

　第1種装置を使用した重症減圧障害の再圧治療では，患者の容態急変への対応が非常に困難であるため，主室・副室の2室構造で複数の人員を収容できる第2種装置を使用するのが基本である。

　第1種装置を減圧障害の治療に用いるためには，酸素中毒やバイタルの変化に対応できることが可能であり，産業医等の継続的な監視が必要であることから，事態対処のためのマニュアル整備と完熟訓練は必須である。

　なお潜水作業現場でみられる可搬式の再圧室で副室を有しない，いわゆるワンマンチャンバーについては，通達「再圧室の適正な管理等について」（昭和50年基発第194号）において，救急処置の対象を次のように限定している。

① 関節痛等軽度の減圧症の患者
② 専門の医療機関に収容するまでの間加圧下で移送することが必要な患者
③ 高圧則第32条第1項による浮上を行った者

(2) **空気再圧治療表**

　減圧障害の治療には酸素再圧治療が最も有効で，治療効果も高いことは前述のとおりであるが，何らかの理由により酸素が使用できない場合には，緊急避難的な対応として空気による再圧治療という選択肢がある。しかしながら，空気再圧治療は非常に長時間を要するうえ，症状を癒しきれない場合もあり，発症者に多大な負担を課すことになるので，減圧障害に対しては，あくまでも酸素再圧治療を最優先とし，安易に空気再圧治療を選択するようなことがあってはならない。

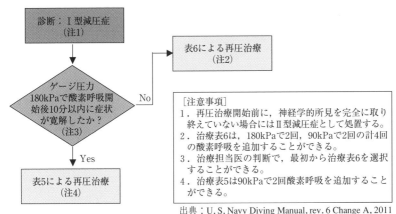

出典：U. S. Navy Diving Manual, rev. 6 Change A, 2011

図3-4-4　Ⅰ型減圧症に対する再圧治療フローチャート

4-4-5　再圧治療表の適用

　減圧障害に対する再圧治療表の適用に関して，米海軍ダイビングマニュアルでは，図3-4-4および図3-4-5に示すようなフローチャートに従って適用することとしている。基本的には，比較的軽症のⅠ型減圧症には治療表5を，重症のⅡ型減圧症および空気塞栓症には治療表6を使用する。Ⅰ型かⅡ型減圧症であるか判断ができない場合は，Ⅱ型減圧症として治療表6によって処置する。

4-4-6　再圧治療時の注意点

　再圧治療時には，発症者は高気圧環境のほか高分圧の酸素にもばく露されるので，以下の点に注意しなければならない。

(1)　急性酸素中毒としての中枢神経系酸素中毒（脳酸素中毒）

　再圧治療における酸素呼吸では，呼吸酸素分圧が280 kPa（2.8 ATA）にも達するので，中枢神経系酸素中毒に注意しなければならない。再圧治療中発症者は安静状態にあるので，通常はこの程度の酸素分圧でも中枢神経系酸素中毒を起こすことはないが，酸素に対して感受性が高い人や炭酸ガス（二酸化炭素）中毒にかかっていたり，あるいは酸素中毒を

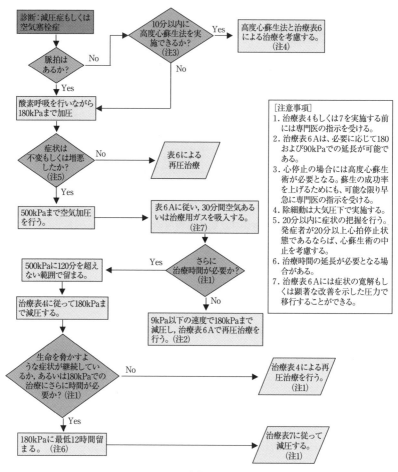

出典：U.S.Navy Diving Manual, rev. 6 Change A, 2011

図3-4-5　Ⅱ型減圧症および空気塞栓症に対する再圧治療フローチャート

促進する可能性のある薬を服用している人は特に注意が必要である。中枢神経系酸素中毒にかかると痙攣発作が生じる危険があるので，そのような場合には酸素再圧を中断もしくは中止し，産業医等の指示をあおぐ。

(2)　慢性酸素中毒としての肺酸素中毒

　治療表6による再圧治療では，1回当たり646 UPTD に達するが，初

回治療で肺酸素中毒が問題になることはない。

(3) 圧外傷

　再圧治療で最も起きやすい圧外傷は中耳圧外傷である。発症者に意識がある場合は問題となることは少ないが，意識が低下しているときには，中耳圧外傷を起こす場合があるため，あらかじめ鼓膜に穴を開けておく（鼓膜穿刺）処置を要することがある。

(4) 治療介助者

　再圧治療中は，再圧室内で発症者に付き添う介助者の状態にも十分注意しなければならない。治療表 5 および治療表 6 においては，再圧室内で定められた酸素呼吸をせずに空気だけを呼吸した介助者には，減圧症が発症する可能性がある。さらに，介助者が当日潜水業務に従事した潜水者であるような場合には，再圧室での高気圧ばく露が繰り返し潜水と同じ状況を招くことになり，減圧症のリスクが増大する。このため，再圧治療表の指示通りに，介助者への酸素呼吸を適切に実施させる必要がある。（U.S. Navy Diving Manual，rev. 6 Change A，2011 参照）

4-4-7 再圧室

　再圧治療を行うためには再圧室が必要である。再圧治療には，原則として主室の他に副室を有する複室構造の再圧室（図 3-4-6）が使用されるが，やむを得ない場合や発症者の搬送を目的とする場合には，「ワンマンチャン

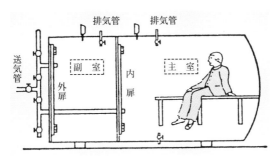

図 3-4-6　複室構造の再圧室

バー」と呼ばれる単室構造の再圧室（図3-4-7）が使用されることがある。しかしワンマンチャンバーでは，呼吸が停止したり，血圧が下がるなどの状態が悪化した場合には適切な処置を施すことが困難となる短所を持つ。

(1) **構　造**

　　救急処置を行うための再圧室は，法令により構造規格が定められているが，さらに以下の事項を満たしていることが望ましい。

① 　常用最大圧：500 kPa

② 　ゆっくり寝られる程度の広さを有すること。

図3-4-7　ワンマンチャンバー

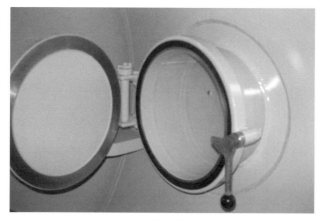

図3-4-8　サービスロック

③　原則として複室型とする。単室型の場合でも，食料や医薬品などを差し入れるためのサービスロック（メディカルロック，図3-4-8）があること。

(2)　再圧室の付属設備

通常次のような付属設備が設けられる。なお火災防止のため，ベッド，寝具，内部塗装などは，すべて不燃性もしくは難燃性の材料を用いること。また電気のスイッチと差込接続器は外部に設けること，並びに電路は内部で分岐しないことが必要である。

①　観察窓

各室に1個以上，ドアまたは側面で内部が十分に観察できる位置に設置する。

②　各室の安全弁および圧力計

圧力計は送気の本管にも取り付けておく。

③　送気および排気回路

副室内と再圧室外で内部の状況が観察できる位置に，粗動弁と微動弁が一対となった送気弁と排気弁を設ける。また送気管と排気管の再圧室への取り付け個所は別にすること。なお自動圧力調整弁（レギュレーターバルブ）を設けることが望ましい。

④　自記圧力計

⑤　空気清浄用フィルター

送気回路に挿入のこと。

⑥　内　装

　㋐　寝　台

　㋑　照　明（カバー付耐圧型もしくは外部設置型）

　㋒　冷暖房装置

　㋓　消火用設備

　　スプリンクラーまたは水入りバケツ，砂袋等。有害ガスの発生する消火器，化学消火剤は不可。

資料：AMRON INTERNATIONAL 社カタログ

図3-4-9　ダンプ式酸素呼吸装置

ｵ　室内の圧力計，温度計，湿度計

ｶ　便　　器

ｷ　（ダンプ方式）酸素呼吸装置（図3-4-9）

ｸ　電話，インターーホン，非常ベル等

ｹ　非常用減圧弁（警笛付）

ｺ　注意指示板（火災予防，警報装置の使用法その他安全に関するもの）
　　再圧室の入口および内部に置く。

ｻ　室内監視装置

⑦　作業現場に設置した場合は直射日光，風雨にばく露しないよう小屋
　　などで覆うこと。また危険物，火薬類，易燃性物質の付近や，出水，
　　雪崩，土砂崩壊などの危険がある場所に置かないこと。

⑧　再圧室の設置場所，操作場所に関係者以外の立ち入りを禁止する掲
　　示をすること。

4-4-8　再圧室の操作

　減圧症や肺の過膨張などの高気圧障害に対する再圧治療は，あくまで医
師の判断と責任において行われるべきであることはいうまでもない。以下
参考までに，ひととおりの操作基準を述べる。

① 再圧は次の順序で行う。

⑦ エアコンプレッサーを始動し，圧力計でレシーバータンク，送気管内の空気圧が十分であることを確認する。

④ 送気管のドレーンコックを開いて，管内に貯留した水，油，塵埃などを除去する。

⑨ 電源スイッチを閉じ，照明器具の点灯，冷暖房装置の作動を確かめる。

② 電話，インターホン，ブザーなど再圧室内外の連絡装置の作動状況を点検する。

⑦ 消火用砂，水の搬入を確認する。

⑰ 無人の状態で再圧室のドアを閉め，加圧し送気弁の作動状況と再圧室の気密状態を点検する。その後大気圧まで減圧し排気弁の作動状況を点検する。

⑨ 入室する者について，マッチ，ライターその他の火気携行を禁止する。

⑨ 入室者を主室に収容し，ドアを閉め，送気弁を開き徐々に加圧する。重症の場合は医師や介助者が付き添う。

⑨ 加圧中，耳や副鼻腔に痛みを訴えた場合は直ちに送気を中止し，痛みが続くときは排気弁を開き減圧する。重い減圧症の場合，鼓膜切開をして改めて再圧することがある。

⑩ 加圧中および適用する最高圧に達したときの発症者の状態により，医師の指示で適用する再圧治療表を決定する。

⑪ 減圧の際一定圧力を維持する「減圧停止」段階では，圧力がふらつかないよう慎重に調節する。

⑫ 再圧終了後数時間安静にさせ，再発を監視する。

② 再圧中，係員は再圧室を離れてはならない。

③ 再圧中，酸素呼吸を行う場合は，酸素の供給圧力が十分であること，また呼吸装置が確実に作動することをあらかじめ確かめること。酸素

使用中は酸素中毒の防止と火災予防に努めること。

④　酸素呼吸中は，再圧室内の換気を十分に行う。この際室内の圧力が変化しないように注意すること。

⑤　再圧が長時間にわたるときは，必要により食事や医薬品をサービスロック（メディカルロック）または副室を利用して差し入れる。

⑥　再圧室内での喫煙，カイロ（含：使い捨てカイロ）その他の火気の使用はもちろん，その携行も禁止すること。

⑦　再圧室内に便所がないときは，便器を入れておくこと。また使用後の防臭を十分考慮しておくこと。

4-4-9　再圧室の安全

再圧室は内部に発症者やその介助者が入り圧力を加える装置であるため，その安全性については厳しく管理しなければならない。

所要の圧力に耐えるための十分な強度が必要であるが，この点に関しては水圧試験を含む耐圧検査が法規に従って実施されるので，まず問題はない。だが再圧室を作業現場に運搬，設置する際，窓や弁など弱い部分が損傷を受けることがあるので，注意しなければならない。また，再圧室の整備や管理が不完全で錆による腐食が甚だしい場合にも，強度低下のおそれがあるので，改めて耐圧検査を受ける必要がある。なお，安全弁は主室，副室それぞれに設置しなければならない。

再圧室の安全上見逃せない問題は火災対策である。再圧中に事故が発生した場合，再圧室の機構上直ちに室外へ退避することは不可能である。しかも狭い密室なのでいったん火災が発生すれば命が助かる可能性は極めて小さい。したがって，再圧室の防火ならびに消火対策を厳重に励行しなければならない。再圧室の防火対策は，入室者の火気携行の有無を検査し，室内に不要な可燃物を含め持ち込ませないのが第一である。また，再圧室内部の電気器具はスパークしないもの，高温にならないものに限ることが必要である。高圧下では酸素分圧が高くなるため燃焼速度が増大し，火災

の危険は著しく高まる。

　万一火災が発生した場合は，一刻も早く消火しないと，火傷や窒息により内部の人は生命の危険にさらされる。消火法としては，有害ガスが発生するおそれのある化学消火剤を避け，水もしくは砂による方がよい。スプリンクラー消火栓を設ければ理想的である。

　供給空気の汚染もまた危険である。コンプレッサーの手入れが不十分であったり，過負荷で過熱したりすると，炭化水素，一酸化炭素，炭酸ガスなどの有害ガスが混入する。こうした危害を防止するにはコンプレッサーの整備のほか空気清浄装置を使用する。

4-4-10　再圧室の整備

　再圧室は発症者を収容する以上安全性が第一であるが，同時に彼らが長時間そこに滞在するのに相応しい状態でなければならない。すなわち清潔で衛生的でしかも明るい感じが必要である。そのために清掃を怠ってはならない。作業現場に設置された再圧室のなかには，往々にしてこうした条件とはほど遠いものがある。要は再圧室が潜水作業に関連した機器というより，発症者を収容し手当てを加える装置であるという認識の問題である。

　また再圧室のドアのパッキングを良好な状態にしておくこと，圧力計の指示が正しいかどうかを点検しておくことは，再圧をスケジュールに従って正しく行うため不可欠である。その他送気，排気設備，通信連絡装置の作動，漏電の有無，電気機器や配線の損傷などについて，設置時ならびに1カ月を超えない時期の定期点検，空気清浄装置内の活性炭の交換なども必要である。寝具なども清潔なものを使用すべきである。

第4編

関 係 法 令

　潜水業務に関連する法令は多岐にわたる。業務を行う海域や港湾の使用に関する法令や都道府県の条例，漁法に関する法令や都道府県の漁業調整規則，潜水に使用する機材設備に関するものなど，適用される法令は実施する業務によって異なる。潜水業務を行う際には，それら関連する法令規則に精通し，それを遵守しなければならないことは言うまでもない。

　本編では，潜水業務に関連する法令規則のうち労働安全衛生関係を主に解説し，潜水設備機材に関わる規則についても紹介する。

1　法令の構成

　潜水業務に関係する法令を理解するためには，法令の構成，種類およびその定義についての理解が必要である。法令とは，法律や政令，規則などの総称であるが，法令には上下関係があり，上位法（法律）の詳細を記したものが下位法（規則，省令）となっている。以下に法令の種類とその定義について示す。なお〇数字はその序列を示している。

［法令の定義］

①　法律：国会の議決を経て制定され，天皇が公布する。憲法，条約に次いで，政令，省令などの法形式の上位に位置する。例；「労働安全衛生法」。

②　政令：憲法と法律の規定を実施するためのものと，法律の委任によるものがあり，内閣で制定され，天皇が公布する。例；「労働安全衛生法施行令」。

③　省令：大臣が，法律または政令の施行，またはそれらの特別の委任により発する命令である。厚生労働大臣が定めるものを厚生労働省令という。例；「労働安全衛生規則」，「高気圧作業安全衛生規則」

④　告示：公的機関が法令に基づいて指定，決定等の処分その他の事項を広く一般に公知する行為で，法令としての性格を有する。例；「平成26年厚生労働省告示第457号：高気圧作業安全衛生規則第8条第2項等の規定に基づく厚生労働大臣が定める方法等」，「昭和47年労働省告示第129号：高気圧業務特別教育規程」

⑤ 通達：上級の行政機関の長が，その所管業務に関して，所管する下級の行政機関などに命令または指示する形式のひとつで，執務上依拠しなければならない法令の解釈や運用方針などに関するものである。例；「昭和50年基発第194号：再圧室の適正な管理等について」

2 潜水業務に関連する労働安全衛生法の構成

潜水業務に関係する法令としては，労働安全衛生法や労働安全衛生規則，高気圧作業安全衛生規則などがあるが，これらはそれぞれ独立したものではなく，それぞれ補完関係にある。すなわち，労働安全衛生法の詳細を記したものが労働安全衛生規則であり，潜水業務等に関する詳細を示したものが高気圧作業安全衛生規則となる。下記に労働安全衛生に関する法令の体系を示す。

3 法令条文の読み方

法令はすべて条文によってその内容が示されているが，条文には特有の用語や文体があり，我々が通常使用している文章とはかなり異なっている。法令を理解するためには，先ず全体の体系を把握することが必要であり，その後，「第1章　総則」に記されている（目的）や（定義）などに目を通してから，各条文に進むようにするとよい。

```
（法律）労働安全衛生法 ――――― （省令）労働安全衛生規則
　｜                              高気圧作業安全衛生規則
（政令）労働安全衛生法施行令        ｜
                    主な告示：高気圧業務特別教育規程
                            高圧室内作業主任者免許試験及び潜水士免許試験規程
                            再圧室構造規格
                            潜水器構造規格
                            高気圧作業安全衛生規則第8条第2項等の規定に基づく
                            厚生労働大臣が定める方法等
            主な通達：再圧室の適正な管理等について
```

潜水業務の労働安全衛生に関係する法令体系

　法令は内容が容易に理解され検索されやすいように「条」単位に箇条書きで表現され，条文の内容を簡潔に掲げた見出しが付されている。例えば高気圧作業安全衛生規則第1条の見出しは（事業者の責務）であり，第28条には（送気量及び送気圧）と示されている。

　条文は，「第○条」の段落ごとに，算用数字（1，2，3，…）で記される「第△項」と，条及び項の具体的な内容を列挙して漢数字（一，二，三，…）で記した「第□号」で構成されており，第○条第△項第□号と読む。ただし，第1項の記載は省略されており，第2項から，順次，算用数字が記される。

　なお高気圧作業安全衛生規則第39条の2や第53条の2から第53条の4のように条に枝番が付されている場合があるが，これは，法令改正によって，新たな条文が従来の条文の間に加えられたことによるものである。

4　本文中の略語

本書では以下の略語を用いている。
　　法：労働安全衛生法　　　　令：労働安全衛生法施行令
　　安衛則：労働安全衛生規則　　高圧則：高気圧作業安全衛生規則

　次項以下に関係法令のうち，潜水業務に特に関する事項のみを抜粋して示す。法令全文に関しては別途『安全衛生法令要覧』（中央労働災害防止協会編）や厚生労働省ホームページ等を参照されたい。なお，次項以下に示す条文については，読みやすさを考慮して，第三十一条→第31条，第2項→②，第一号→1と記載を一部変更している。

第1章　高気圧作業安全衛生規則（抄）

（昭和 47 年 9 月 30 日労働省令第 40 号）

（最終改正　令和 2 年 12 月 25 日厚生労働省令第 208 号）

　これらのうちで潜水業務に関係の深い条文について述べる。高圧則では高圧室内業務と潜水業務を個別ではなく並列に取り扱っているが，高圧室内業務に関する規定に続いて潜水業務関連の規定が示され，同等の内容の規定が多いことから，同等部分については高圧室内業務に関する規定を潜水業務について準用するよう定められている［第 27 条（作業計画等の準用）］。本稿では，理解しやすいように規則に従い潜水業務に読み替えた形で記載することとする。なお，準用した箇所については下線を付して示す。

（事業者の責務）
第1条　事業者は，労働者の危険又は高気圧障害その他の健康障害を防
　　止するため，作業方法の確立，作業環境の整備その他必要な措置を講ず
　　るよう努めなければならない。

　本条は，高気圧障害や他の健康障害から潜水士並びに労働者を守るため，
労働安全衛生法並びに高気圧作業安全衛生規則（以下「高圧則」）等で定
める労働災害防止のための措置を徹底するとともに，適切な作業方法の確
立や，安全な作業計画の立案および快適な作業環境の整備等を事業者に求
めたものである。なお，「その他必要な措置」には，例えば作業計画を定め
るにあたり，①M値の算出には高い安全率を採用すること，②減圧に要
する時間ができるだけ短くて済むような呼吸用ガスを使用すること，③体
内に蓄積された窒素ガスを速やかに体外に排出するために呼吸用ガスの酸
素濃度を高めて減圧を行う「酸素減圧」を採用すること，等がある。

（定義）
第1条の2　この省令において，次の各号に掲げる用語の意義は，当該各
　　号に定めるところによる。
　1　高気圧障害　高気圧による減圧症，酸素，窒素又は炭酸ガスによる
　　中毒その他の高気圧による健康障害をいう。
　2　高圧室内業務　労働安全衛生法施行令（昭和47年政令第318号。
　　以下「令」という。）第6条第1号の高圧室内作業に係る業務をいう。
　3　潜水業務　令第20条第9号の業務をいう。
　4　作業室　潜函工法その他の圧気工法による作業を行うための大気圧
　　を超える気圧下の作業室をいう。
　5　気こう室　高圧室内業務に従事する労働者（以下「高圧室内作業者」
　　という。）が，作業室への出入りに際し加圧又は減圧を受ける室をいう。
　6　不活性ガス　窒素及びヘリウムの気体をいう。

本条は，高圧則で用いられている用語の意味について定めたものである。なお本条第2号にある令第6条第1号では，高気室内作業を「潜函工法その他の圧気工法により，大気圧を超える気圧下の作業室またはシャフトの内部において行う作業」としている。また本条第3号にある令第20条第9号では，潜水業務を「潜水器を用い，かつ，空気圧縮機もしくは手押ポンプによる送気またはボンベからの給気を受けて，水中において行う業務」としている。したがって，潜水器を使用しない素潜りによる潜水は，法令に定める潜水業務には該当しない。なお，第6号の「不活性ガス」は一般的には反応性の低い気体を示すものであり，窒素およびヘリウムに限られるものではないが，高圧則においてはこの2つに限ることとしている。

（空気槽）

第8条 事業者は，潜水業務に従事する労働者（以下「潜水作業者」という。）に，空気圧縮機により送気するときは，当該空気圧縮機による送気を受ける潜水作業者ごとに，送気を調節するための空気槽及び事故の場合に必要な空気をたくわえてある空気槽（以下「予備空気槽」という。）を設けなければならない。

② 予備空気槽は，次に定めるところに適合するものでなければならない。

　1　予備空気槽内の空気の圧力は，常時，最高の潜水深度における圧力の1.5倍以上であること。

　2　予備空気槽の内容積は，厚生労働大臣が定める方法により計算した値以上であること。

③ 第1項の送気を調節するための空気槽が前項各号に定める予備空気槽の基準に適合するものであるとき，又は当該基準に適合する予備ボンベ（事故の場合に必要な空気をたくわえてあるボンベをいう。）を潜水作業者に携行させるときは，第1項の規定にかかわらず，予備空気槽を設けることを要しない。

本条は，送気式潜水方式で使用する空気槽の容量について定めたもので

ある。本条第 2 項第 1 号の「最高の潜水深度における圧力」とは，そのときの潜水作業において予想される最高の潜水深度に相当する圧力を示す。使用する空気槽としては，送気量を調節するための空気槽（調節用空気槽）と非常時に備えた予備空気槽を設けなければならない。ただし，調整空気槽が予備空気槽に求められる基準を満たすとき，または，基準を満たす予備ボンベを潜水者が携行するときには，予備空気槽は設けなくてもよい。予備空気槽の内容積は，厚生労働大臣が定める方法（次欄参照）によって得られた値以上でなければならない。

　なお調節用空気槽並びに予備空気槽は潜水者 1 人につき一式が必要であり，一式の空気槽から 2 人以上の潜水者への送気を行ってはならない。

――平成 26 年厚生労働省告示第 457 号――――――――――――――

（予備空気槽の内容積の計算方法）

第 1 条　高気圧作業安全衛生規則（以下「規則」という。）第 8 条第 2 項の厚生労働大臣が定める方法は，次の各号に掲げる場合に応じ，それぞれ当該各号に定める式により計算する方法とする。

　1　潜水作業者に圧力調整器を使用させる場合

$$V = \frac{40(0.03\,D + 0.4)}{P}$$

　　この式において，V，D 及び P は，それぞれ次の数値を表すものとする（次号において同じ）。

　V　予備空気槽の内容積（単位　リットル）

　D　最高の潜水深度（単位　メートル）

　P　予備空気槽内の空気の圧力（単位　メガパスカル）

　2　前項に掲げる場合以外の場合

$$V = \frac{60\;(0.03\,D + 0.4)}{P}$$

　ここで，第 1 号は，デマンド式（応需式）レギュレーターを使用する送気式潜水方式を想定したものであり，第 2 号は，ヘルメット式潜水方式の場合に用いる予備空気槽の内容積を求めるためのものである。

（空気清浄装置，圧力計及び流量計）

第9条 事業者は，潜水作業者に空気圧縮機により送気する場合には，送気する空気を清浄にするための装置のほか，潜水作業者に圧力調整器を使用させるときは送気圧を計るための圧力計を，それ以外のときはその送気量を計るための流量計を設けなければならない。

本条は，空気圧縮機を用いて送気を行う場合，その送気系統に設置しなければならない設備について定めたものである。すなわち，デマンド式（応需式）レギュレーターを使用する送気式潜水方式では送気系統に圧力計が必要であり，ヘルメット式潜水方式の場合には流量計の設置が求められる。また，いずれの場合においても空気清浄装置は必ず設けなければならない。

（特別の教育）

第11条 事業者は，次の業務に労働者を就かせるときは，当該労働者に対し，当該業務に関する特別の教育を行わなければならない。

　1　作業室及び気こう室へ送気するための空気圧縮機を運転する業務

　2　作業室への送気の調節を行うためのバルブ又はコックを操作する業務

　3　気こう室への送気又は気こう室からの排気の調節を行うためのバルブ又はコックを操作する業務

　4　潜水作業者への送気の調節を行うためのバルブ又はコックを操作する業務

　5　再圧室を操作する業務

　6　高圧室内業務

②　前項の特別の教育は，次の表の上欄（編注：左欄）に掲げる業務に応じて，同表の下欄（編注：右欄）に掲げる事項について行わなければならない。

業務	教育すべき事項
作業室及び気こう室へ送気するための空気圧縮機を運転する業務	1 圧気工法の知識に関すること 2 送気設備の構造及び取扱いに関すること 3 高気圧障害の知識に関すること 4 関係法令 5 空気圧縮機の運転に関する実技
作業室への送気の調節を行うためのバルブ又はコックを操作する業務	1 圧気工法の知識に関すること 2 送気及び排気に関すること 3 高気圧障害の知識に関すること 4 関係法令 5 送気の調節の実技
気こう室への送気又は気こう室からの排気の調節を行うためのバルブ又はコックを操作する業務	1 圧気工法の知識に関すること 2 加圧及び減圧並びに換気の仕方に関すること 3 高気圧障害の知識に関すること 4 関係法令 5 加圧及び減圧並びに換気に関する実技
潜水作業者への送気の調節を行うためのバルブ又はコックを操作する業務	1 潜水業務に関する知識に関すること 2 送気に関すること 3 高気圧障害の知識に関すること 4 関係法令 5 送気の調節の実技
再圧室を操作する業務	1 高気圧障害の知識に関すること 2 救急再圧法に関すること 3 救急そ生法に関すること 4 関係法令 5 再圧室の操作及び救急そ生法に関する実技
高圧室内業務	1 圧気工法の知識に関すること 2 圧気工法に係る設備に関すること 3 急激な圧力低下，火災等の防止に関すること 4 高気圧障害の知識に関すること 5 関係法令

③ 労働安全衛生規則（昭和 47 年労働省令第 32 号。以下「安衛則」という。）第 37 条及び第 38 条並びに前項に定めるもののほか，同項の特別の教育の実施について必要な事項は，厚生労働大臣が定める。

本条は，法第 59 条第 3 項の規定に基づき，潜水業務等において特別な教育を必要とする業務を定めたものである。対象となる業務は，「潜水作業者への送気の調節を行うためのバルブ又はコックを操作する業務」とし

て潜水者への送気管理業務，並びに「再圧室を操作する業務」として，救
急再圧を行う際の再圧室の操作業務としている。なお前者の業務に携わる
者を「送気員」，後者を「救急再圧員」と呼ばれることがあるが，これら
の呼称は法令で定められたものではない。

　本条第3項の厚生労働大臣が定める特別の教育の実施について必要な事
項については，「高気圧業務特別教育規程」（昭和47年労働省告示第129
号）に規定されている。

---高気圧業務特別教育規程------------------

第1条～第3条（略）

第4条　高圧則第11条第1項第4号に掲げる業務に係る特別の教育は，
次の表の上欄（編注：左欄）に掲げる教育すべき事項に応じ，それぞれ，
同表の中欄に掲げる範囲について同表の下欄（編注：右欄）に掲げる時
間以上行うものとする。

教育すべき事項	範囲	時間
潜水業務に関する知識に関すること	潜水業務の基礎知識及び危険性　事故発生時の措置	2時間
送気に関すること	送気の方法　緊急時の減圧法　潜水業務に関する設備の種類，取扱い方法及び修理の方法	3時間
高気圧障害の知識に関すること	高気圧障害の病理，症状及び予防方法	2時間
関係法令	労働基準法，安衛法，施行令，安衛則及び高圧則中の関係条項	2時間
送気の調節の実技	送気の調節を行うバルブ又はコックの操作	2時間

第5条　高圧則第11条第1項第5号に掲げる業務に係る特別の教育は，
次の表の上欄（編注：左欄）に掲げる教育すべき事項に応じ，それぞれ，
同表の中欄に掲げる範囲について同表の下欄（編注：右欄）に掲げる時
間以上行うものとする。

教育すべき事項	範囲	時間
高気圧障害の知識に関すること	高気圧障害の病理，症状及び予防方法	2時間

救急再圧法に関すること	再圧室に関する基礎知識　標準再圧治療法	3 時間
救急そ生法に関すること	人工呼吸法　人工そ生法	2 時間
関係法令	労働基準法，安衛法，施行令，安衛則及び高圧則中の関係条項	2 時間
再圧室の操作及び救急そ生法に関する実技	再圧室の操作を行うバルブ又はコックの操作　人工呼吸法　人工そ生法	3 時間

第 6 条　（略）

　特別教育は，「高気圧業務特別教育規程」（昭和 47 年労働省告示第 129 号）に定められた科目，範囲，時間に従って実施しなければならない。ただし，特別教育の科目の全部または一部について十分な知識および技能を有していると認められる労働者については，当該科目についての特別教育を省略することができる（安衛則 37 条）。この省略が認められる者とは，①当該業務に関連した資格を有する者（潜水士等），②当該業務に関し職業訓練を受けた者（以前同種の特別教育を受けたことが確認できるもの），などが対象となる。特別教育は，事業者自らが実施しても，外部の講師に委託してもさしつかえない。教育を行う講師には，資格要件等は定められていないが，教習科目について十分な知識，経験を有する者でなければならない。教育を実施したときには，事業者は，受講者名や科目等の記録を作成して，3 年間保存しなければならない。特別教育に関しては，安衛則第 36 条から第 39 条を参照のこと。

> （潜水士）
> **第 12 条**　事業者は，潜水士免許を受けた者でなければ，潜水業務につかせてはならない。

　本条は，法第 61 条第 2 項の規定に基づき，潜水業務に従事することができるものは，潜水士免許を受けた潜水士に限ることを定めたものである。

※高圧則第 27 条において読み替えて準用する第 12 条の 2
なお，下線は読み替え部分を示す。

（作業計画）

第 12 条の 2　事業者は，<u>潜水業務</u>を行うときは，高気圧障害を防止する
ため，あらかじめ，<u>潜水作業</u>に関する計画（以下この条において「作業
計画」という。）を定め，かつ当該作業計画により作業を行わなければ
ならない。

②　作業計画は，次の事項が示されているものでなければならない。

　1　<u>潜水作業者に送気し，又はボンベに充填する気体の成分組成</u>

　2　<u>潜降を開始させる時から浮上を開始させる時までの時間</u>

　3　当該<u>潜水業務</u>における最高の<u>水深の圧力</u>

　4　<u>潜降及び浮上の速度</u>

　5　<u>浮上を停止させる水深の圧力</u>及び当該圧力下において<u>浮上を停止さ
せる時間</u>

③　事業者は，作業計画を定めたときは，前項各号に掲げる事項について
関係労働者に周知させなければならない。

　本条は，潜水業務における潜降および浮上方法に関する作業計画につい
て規定したものである。潜水業務の実施に際しては，潜水方法や潜降浮上
の手順を定めた作業計画を立案し，それを潜水者はもとより，連絡員等の
支援員や他の関係者に周知させておかなければならないことを事業者に義
務付けている。作業計画に具備するべき項目としては，①使用する潜水呼
吸ガスの種類および組成，②潜水時間（潜降開始から浮上開始までの時間），
③最大潜水深度，④潜降及び浮上速度，⑤浮上停止深度及び停止時間，が
定められている。なお④および⑤に関しては，第 18 条で定める方法によ
るものでなければならない。また，浮上の速度は毎分 10 m 以下でなけれ
ばならない（第 18 条第 1 項および第 27 条）。なお，作業計画書の様式は
「任意」とされている。

※高圧則第 27 条において読み替えて準用する第 15 条

（ガス分圧の制限）

第 15 条　事業者は，酸素，窒素又は炭酸ガスによる潜水作業者の健康障
害を防止するため，当該潜水作業者が吸入する時点の次の各号に掲げる
気体の分圧がそれぞれ当該各号に定める分圧の範囲に収まるように，潜
水作業者への送気，ボンベからの給気その他の必要な措置を講じなけれ
ばならない。

1　酸素　18 キロパスカル以上 160 キロパスカル以下（ただし，潜水
作業者が溺水しないよう必要な措置を講じて浮上を行わせる場合にあ
つては，18 キロパスカル以上 220 キロパスカル以下とする。）

2　窒素　400 キロパスカル以下

3　炭酸ガス　0.5 キロパスカル以下

　本条は，呼吸ガス成分による健康障害の防止について定めたものである。
潜水業務においては，特に混合ガスを用いて潜水を行う際に適用される。
潜水中に混合ガスの組成を自在に変更することはできないので，潜水深度
とその深度下での成分ガスの分圧を十分に検討して使用する混合ガスを決
定しなければならない。なお記載は分圧で示されており，濃度ではない点
に注意すること。ガス吸気による健康障害の詳細については第 3 編第 2 章
を参照のこと。

①　酸素に関して，最低値の 18 キロパスカル（kPa）は酸素欠乏防止
のためのもので，大気圧下では 18% の酸素濃度に相当する。また最
高値の 160 kPa は急性酸素中毒を防ぐためのもので，例えば大気圧下
の酸素濃度 25% の混合ガスを用いて水深 53 m（638.38 kPa）へ潜水
すると，そのときの酸素分圧は 160 kPa にほぼ達するので，それより
深く潜水することはできない。なお第 27 条の読み替えによる「潜水
作業者が溺水しないよう必要な措置を講じて浮上させる」における必
要な措置とは，急性酸素中毒による痙攣発作が生じても溺水に至るこ
とのないような対策のことである。すなわち，外れにくい全面マスク

式潜水器等を用い，「潜水ベル」や「潜水ステージ」を利用して潜水者の墜落を防ぐことなどが求められる。このような措置を講じた場合に限り，酸素分圧の上限値は 220 kPa まで認められている。空気潜水において酸素減圧法を用いる際にも，同様の措置が必要である。

② 窒素に関しては，潜水業務中の窒素酔いを防止するために上限値が 400 kPa に制限されている。空気中の窒素濃度は約 79% であるので，空気潜水で窒素分圧が 400 kPa に達する深度は 40.63 m（400 kPa÷0.79＝506.33 kPa＝40.63 m）となる。したがって現実的には水深 40 m が空気潜水における深度上限となる。また，3 種混合ガスを用いて潜水する場合，その窒素濃度が 50% であれば，水深 70 m（約 800 kPa）で 400 kPa に達するのでそれより深く潜水することはできない。

③ 炭酸ガス（二酸化炭素）に関しては，炭酸ガス中毒を予防するために 0.5 kPa 以下に制限されている。混合ガスに炭酸ガスを使用することはないが，潜水ベル（SDC）や船上減圧室（DDC）を使用する場合，呼吸代謝物として炭酸ガスが排出されるので，内部の炭酸ガス分圧が規制値を超えないよう換気を行うなど適正に管理しなければならない。

※高圧則第 27 条において読み替えて準用する第 16 条

（酸素ばく露量の制限）

第16条 事業者は，酸素による<u>潜水作業者</u>の健康障害を防止するため，潜水作業者について，厚生労働大臣が定める方法により求めた酸素ばく露量が，厚生労働大臣が定める値を超えないように，<u>潜水作業者への送気</u>，ボンベからの給気その他の必要な措置を講じなければならない。

本条は，慢性酸素中毒（第 3 編第 2 章参照のこと）を予防するために定められたものであり，空気潜水で酸素減圧を行う場合または混合ガス潜水を行う場合に適用される。酸素ばく露量は UPTD 値で示され，上限値は 1 日あたり 600 であり，1 週あたり 2,500 に制限されている。ここでいう 1

週とは連続する6日間を示す。6日間以下であっても，連日のUPTD値の累積が2,500に達した場合は，1日以上潜水を行ってはならない。また，連日作業する場合は，1日あたりのUPTD値が平均的になるようにすることが望ましい。なおUPTD値の算出方法は以下を参照のこと。

---平成26年厚生労働省告示第457号---

（酸素ばく露量の計算方法）

第2条　規則第16条の厚生労働大臣が定める方法は，次に定める式により求めた次条第1項各号の区間（平均酸素分圧が50キロパスカルを超える区間に限る。以下この項において同じ。）ごとの酸素ばく露量を1日又は1週間について合計する方法とする。

$$UPTD = t \left(\frac{PO_2 - 50}{50} \right)^{0.83}$$

　この式において，UPTD，t及びPO_2は，それぞれ次の値を表すものとする。

UPTD　tの区間における酸素ばく露量の合計

t　　　次条第1項各号の区間の時間（単位　分）

PO_2　　　tの区間の平均酸素分圧（単位　キロパスカル）

②　規則第16条の厚生労働省令で定める値は，1日について600，1週間について2,500とする。

※高圧則第27条において読み替えて準用する第18条

（浮上の速度等）

第18条　事業者は，潜水作業者に浮上を行わせるときは，次に定めるところによらなければならない。

　1　浮上の速度は，毎分10メートル以下とすること。

　2　厚生労働大臣が定める区間ごとに，厚生労働大臣が定めるところにより区分された人体の組織（以下この号において「半飽和組織」という。）の全てについて次のイに掲げる分圧がロに掲げる分圧を超えないように，浮上を停止させる水深の圧力及び当該圧力下において浮上

　を停止させる時間を定め，当該時間以上浮上を停止させること。
　　イ　厚生労働大臣が定める方法により求めた当該半飽和組織内に存在
　　　する不活性ガスの分圧
　　ロ　厚生労働大臣が定める方法により求めた当該半飽和組織が許容す
　　　ることができる最大の不活性ガスの分圧
②　事業者は，浮上を終了した者に対して，当該浮上を終了した時から14
　時間は，重激な業務に従事させてはならない。

　本条は，減圧法について定めたものである。浮上速度は毎分10ｍ以下
にすることが定められている。浮上に際して，減圧が必要となるか否か，
減圧が必要な場合に停止すべき水深と時間については，厚生労働大臣が定
める方法によって決定しなければならない（次欄参照）。またその日のす
べての潜水が終了した後体内に残留した不活性ガスによる健康障害を予防
するために，潜水者を少なくとも14時間は重量物の取扱い等の重激な業
務に従事させてはならないとしている。

┌─平成26年厚生労働省告示第457号─
　　　　　　　　　　　※本告示第4条において読み替えて準用する第3条

（厚生労働大臣が定める区間等）
第3条　規則第18条第1項第2号の厚生労働大臣が定める区間は，潜降
　の開始から浮上の終了までを次の各号に定める区間ごとに区分したそれ
　ぞれの区間とする。
　　1　窒素及びヘリウムの濃度並びに潜降または浮上の速度が一定の区間
　　2　窒素若しくはヘリウムの濃度又は潜降若しくは浮上の速度が変化し
　　　ている区間
②　規則第18条第1項第2号の厚生労働大臣が定めるところにより区分
　された人体の組織は，別表の「半飽和組織」欄に掲げる組織とする。
③　規則第18条第1項第2号イの厚生労働大臣が定める方法は，別表の
　「半飽和組織」欄に掲げる組織ごとに，第1号により求めた窒素分圧と第

2号により求めたヘリウム分圧を合計する方法とする。

1　当該半飽和組織の窒素分圧

$$P_{N2} = (P_a + P_b) N_{N2} + RN_{N2}\left(t - \frac{1}{k}\right) - \left\{(P_a + P_b) N_{N2} - Q_{N2}\frac{RN_{N2}}{k}\right\} e^{-kt}$$

　この式において，P_{N2}，P_a，P_b，N_{N2}，R，t，k，Q_{N2} 及び e は，それぞれ次の値を表すものとする。

P_{N2}　第1項各号の区間が終わる時点の当該半飽和組織の窒素分圧
　　（単位　キロパスカル）

P_a　大気圧として 100（単位　キロパスカル）

P_b　当該区間が始まる時点のゲージ圧力（第4項及び第5条において
　　「圧力」という。）（単位　キロパスカル）

N_{N2}　当該区間の窒素の濃度（窒素の濃度が変化する区間にあっては，
　　当該区間の最高の窒素の濃度）（単位　パーセント）

R　当該区間の潜降又は浮上の速度（潜降又は浮上の速度が変化して
　　いる区間にあっては，当該区間の最高の潜降又は浮上の速度）（単
　　位　キロパスカル毎分）

t　当該区間の時間　（単位　分）

k　$\dfrac{\log_e 2}{\text{別表の「半飽和組織」欄の区分に応じた「窒素半飽和時間」欄に掲げる時間}}$

Q_{N2}　当該区間が始まる時点の当該半飽和組織の窒素分圧（単位　キ
　　ロパスカル）とする。ただし，次に掲げる区間においては，それぞ
　　れ次に定める窒素分圧とする。

　　イ　当該潜水業務における最初の区間（ロの区間を除く。）　74.5207
　　ロ　潜水業務を終了した者で，最終の浮上が終了してから 14 時間
　　　を経過しないものを更に潜水業務に従事させる場合における最初
　　　の区間　最終の浮上が終了してから当該潜水業務を開始するまで
　　　を1つの区間とみなして求めた区間が終わるまでの時点の当該半
　　　飽和組織の窒素分圧

e　自然対数の底

2　当該半飽和組織のヘリウム分圧

$$P_{He}=(P_a+P_b)N_{He}+RN_{He}\left(t-\frac{1}{k}\right)-\left\{(P_a+P_b)N_{He}-Q_{He}\frac{RN_{He}}{k}\right\}e^{-kt}$$

　この式において，P_a，P_b，R，t 及び e は，それぞれ前号に定める値と同じ値を表し，P_{He}，N_{He}，k 及び Q_{He} は，それぞれ次の値を表すものとする。

P_{He}　第1項各号の区間が終わる時点の当該半飽和組織のヘリウム分圧（単位　キロパスカル）

N_{He}　当該区間のヘリウムの濃度（ヘリウムの濃度が変化する区間にあっては，当該区間の最高のヘリウムの濃度）（単位　パーセント）

k　$\dfrac{\log_e 2}{\text{別表の「半飽和組織」欄の区分に応じた「ヘリウム半飽和時間」欄に掲げる時間}}$

Q_{He}　当該区間が始まる時点の当該半飽和組織のヘリウム分圧（単位　キロパスカル）とする。ただし，次に掲げる区間においては，それぞれ次に定めるヘリウム分圧とする。

　イ　当該潜水業務における最初の区間（ロの区間を除く。）　0

　ロ　潜水業務を終了した者で，最終の浮上が終了してから14時間を経過しないものを更に潜水業務に従事させる場合における最初の区間　最終の浮上が終了してから当該潜水業務を開始するまでを1つの区間とみなして求めた区間が終わる時点の当該半飽和組織のヘリウム分圧

④　規則第18条第1項第2号ロの厚生労働大臣が定める方法は，別表の「半飽和組織」欄に掲げる組織ごとに，次に定める式により計算する方法とする。

$$M=\frac{P_a+P_c}{B}+A$$

　この式において，P_a は前項第1号に定める値と同じ値を表し，M，P_c，B 及び A は，それぞれ次の値を表すものとする。

M　当該半飽和組織が許容することができる最大の不活性ガスの分圧（単位　キロパスカル）

P$_c$　第1項各号の区間が終わる時点の圧力　（単位　キロパスカル）

B　別表の「半飽和組織」欄の区分に応じた「窒素 b 値」欄に掲げる
値と「ヘリウム b 値」欄に掲げる値の合成値で，次の式により求
めた値とする。

$$B=\frac{b_{N2}P_{N2}+b_{He}P_{He}}{P_{N2}+P_{He}}$$

この式において，P$_{N2}$ 及び P$_{He}$ は，それぞれ前項各号に定める値と
同じ値を表し，b$_{N2}$ 及び b$_{He}$ は，それぞれ次の値を表すものとする。

b$_{N2}$　　別表の「半飽和組織」欄の区分に応じた「窒素 b 値」欄に掲げ
る値

b$_{He}$　　別表の「半飽和組織」欄の区分に応じた「ヘリウム b 値」欄に
掲げる値

A　別表の「半飽和組織」欄の区分に応じた「窒素 a 値」欄に掲げる
値と「ヘリウム a 値」欄に掲げる値の合成値で，次の式により求め
た値とする。

$$A=\frac{a_{N2}P_{N2}+a_{He}P_{He}}{P_{N2}+P_{He}}$$

この式において，P$_{N2}$ 及び P$_{He}$ は，それぞれ前項各号に定める値と
同じ値を表し，a$_{N2}$ 及び a$_{He}$ は，それぞれ次の値を表すものとする。

a$_{N2}$　　別表の「半飽和組織」欄の区分に応じた「窒素 a 値」欄に掲げ
る値

a$_{He}$　　別表の「半飽和組織」欄の区分に応じた「ヘリウム a 値」欄に
掲げる値

（準用）

第4条　前二条の規定は，規則第27条において規則第16条及び第18条
を準用する場合について準用する。この場合において，前条中「加圧」
とあるのは「潜降」と，「減圧」とあるのは「浮上」と，「高圧室内業務」
とあるのは「潜水業務」と読み替えるものとする。

別表（第 3 条関係）

半飽和組織	窒素 半飽和 時間(分)	窒素 a 値	窒素 b 値	ヘリウム 半飽和 時間(分)	ヘリウム a 値	ヘリウム b 値
第 1 半飽和組織	5	126.885	0.5578	1.887	174.247	0.4770
第 2 半飽和組織	8	109.185	0.6514	3.019	147.866	0.5747
第 3 半飽和組織	12.5	94.381	0.7222	4.717	127.477	0.6527
第 4 半飽和組織	18.5	82.446	0.7825	6.981	112.400	0.7223
第 5 半飽和組織	27	73.918	0.8126	10.189	99.588	0.7582
第 6 半飽和組織	38.3	63.153	0.8434	14.453	89.446	0.7957
第 7 半飽和組織	54.3	56.483	0.8693	20.491	80.059	0.8279
第 8 半飽和組織	77	51.133	0.8910	29.057	71.709	0.8553
第 9 半飽和組織	109	48.246	0.9092	41.132	66.285	0.8757
第 10 半飽和組織	146	43.709	0.9222	55.094	62.049	0.8903
第 11 半飽和組織	187	40.774	0.9319	70.566	59.152	0.8997
第 12 半飽和組織	239	38.680	0.9403	90.189	58.029	0.9073
第 13 半飽和組織	305	34.463	0.9477	115.094	57.586	0.9122
第 14 半飽和組織	390	33.161	0.9544	147.170	58.143	0.9171
第 15 半飽和組織	498	30.765	0.9602	187.925	57.652	0.9217
第 16 半飽和組織	635	29.284	0.9653	239.623	57.208	0.9267

編注：上欄の計算式の詳細に関しては，第 2 編第 3 章 3-4 項（p.178）を参照のこと。

※高圧則第 27 条において読み替えて準用する第 20 条の 2

（作業の状況の記録等）

第 20 条の 2　事業者は，潜水業務を行う都度，第 27 条において読み替えて準用する第 12 条の 2 第 2 項各号に掲げる事項を記録した書類並びに当該潜水作業者の氏名及び減圧の日時を記載した書類を作成し，これらを 5 年間保存しなければならない。

　本条は，潜水業務における作業状況の記録に際し，必要な項目について定めたものである。潜水業務の記録に関して，少なくとも以下の項目が必要となる。すなわち，①潜水者の氏名，②潜水作業日時，③送気に用いた

気体の成分組成，④潜降開始から浮上開始までの時間，⑤当該業務における最大潜水深度，⑥潜降および浮上の速度，⑦浮上時の浮上停止深度および停止時間，の7項目。なおこれらの記録は書類にまとめ，5年間保管することが事業者に義務付けられている。

（作業計画等の準用）

第27条 第12条の2及び第20条の2の規定は潜水業務（水深10メートル以上の場所における潜水業務に限る。第42条第1項において同じ。）について，第15条，第16条及び第18条の規定は潜水作業者について準用する。この場合において，次の表の上欄に掲げる規定中同表の中欄に掲げる字句は，それぞれ同表の下欄に掲げる字句と読み替えるものとする。

表　（略）

高圧則では，潜水業務の業務管理に係る規定の一部について，高圧室内業務に係る規定を読み替えて準用するよう定めている。

（送気量及び送気圧）

第28条 事業者は，空気圧縮機又は手押ポンプにより潜水作業者に送気するときは，潜水作業者ごとに，その水深の圧力下における送気量を，毎分60リットル以上としなければならない。

② 前項の規定にかかわらず，事業者は，潜水作業者に圧力調整器を使用させる場合には，潜水作業者ごとに，その水深の圧力下において毎分40リットル以上の送気を行うことができる空気圧縮機を使用し，かつ，送気圧をその水深の圧力に0.7メガパスカルを加えた値以上としなければならない。

（ボンベからの給気を受けて行なう潜水業務）

第29条 事業者は，潜水作業者に携行させたボンベ（非常用のものを除く。以下第34条，第36条及び第37条において同じ。）からの給気を受けさせるときは，次の措置を講じなければならない。

1 潜降直前に，潜水作業者に対し，当該潜水業務に使用するボンベの現に有する給気能力を知らせること。

> 2 　潜水作業者に異常がないかどうかを監視するための者を置くこと。

　第29条で述べる「ボンベからの給気を受けて行なう潜水業務」とはスクーバによる潜水業務を指す。スクーバ潜水では，実施する潜水深度，潜水時間並びに作業内容に対してボンベの給気能力が必要十分以上でない場合には，溺水事故を起こす可能性が高く，潜降前に，ボンベの圧力，容量，並びに作業水深での給気可能時間等を潜水者に伝え，理解させることが必要である。また，スクーバ潜水では，通常水中電話器を装備することがないため緊急時に船上へ連絡することが難しい。そのため，緊急時に船上からの支援を素早く行うことができるよう，潜水者を監視するための者（監視員）を配置しなければならない。監視員は，潜水者の吐き出す気泡等を監視し，異常の有無を常に確認しなければならない。

　なお本条の「非常用のもの」とは，送気式潜水方式で用いる非常用の予備ボンベ（ベイルアウトボンベ）をいう。

> （圧力調整器）
> **第30条** 　事業者は，潜水作業者に圧力1メガパスカル以上の気体を充てんしたボンベからの給気を受けさせるときは，2段以上の減圧方式による圧力調整器を潜水作業者に使用させなければならない。

　本条は，スクーバ潜水と送気式潜水のうち，混合ガスを用いる場合と酸素減圧を行う場合が対象となる。スクーバでは通常ファーストステージ並びにセカンドステージのレギュレーター（圧力調整器）を用いるが，これらにより「2段以上」の減圧が行われている。混合ガス潜水では，水上に設置した高圧ガスボンベから送気ホースを介して潜水者に混合ガスが供給されるが，このとき，潜水者の呼吸器（潜水器）に加え，混合ガスボンベにも圧力調整器を設置し，2段階以上の減圧により，より高精度並びに適切な送気圧力を実現可能としなければならない。酸素減圧では酸素ボンベを用いるので，給気には同様に2段以上の減圧が必要である。

> （浮上の特例等）
>
> **第 32 条**　事業者は，事故のために潜水作業者を浮上させるときは，必要な限度において，第 27 条において読み替えて準用する第 18 条第 1 項第 1 号に規定する浮上の速度を速め，又は同項第 2 項に規定する浮上を停止する時間を短縮することができる。
>
> ②　事業者は，前項の規定により浮上の速度を速め，又は浮上を停止する時間を短縮したときは，浮上後，すみやかに当該潜水作業者を再圧室に入れ，当該潜水業務の最高の水深における圧力に等しい圧力まで加圧し，又は当該潜水業務の最高の水深まで再び潜水させなければならない。
>
> ③　前項の規定により当該潜水作業者を再圧室に入れて加圧する場合の加圧の速度については，第 14 条の規定を準用する。

　本条は，潜水業務中に事故や気象海象条件の急変，潜水者の発病，海中危険性生物との遭遇など，水中の潜水者に危険が差し迫った場合には，予定した減圧浮上スケジュールを短縮して浮上させることを定めたものである。水中でのトラブルは溺死に至ることが多いので，直ちに潜水者を船上に揚収しなければならない。この際，減圧症や空気塞栓症の危険が伴うため，救急再圧等を含め救援体制をあらかじめ整えておくことが肝要である。なお水中でのトラブルは，潜降中，作業中，減圧浮上中のいずれの場合にも起こり得る。潜水者の被害を最小限にするためには，それぞれの状況に応じた適切な対応が求められる。緊急時の対応については第 2 編第 4 章 4-4 項（p.189）を参照のこと。

　なお，第 2 項において準用する高圧則第 14 条には「気こう室において高圧室内作業者に加圧を行うときは，毎分 0.08 メガパスカル以下の速度で行わなければならない。」と定められている。

> （さがり綱）
>
> **第 33 条**　事業者は，潜水業務を行なうときは，潜水作業者が潜降し，及び浮上するためのさがり綱を備え，これを潜水作業者に使用させなけれ

ばならない。

② 事業者は，前項のさがり綱には，3メートルごとに水深を表示する木
　札又は布等を取り付けておかなければならない。

　本条では，潜水業務でのさがり綱（「潜降索」とも呼ばれる）の使用を
義務付けている。さがり綱は，潜水方式に関係なく，送気式潜水並びにス
クーバ潜水のいずれの場合にも必要である。さがり綱には3mごとに水
深表示の印を設け，減圧浮上時にはこれを停止深度の目安とする。これに
加えて，さらに細かい間隔で表示を付けることは差し支えないが，3mご
との表示と混同しない表示方法とすること。

（設備等の点検及び修理）

第34条 事業者は，潜水業務を行うときは，潜水前に，次の各号に掲げ
　る潜水業務に応じて，それぞれ当該各号に掲げる潜水器具を点検し，潜
　水作業者に危険又は健康障害の生ずるおそれがあると認めたときは，修
　理その他必要な措置を講じなければならない。

　1　空気圧縮機又は手押ポンプにより送気して行う潜水業務　潜水器，
　　送気管，信号索，さがり綱及び圧力調整器

　2　ボンベ（潜水作業者に携行させたボンベを除く。）からの給気を受
　　けて行う潜水業務　潜水器，送気管，信号索，さがり綱及び第30条
　　の圧力調整器

　3　潜水作業者に携行させたボンベからの給気を受けて行う潜水業務
　　潜水器及び第30条の圧力調整器

② 事業者は，潜水業務を行うときは，次の各号に掲げる潜水業務に応じ
　て，それぞれ当該各号に掲げる設備について，当該各号に掲げる期間ご
　とに1回以上点検し，潜水作業者に危険又は健康障害の生ずるおそれが
　あると認めたときは，修理その他必要な措置を講じなければならない。

　1　空気圧縮機又は手押ポンプにより送気して行う潜水業務

　　イ　空気圧縮機又は手押ポンプ　1週

　　　ロ　第9条の空気を清浄にするための装置　1月

　　　ハ　第37条の水深計　1月

　　　ニ　第37条の水中時計　3月

　　　ホ　第9条の流量計　6月

　　2　ボンベからの給気を受けて行う潜水業務

　　　イ　第37条の水深計　1月

　　　ロ　第37条の水中時計　3月

　　　ハ　ボンベ　6月

　③　事業者は，前二項の規定により点検を行ない，又は修理その他必要な
　　措置を講じたときは，そのつど，その概要を記録して，これを3年間保
　　存しなければならない。

　本条は，潜水業務に使用する設備機材の点検方法等について定めたもの
である。本条で定める点検対象の機材や点検期間等は最低基準であり，こ
れら以外にも潜水機材や潜水方式に応じて点検項目や時期を定めることが
必要である。これらの点検結果は，対象とした設備機材やその方法を含め
て書類に記録し，3年間保存しておかなければならない。

　　（連絡員）

第36条　事業者は，空気圧縮機若しくは手押ポンプにより送気して行う
　潜水業務又はボンベ（潜水作業者に携行させたボンベを除く。）からの
　給気を受けて行う潜水業務を行うときは，潜水作業者と連絡するための
　者（次条において「連絡員」という。）を，潜水作業者2人以下ごとに
　1人置き，次の事項を行わせなければならない。

　1　潜水作業者と連絡して，その者の潜降及び浮上を適正に行わせること。

　2　潜水作業者への送気の調節を行うためのバルブ又はコックを操作す
　　る業務に従事する者と連絡して，潜水作業者に必要な量の空気を送気
　　させること。

　3　送気設備の故障その他の事故により，潜水作業者に危険又は健康障
　　害の生ずるおそれがあるときは，速やかに潜水作業者に連絡すること。

4　ヘルメット式潜水器を用いて行う潜水業務にあつては，潜降直前に当該潜水作業者のヘルメットがかぶと台に結合されているかどうかを確認すること。

　本条は，潜水業務における連絡員の業務について定めたものである。連絡員は，潜水者と送気員や船上の他の支援員との連絡を行う重要な業務であるので，1人の連絡員が担当できる潜水者は2人までとされている。潜水器材や送気設備の不具合を原因とする事故が少なくないので，ヘルメット式に関わらず潜水者の装備器材の状況を潜水者とともに連絡員も確認する（二重チェック）ことが必要であり，また潜水中に設備器材等の故障や気象海象の急変により潜水者が緊急浮上しなければならないときは，連絡者は潜水者にその旨連絡するとともに，潜水者の揚収並びにその後の救急対応を支援しなければならない。

（潜水作業者の携行物等）

第37条　事業者は，空気圧縮機若しくは手押ポンプにより送気して行う潜水業務又はボンベ（潜水作業者に携行させたボンベを除く。）からの給気を受けて行う潜水業務を行うときは，潜水作業者に，信号索，水中時計，水深計及び鋭利な刃物を携行させなければならない。ただし，潜水作業者と連絡員とが通話装置により通話することができることとしたときは，潜水作業者に信号索，水中時計及び水深計を携行させないことができる。

②　事業者は，潜水作業者に携行させたボンベからの給気を受けて行う潜水業務を行うときは，潜水作業者に，水中時計，水深計及び鋭利な刃物を携行させるほか，救命胴衣又は浮力調整具を着用させなければならない。

　本条は，潜水業務における潜水者の携行物について定めたものである。スクーバ潜水と送気式潜水では，義務付けられた携行物が異なる。また，

送気式潜水においても，水中通話装置の装備の有無によって携行物が異なるので注意すること。

（健康診断）

第38条　事業者は，高圧室内業務又は潜水業務（以下「高気圧業務」という。）に常時従事する労働者に対し，その雇入れの際，当該業務への配置替えの際及び当該業務についた後6月以内ごとに1回，定期に，次の項目について，医師による健康診断を行なわなければならない。

1　既往歴及び高気圧業務歴の調査

2　関節，腰若しくは下肢の痛み，耳鳴り等の自覚症状又は他覚症状の有無の検査

3　四肢の運動機能の検査

4　鼓膜及び聴力の検査

5　血圧の測定並びに尿中の糖及び蛋白の有無の検査

6　肺活量の測定

②　事業者は，前項の健康診断の結果，医師が必要と認めた者については，次の項目について，医師による健康診断を追加して行なわなければならない。

1　作業条件調査

2　肺換気機能検査

3　心電図検査

4　関節部のエックス線直接撮影による検査

本条は，高気圧業務（高圧室内業務および潜水業務）に従事する労働者に対して行う特別な健康診断（特殊健康診断ともいう）の実施について定めたものである。法第66条第2項で定める特定の業務に対しては，一般健康診断とは別に，特殊健康診断の実施を事業者に義務付けており，雇入れ時，配置替えの際，および6カ月以内ごとに1回，対象となる労働者に特殊健康診断を行わなければならない。

（健康診断の結果）

第39条 事業者は，前条の健康診断（法第66条第5項ただし書の場合において当該労働者が受けた健康診断を含む。次条において「高気圧業務健康診断」という。）の結果に基づき，高気圧業務健康診断個人票（様式第1号）を作成し，これを5年間保存しなければならない。

（健康診断の結果についての医師からの意見聴取）

第39条の2 高気圧業務健康診断の結果に基づく法第66条の4の規定による医師からの意見聴取は，次に定めるところにより行わなければならない。

1 高気圧業務健康診断が行われた日（法第66条第5項ただし書の場合にあつては，当該労働者が健康診断の結果を証明する書面を事業者に提出した日）から3月以内に行うこと。

2 聴取した医師の意見を高気圧業務健康診断個人票に記載すること。

② 事業者は，医師から，前項の聴取を行う上で必要となる労働者の業務に関する情報を求められたときは，速やかに，これを提供しなければならない。

（健康診断の結果の通知）

第39条の3 事業者は，第38条の健康診断を受けた労働者に対し，遅滞なく，当該健康診断の結果を通知しなければならない。

（健康診断結果報告）

第40条 事業者は，第38条の健康診断（定期のものに限る。）を行なつたときは，遅滞なく，高気圧業務健康診断結果報告書（様式第2号）を当該事業場の所在地を管轄する労働基準監督署長に提出しなければならない。

第39条から第40条は，特殊健康診断後の処置について定めたものである。特殊健康診断後の措置を適切かつ有効に実施するために，健診後3カ月以内に医師等からの意見を聴取し，その内容を勘案して必要な措置を講じなければならない。また，医師からの意見等を含め，特殊健康診断実施

後にはその結果を所轄の労働基準監督署に提出するとともに，所定の様式
に記録し5年間保存する。

（病者の就業禁止）

第41条　事業者は，次の各号のいずれかに掲げる疾病にかかつている労
　働者については，医師が必要と認める期間，高気圧業務への就業を禁止
　しなければならない。

　1　減圧症その他高気圧による障害又はその後遺症

　2　肺結核その他呼吸器の結核又は急性上気道感染，じん肺，肺気腫そ
　　の他呼吸器系の疾病

　3　貧血症，心臓弁膜症，冠状動脈硬化症，高血圧症その他血液又は循
　　環器系の疾病

　4　精神神経症，アルコール中毒，神経痛その他精神神経系の疾病

　5　メニエル氏病又は中耳炎その他耳管狭さくを伴う耳の疾病

　6　関節炎，リウマチスその他運動器の疾病

　7　ぜんそく，肥満症，バセドー氏病その他アレルギー性，内分泌系，
　　物質代謝又は栄養の疾病

　本条は潜水業務への就業を禁止する疾病について定めたものである。法
第68条においても就業を禁止する疾病が規定されているが，潜水業務で
はそれらに本条で示されたものを含めて判断しなければならない。事業者
は，特殊健康診断及びその他の機会において医師により当該疾病にかかっ
ていると診断された者，または他覚的に疾病にかかっていることの明らか
な労働者を潜水業務に従事させてはならない。

（設置）

第42条　事業者は，高圧室内業務又は潜水業務を行うときは，高圧室内
　作業者又は潜水作業者について救急処置を行うため必要な再圧室を設置
　し，又は利用できるような措置を講じなければならない。

②　事業者は，再圧室を設置するときは，次の各号のいずれかに該当する
　　場所を避けなければならない。
　　1　危険物（令別表第 1 に掲げる危険物をいう。以下同じ。），火薬類若
　　　しくは多量の易燃性の物を取り扱い，又は貯蔵する場所及びその付近
　　2　出水，なだれ又は土砂崩壊のおそれのある場所
　（立入禁止）
第 43 条　事業者は，必要のある者以外の者が再圧室を設置した場所及び
　　当該再圧室を操作する場所に立ち入ることを禁止し，その旨を見やすい
　　箇所に表示しておかなければならない。
　（再圧室の使用）
第 44 条　事業者は，再圧室を使用するときは，次に定めるところによら
　　なければならない。
　　1　その日の使用を開始する前に，再圧室の送気設備，排気設備，通話
　　　装置及び警報装置の作動状況について点検し，異常を認めたときは，
　　　直ちに補修し，又は取り替えること。
　　2　加圧を行なうときは，純酸素を使用しないこと。
　　3　出入に必要な場合を除き，主室と副室との間の扉を閉じ，かつ，そ
　　　れぞれの内部の圧力を等しく保つこと。
　　4　再圧室の操作を行なう者に加圧及び減圧の状態その他異常の有無に
　　　ついて常時監視させること。
②　事業者は，再圧室を使用したときは，その都度，加圧及び減圧の状況
　　を記録した書類を作成し，これを 5 年間保存しておかなければならない。

　第 42 条から第 44 条は，再圧室の設置及び使用方法について定めたもの
である。潜水業務において作業水深が 10 m 以上の場合には再圧室を設置
するか，もしくは医療機関等との連携により直ちに利用できるような措置
をあらかじめ講じておかなければならない。なお安衛則第 27 条によって，
使用する再圧室は，再圧室構造規格（p.319 参照）を具備したものでなけ
ればならないと定められている。また，再圧室を使用した場合には，その

使用状況(使用日時,再圧対象者名,再圧室操作者名,加圧/減圧状況等)を書面に記録し,5 年間保存しておかなければならない。

(点検)

第 45 条 事業者は,再圧室については,設置時及びその後 1 月をこえない期間ごとに,次の事項について点検し,異常を認めたときは,直ちに補修し,又は取り替えなければならない。

1 送気設備及び排気設備の作動の状況

2 通話装置及び警報装置の作動の状況

3 電路の漏電の有無

4 電気機械器具及び配線の損傷その他異常の有無

② 事業者は,前項の規定により点検を行なつたときは,その結果を記録して,これを 3 年間保存しなければならない。

(危険物等の持込み禁止)

第 46 条 事業者は,再圧室の内部に危険物その他発火若しくは爆発のおそれのある物又は高温となつて可燃物の点火源となるおそれのある物を持ち込むことを禁止し,その旨を再圧室の入口に掲示しておかなければならない。

第 45 条および第 46 条は,再圧室の管理について定めたものである。再圧室はすべての潜水業務で使用するものではないが,緊急時の使用の際に不具合を生じることのないように,1 カ月に 1 回以上点検を実施しなければならない。最低限必要な点検項目は第 45 条に定められており,それらの点検結果は書類に記録し 3 年間保管しなければならない。また,使用時には再圧室内は高気圧となり,酸素分圧も増大するため,わずかな火気で爆発に至る恐れがある。そのため,再圧室内の電気設備や通話装置の配線に漏電や短絡が生じることのないよう,かいろ,マッチ,ライター,火薬類等の「その他発火若しくは爆発のおそれのある物」や電熱器,電気あんか,投光器等の「高温となつて可燃物の点火源となるおそれのある物」の持ち込みには十分に注意しなければならない。

（免許を受けることができる者）

第52条 潜水士免許は，次の者に対し，都道府県労働局長が与えるものとする。

1　潜水士免許試験に合格した者

2　その他厚生労働大臣が定める者

（免許の欠格事由）

第53条 潜水士免許に係る法第72条第2項第2号の厚生労働省令で定める者は，満18歳に満たない者とする。

（法第72条第3項の厚生労働省令で定める者）

第53条の2 潜水士免許に係る法第72条第3項の厚生労働省令で定める者は，身体又は精神の機能の障害により当該免許に係る業務を適正に行うに当たつて必要な潜降及び浮上を適切に行うことができない者とする。

（障害を補う手段等の考慮）

第53条の3 都道府県労働局長は，潜水士免許の申請を行つた者が前条に規定する者に該当すると認める場合において，当該者に免許を与えるかどうかを決定するときは，当該者が現に利用している障害を補う手段又は当該者が現に受けている治療等により障害が補われ，又は障害の程度が軽減している状況を考慮しなければならない。

（条件付免許）

第53条の4 都道府県労働局長は，身体又は精神の機能の障害がある者に対して，その者が行うことのできる作業を限定し，その他作業についての必要な条件を付して，潜水士免許を与えることができる。

（試験科目等）

第54条 潜水士免許試験は，次の試験科目について，学科試験によつて行なう。

1　潜水業務

2　送気，潜降及び浮上

3　高気圧障害

4　関係法令

（免許試験の細目）

第55条 安衛則第71条及び前条に定めるもののほか，潜水士免許試験の実施について必要な事項は，厚生労働大臣が定める。

第52条から第55条は潜水士免許試験について定めたものである。潜水士免許は所定の試験に合格したもので，満18歳以上のものに交付される。それ以外の要件，すなわち性別や国籍，身体障害の有無は免許の取得に関係しない。ただし所轄の労働局長により潜水士免許を取り消された者は，一定期間潜水士免許を再取得することができない。なお潜水士免許試験の詳細に関しては，高圧室内作業主任者及び潜水士免許規程（昭和47年労働省告示第130号）に記されている（次欄参照のこと）。

──高圧室内作業主任者及び潜水士免許規程──

（高圧室内作業主任者免許を受けることができる者）

第1条，第1条の2　（略）

（潜水士免許を受けることができる者）

第2条　高気圧作業安全衛生規則第52条第2号の厚生労働大臣が定める者は，外国において潜水士免許を受けた者に相当する資格を有し，かつ，潜水士免許を受けた者と同等以上の能力を有すると認められる者（潜水業務の安全及び衛生上支障がないと認められる場合に限る。）とする。

（潜水士免許試験）

第2条の2　潜水士免許試験は，次の表の上欄（編注：左欄）に掲げる試験科目に応じ，それぞれ同表の下欄（編注：右欄）に掲げる範囲について行う。

試験科目	範囲
潜水業務	潜水業務に関する基礎知識　潜水業務の危険性及び事故発生時の措置
送気，潜降及び浮上	潜水業務に必要な送気の方法　潜降及び浮上の方法　潜水器に関する知識　潜水器の扱い方　潜水器の点検及び修理の仕方
高気圧障害	高気圧障害の病理　高気圧障害の種類とその症状　高気圧障害の予防方法　救急処置　再圧室に関する基礎知識

関係法令	労働安全衛生法，労働安全衛生法施行令及び労働安全衛生規則中の関係条項　高気圧作業安全衛生規則

（実施方法）

第3条　第1条の2及び前条の免許試験は，筆記試験によつて行う。

②　第1条の2及び前条の免許試験の試験時間は，1科目について1時間とする。

（細目）

第4条　第1条の2，第2条の2及び前条に定めるもののほか，第1条の2及び第2条の2の免許試験の実施について必要な事項は，厚生労働省労働基準局長の定めるところによる。

様式第1号（第39条関係）　高気圧業務健康診断個人票

氏　　名		生年月日	年　月　日	雇入年月日	年　月　日
		性　　別	男・女		
健　診　年　月　日		年　月　日	年　月　日	年　月　日	年　月　日
既　　　往　　　歴					
高 気 圧 業 務 の 経 歴					
自覚症状又は他覚症状	関 節 の 痛 み				
	腰 の 痛 み				
	下 肢 の 痛 み				
	耳 鳴 り				
	そ の 他				
骨・関節	四 肢 の 運 動 機 能				
	エツクス線直接撮影				
聴器	鼓 膜				
	聴 力				
循環器	血 圧				
	心 電 図				
呼吸器	肺 活 量				
	肺 換 気 機 能				
尿	糖				
	蛋 白				
作 業 条 件					
参 考 事 項					
医 師 の 診 断					
健康診断を実施した医師の氏名					
医 師 の 意 見					
意見を述べた医師の氏名					

備考
1　「参考事項」の欄は，この票に記載した高気圧業務健康診断を行うまでの期間にとられた高気圧障害に関する医学的処置及び就業上の措置について記入すること。
2　「医師の診断」の欄は，異常なし，要精密検査，要治療等の医師の診断を記入すること。
3　「医師の意見」の欄は，健康診断の結果，異常の所見があると診断された場合に，就業上の措置について医師の意見を記入すること。
4　この票に記載しきれない事項については，別紙に記載して添付すること。

様式第２号（第40条関係）（表面）

高気圧業務健康診断結果報告書

8	0	3	0	6

標準字体

0	1	2	3	4	5	6	7	8	9

労働保険番号	⬜⬜ ⬜⬜ ⬜⬜ ⬜⬜⬜⬜⬜⬜ ⬜⬜⬜ ⬜ [都道府県][所掌][管轄] [基幹番号] [枝番号][被一括事業場番号]	在籍労働者数	人
事業場の名称		事業の種類	
事業場の所在地	郵便番号（　　　　　　） 電話　　　（　　　）		

対象年	7：平成 9：令和 →	⬜⬜ ⬜ （　月～　月分）（報告　回目）	健診年月日	7：平成 9：令和 →	⬜⬜⬜⬜⬜⬜⬜ 元号 年 月 日

健康診断実施機関の名称	
健康診断実施機関の所在地	精密健康診断　　　年　　月　　日

項目	高気圧業務の種別	高気圧業務コード　具体的業務内容 ⬜⬜　（　　　　　　　）	高気圧業務コード　具体的業務内容 ⬜⬜　（　　　　　　　）
従事労働者数		⬜⬜⬜⬜人	⬜⬜⬜⬜人
受診労働者数		⬜⬜⬜⬜人	⬜⬜⬜⬜人
上記のうち精密健康診断を要するとされた者の数		人	人
精密健康診断実施者数		人	人
高気圧業務による有所見者数	高気圧業務への就業を禁止された者	⬜⬜⬜⬜人	⬜⬜⬜⬜人
	その他	⬜⬜⬜⬜人	⬜⬜⬜人

検査項目別内訳		実施者数	有所見者数	実施者数	有所見者数
	自覚症状又は他覚症状	人	人	人	人
	骨　関　節	人	人	人	人
	聴　　器	人	人	人	人
	循　環　器	人	人	人	人
	呼　吸　器	人	人	人	人
	尿	人	人	人	人

産業医	氏名 所属機関の名称及び所在地

　　　　年　　月　　日

　　　事業者職氏名

　　労働基準監督署長殿

受付印

様式第2号（第40条関係）（裏面）

備考

1　□□□で表示された枠（以下「記入枠」という。）に記入する文字は，光学的文字読取装置（OCR）で直接読み取りを行うので，この用紙は汚したり，穴をあけたり，必要以上に折り曲げたりしないこと。

2　記載すべき事項のない欄又は記入枠は，空欄のままとすること。

3　記入枠の部分は，必ず黒のボールペンを使用し，様式右上に記載された「標準字体」にならつて，枠からはみ出さないように大きめのアラビア数字で明瞭に記載すること。

4　「対象年」の欄は，報告対象とした健康診断の実施年を記入すること。

5　1年を通し順次健診を実施して，一定期間をまとめて報告する場合は，「対象年」の欄の（　月～　月分）にその期間を記入すること。また，この場合の健診年月日は報告日に最も近い健診年月日を記入すること。

6　「対象年」の欄の（報告　回目）は，当該年の何回目の報告かを記入すること。

7　「事業の種類」の欄は，日本標準産業分類の中分類によつて記入すること。

8　「健康診断実施機関の名称」及び「健康診断実施機関の所在地」の欄は，健康診断を実施した機関が2以上あるときは，その各々について記入すること。

9　「在籍労働者数」，「従事労働者数」及び「受診労働者数」の欄は，健診年月日現在の人数を記入すること。なお，この場合，「在籍労働者数」は常時使用する労働者数を，「従事労働者数」は別表に掲げる高気圧業務に常時従事する労働者数をそれぞれ記入すること。

10　「高気圧業務の種別」の欄は，別表を参照して，該当コードを全て記入し，（　）内には具体的業務内容を記載すること。

11　「高気圧業務による有所見者数」の欄の高気圧業務への就業を禁止された者は，高気圧作業安全衛生規則第41条の規定により高気圧業務に従事させてはならない労働者の数を記入すること。

別表

コード	高気圧業務の内容
10	高圧室内作業（潜函工法その他の圧気工法により，大気圧を超える気圧下の作業室又はシャフトの内部において行う作業に限る。）に係る業務
20	潜水器を用い，かつ，空気圧縮機若しくは手押しポンプによる送気又はボンベからの給気を受けて，水中において行う業務

第2章　労働安全衛生法（抄）

（昭和 47 年 6 月 8 日法律第 57 号）

（最終改正　令和元年 6 月 14 日法律第 37 号）

（目的）

第1条　この法律は，労働基準法（昭和 22 年法律第 49 号）と相まつて，
労働災害の防止のための危害防止基準の確立，責任体制の明確化及び自
主的活動の促進の措置を講ずる等その防止に関する総合的計画的な対策
を推進することにより職場における労働者の安全と健康を確保するとと
もに，快適な職場環境の形成を促進することを目的とする。

本条は，この法律の目的を明らかにしたもので，その要旨は労働基準法
と相まって，①事業場内における責任体制の明確化，②危害防止基準の確
立，③事業者の自主的活動の促進措置を講ずる等の総合的計画的な対策を
推進することにより，④労働者の安全と健康を確保し，⑤さらに快適な職
場環境の形成を促進すること，である。

（定義）

第2条　この法律において，次の各号に掲げる用語の意義は，それぞれ
当該各号に定めるところによる。

1　労働災害　労働者の就業に係る建設物，設備，原材料，ガス，蒸気，
粉じん等により，又は作業行動その他業務に起因して，労働者が負傷
し，疾病にかかり，又は死亡することをいう。

2　労働者　労働基準法第 9 条に規定する労働者（同居の親族のみを使
用する事業又は事務所に使用される者及び家事使用人を除く。）をいう。

3　事業者　事業を行う者で，労働者を使用するものをいう。

> 3の2 化学物質 元素及び化合物をいう。
>
> 4 作業環境測定 作業環境の実態をは握するため空気環境その他の作業環境について行うデザイン，サンプリング及び分析（解析を含む。）をいう。

　本条は，この法律で用いられている用語のうち「労働災害」，「労働者」，「事業者」などについてその意味を明らかにしている。

① 「労働災害」には負傷のみならず，有害物による中毒や高気圧障害などによる職業性疾病なども含まれる。

② 「労働者」とは，労働基準法第9条に規定されている労働者であり，職業の種類を問わず，事業に使用され，賃金を支払われる者をいう。したがって，アルバイト，臨時，パートタイマーなど名称や職場での身分を問わず，事業に使用され賃金の支払いを受ける者はすべて該当する。

③ 「事業者」とは，事業を行う者で，労働者を使用するものをいう。ここで，事業者とは，法人企業であれば当該法人自身（法人の代表者ではなく，会社そのものが事業者となる），個人企業であれば事業主個人を指す。

> （事業者等の責務）
>
> **第3条** 事業者は，単にこの法律で定める労働災害の防止のための最低基準を守るだけでなく，快適な職場環境の実現と労働条件の改善を通じて職場における労働者の安全と健康を確保するようにしなければならない。また，事業者は，国が実施する労働災害の防止に関する施策に協力するようにしなければならない。
>
> ② 機械，器具その他の設備を設計し，製造し，若しくは輸入する者，原材料を製造し，若しくは輸入する者又は建設物を建設し，若しくは設計する者は，これらの物の設計，製造，輸入又は建設に際して，これらの

物が使用されることによる労働災害の発生の防止に資するように努めなければならない。

③　建設工事の注文者等仕事を他人に請け負わせる者は，施工方法，工期等について，安全で衛生的な作業の遂行をそこなうおそれのある条件を附さないように配慮しなければならない。

本条は，事業者の責務として，労働者の仕事内容や健康状態を考慮して事故の防止や労働者の健康を確保するための措置を講じる等の安全配慮義務に責務を負うべきこと明らかにしたものである。

第 1 項は，事業者は，労働災害防止のための最低基準である本法の遵守にとどまらず，快適な職場環境の実現や労働条件の改善によって総合的に職場における労働者の安全と健康の確保に努めなければならないことを定めたものである。

第 2 項は，機械器具の設計・製造者等が設計や製造等にあたり安全衛生上必要な配慮をするよう努めることを定めたものである。

第 3 項は，建設工事の注文者が無理な工期を定めること，危険を伴う作業を要求すること等をしないよう配慮するよう定めたものである。

第 4 条　労働者は，労働災害を防止するため必要な事項を守るほか，事業者その他の関係者が実施する労働災害の防止に関する措置に協力するように努めなければならない。

本条は，労働者が，労働災害防止するためにこの法律で定めている必要な事項（例えば法第 26 条，法第 32 条第 6 項，第 66 条第 5 項など）を遵守するほか，事業者その他の関係者が行う労働災害防止に関する措置に協力するように努めなければならないことを定めたものである。ここでいう関係者には，国，地方公共団体，労働災害防止団体，労働組合など労働者に係る労働災害を防止するために活動しているものすべてが含まれる。

（事業者の講ずべき措置等）

第20条　事業者は，次の危険を防止するため必要な措置を講じなければならない。

1　機械，器具その他の設備（以下「機械等」という。）による危険

2　爆発性の物，発火性の物，引火性の物等による危険

3　電気，熱その他のエネルギーによる危険

第21条　事業者は，掘削，採石，荷役，伐木等の業務における作業方法から生ずる危険を防止するため必要な措置を講じなければならない。

②　事業者は，労働者が墜落するおそれのある場所，土砂等が崩壊するおそれのある場所等に係る危険を防止するため必要な措置を講じなければならない。

第22条　事業者は，次の健康障害を防止するため必要な措置を講じなければならない。

1　原材料，ガス，蒸気，粉じん，酸素欠乏空気，病原体等による健康障害

2　放射線，高温，低温，超音波，騒音，振動，異常気圧等による健康障害

3　計器監視，精密工作等の作業による健康障害

4　排気，排液又は残さい物による健康障害

第23条　事業者は，労働者を就業させる建設物その他の作業場について，通路，床面，階段等の保全並びに換気，採光，照明，保温，防湿，休養，避難及び清潔に必要な措置その他労働者の健康，風紀及び生命の保持のため必要な措置を講じなければならない。

第24条　事業者は，労働者の作業行動から生ずる労働災害を防止するため必要な措置を講じなければならない。

　第20条および第21条は労働者に対する危険の防止について事業者がとるべき措置について定めたものであり，第22条，第23条，および第24条は事業者が健康障害の原因となる要因の排除のために必要な措置を講ず

ること，建設物等の作業場の安全衛生の保持，作業行動の適正化等について定めたものである。

> **第 25 条**　事業者は，労働災害発生の急迫した危険があるときは，直ちに作業を中止し，労働者を作業場から退避させる等必要な措置を講じなければならない。
>
> **第 25 条の 2**　建設業その他政令で定める業種に属する事業の仕事で，政令で定めるものを行う事業者は，爆発，火災等が生じたことに伴い労働者の救護に関する措置がとられる場合における労働災害の発生を防止するため，次の措置を講じなければならない。
>
> 　1　労働者の救護に関し必要な機械等の備付け及び管理を行うこと。
>
> 　2　労働者の救護に関し必要な事項についての訓練を行うこと。
>
> 　3　前二号に掲げるもののほか，爆発，火災等に備えて，労働者の救護に関し必要な事項を行うこと。
>
> ②　（略）

第 25 条は，緊急時の退避について定めたものである。事業者は，あらゆる手段を講じて労働災害や事故の発生を未然に防がなければならないが，発生もしくは発生のおそれがある場合には，迅速な退避と緊急措置を確実に実施して被害の拡大を防ぐとともに，被災した労働者に対して適切な救護を行わなければならない。また，このような事態を想定した緊急体制や緊急マニュアルの整備，避難救護訓練などをあらかじめ実施しておかなければならない。

> **第 26 条**　労働者は，事業者が第 20 条から第 25 条まで及び前条第 1 項の規定に基づき講ずる措置に応じて，必要な事項を守らなければならない。

本条は，労働者の義務について定めたものである。事業者が労働災害の防止のためにとるべき必要な措置については，第 20 条から第 25 条までに定められているが，このうちには，労働者も対応する事項を守ることにより

初めて実効があがるものがあり，これについては，労働者についても本条により義務が課されることになる。具体的には，規則等に定められている。

> **第27条** 第20条から第25条まで及び第25条の2第1項の規定により事業者が講ずべき措置及び前条の規定により労働者が守らなければならない事項は，厚生労働省令で定める。
> ② （略）

第20条から第27条まで具体的な内容は，厚生労働省令つまり各種の規則で定めることとしており，高気圧障害防止に関しては，高圧則に定められている。

> （譲渡等の制限等）
> **第42条** 特定機械等以外の機械等で，別表第2に掲げるものその他危険若しくは有害な作業を必要とするもの，危険な場所において使用するもの又は危険若しくは健康障害を防止するため使用するもののうち，政令で定めるものは，厚生労働大臣が定める規格又は安全装置を具備しなければ，譲渡し，貸与し，又は設置してはならない。

特定機械等（ボイラー，クレーン等）は，規格を定め，製造の許可さらに検査を行うことにより労働災害防止を図っているが，このほか，特定機械等以外の機械等で一定の機械等については，規格を定めこれを具備しないものは，譲り渡したり，貸与したり，設置することを禁止している。対象とされる機械等は再圧室，潜水器を含め40種以上あり，次のとおり労働安全衛生法施行令第13条で定められている。

―労働安全衛生法施行令―
> （厚生労働大臣が定める規格又は安全装置を具備すべき機械等）
> **第13条** 法別表第2第2号の政令で定める圧力容器は，第二種圧力容器（船舶安全法の適用を受ける船舶に用いられるもの及び電気事業法，高圧ガス保安法又はガス事業法の適用を受けるものを除く。）とする。

② （略）

③ 法第42条の政令で定める機械等は，次に掲げる機械等（本邦の地域内で使用されないことが明らかな場合を除く。）とする。

1～19 （略）

20 再圧室

21 潜水器

22～34 （略）

④～⑤ （略）

また，厚生労働大臣の定める規格として，再圧室構造規格（昭和47年労働省告示第147号）と潜水器構造規格（昭和47年労働省告示第148号）がある。

―再圧室構造規格―

（副室）

第1条 再圧室は，副室が設けられているものでなければならない。ただし，可搬型の再圧室にあつては，この限りでない。

（扉）

第2条 再圧室の主室と副室との間の扉は，それぞれの室を気密に保つことができ，かつ，それぞれの内部の圧力が等しい場合には，容易に開くことができるものでなければならない。

（外扉）

第3条 再圧室の外扉は，当該再圧室の内部の圧力が外部の圧力と等しい場合には，内部及び外部から容易に開くことができるものでなければならない。

（窓）

第4条 再圧室は，主室及び副室の内部を外部から観察できる窓が設けられているものでなければならない。

（圧力計）

第5条 再圧室内の圧力を表示する圧力計は，再圧室への送気及び排気を

調節するための弁又はコツクを操作する場所に設けられているものでなければならない。

（空気清浄装置等）

第6条　再圧室は，当該再圧室へ送気される空気を清浄にするための装置が設けられているものでなければならない。

（送気管及び排気管）

第7条　再圧室は，専用の送気管及び排気管が設けられ，かつ，排気管の先端が開放されているものでなければならない。

（内装材料等）

第8条　再圧室の床材その他の内装材料及び寝台，寝具その他の器具は，不燃性のもの又は難燃性のもの（難燃処理をしたものを含む。）でなければならない。

（暖房設備）

第9条　再圧室の内部の暖房設備（電気機械器具（労働安全衛生規則（昭和47年労働省令第32号）第329条の電気機械器具をいう。以下同じ。）を除く。）は，火気となるおそれのないもの又は高温となつて可燃物の点火源となるおそれのないものでなければならない。

（開閉器等）

第10条　再圧室は，その内部に，電路の開閉器類及び差込接続器が設けられていないものでなければならない。

（電気機械器具）

第11条　再圧室の内部の電気機械器具は，火花若しくはアークを発し，又は高温となって可燃物の点火源となるおそれのないものでなければならない。

②　再圧室の照明器具は，前項の規定によるほか，次に定めるところに適合するものでなければならない。

1　再圧室の上部に設け，かつ，直付けしたものであること。

2　再圧室の最高使用圧力に耐えるものであること。

3　堅固な金属製ガードを取り付けたものであること。

（電路）

第 12 条　再圧室の電路は，内部で分岐していないものでなければならない。

（警報装置等）

第 13 条　再圧室は，その内部及び外部に通話装置及び警報装置が設けられ，かつ，その内部の見やすい箇所にこれらの装置の使用方法が掲示されているものでなければならない。

（消火設備）

第 14 条　再圧室（内部及び外部で作動させることができる消火用のさん水装置又は水ホースの設備が内部に設けられているもの並びに可搬型のものを除く。）は，その内部に，消火のために必要な量の水及び砂を備えているものでなければならない。ただし，その内部及び外部で作動させることができる消火用のさん水装置又は水ホースの設備が内部に設けられている再圧室並びに可搬型の再圧室については，この限りでない。

─潜水器構造規格─

（構造）

第 1 条　潜水器の構造は，次に定めるところに適合するものでなければならない。

1　面ガラスは，視界が 90 度以上のものであること。

2　面ガラス以外ののぞき窓には，窓ガラスを保護するための金属製格子等が取り付けられていること。

3　送気管の取付部に逆止弁が設けられていること。

（ヘルメット式潜水器）

第 2 条　ヘルメット式潜水器のヘルメットは，排気弁その他の外部から手で操作できる空気抜装置を備えているものでなければならない。

（安全衛生教育）

第 59 条 事業者は，労働者を雇い入れたときは，当該労働者に対し，厚
　生労働省令で定めるところにより，その従事する業務に関する安全又は
　衛生のための教育を行なわなければならない。

② 　前項の規定は，労働者の作業内容を変更したときについて準用する。

③ 　事業者は，危険又は有害な業務で，厚生労働省令で定めるものに労働
　者をつかせるときは，厚生労働省令で定めるところにより，当該業務に
　関する安全又は衛生のための特別の教育を行なわなければならない。

　労働災害の防止の徹底を期すためには，労働者が作業の正しい進め方や
作業のもつ危険性などについて必要な知識・技術をもつことが重要である。
そのため，すべての労働者について，雇い入れの際および作業内容を変更
したとき（配置換えの場合や，工程の変更などで新しい作業を行う場合な
ど）には，必ず必要なことについて教育を行わなければならないことを定
めたものである。

　第 1 項は，雇入れ時の教育について定めたもので，具体的には安衛則第
35 条に定めている（p.333 参照）。

　第 2 項は，作業内容を変更したときの教育について定めたもので，教育
する内容は雇入れの場合に行う内容を準用するとされている。

　第 3 項は，危険有害な業務についての特別な教育について定めたもので
あり，潜水業務関係では，高圧則第 11 条に定めている業務について，高
気圧業務特別教育規程に定めるところにより実施すべきこととされている。

　このほか，建設業等では職長等について，法第 60 条で安全衛生教育が
義務付けられている。

（就業制限）

第 61 条 事業者は，クレーンの運転その他の業務で，政令で定めるもの
　については，都道府県労働局長の当該業務に係る免許を受けた者又は都

道府県労働局長の登録を受けた者が行う当該業務に係る技能講習を修了した者その他厚生労働省令で定める資格を有する者でなければ，当該業務に就かせてはならない。

② 前項の規定により当該業務につくことができる者以外の者は，当該業務を行なつてはならない。

③ 第1項の規定により当該業務につくことができる者は，当該業務に従事するときは，これに係る免許証その他その資格を証する書面を携帯していなければならない。

④ 職業能力開発促進法（昭和44年法律第64号）第24条第1項（同法第27条の2第2項において準用する場合を含む。）の認定に係る職業訓練を受ける労働者について必要がある場合においては，その必要の限度で，前三項の規定について，厚生労働省令で別段の定めをすることができる。

第66条は，一定の業務に従事する者については，都道府県労働局長の免許を受けた者または一定の技能講習を修了した者などでなければならないことを定めたものである。ここでいう「政令で定めるもの」は令第20条（次欄参照）に記されているものであり，潜水業務が含まれている。したがって，潜水士免許を取得し，その免許を携帯している者以外の者は，潜水業務に従事してはならない。

―労働安全衛生法施行令―

（就業制限に係る業務）

第20条 法第61条第1項の政令で定める業務は，次のとおりとする。

1～8 （略）

9 潜水器を用い，かつ，空気圧縮機若しくは手押しポンプによる送気又はボンベからの給気を受けて，水中において行う業務＜編注：潜水業務＞

10～16 （略）

（作業時間の制限）

第65条の4 事業者は，潜水業務その他の健康障害を生ずるおそれのある業務で，厚生労働省令で定めるものに従事させる労働者については，厚生労働省令で定める作業時間についての基準に違反して，当該業務に従事させてはならない。

　本条は，潜水業務に従事する労働者に対し，あらかじめ計画した作業時間を超えて潜水業務を行わせてはならないことを定めたものである。潜水業務における作業時間の設定に関しては，高圧則第12条の2，第18条及び第27条に基づいて決定しなければならない。潜水業務では，実際に行う作業時間に加え浮上の際の減圧時間が必要となる。減圧時間は生産性を伴わない時間であるが，潜水業務には必須のものであるので，これらも作業時間として取り扱わなければならない。

（健康診断）

第66条 事業者は，労働者に対し，厚生労働省令で定めるところにより，医師による健康診断（第66条の10第1項に規定する検査を除く。以下この条及び次条において同じ。）を行なわなければならない。

② 事業者は，有害な業務で，政令で定めるものに従事する労働者に対し，厚生労働省令で定めるところにより，医師による特別の項目についての健康診断を行なわなければならない。有害な業務で，政令で定めるものに従事させたことのある労働者で，現に使用しているものについても，同様とする。

③ 事業者は，有害な業務で，政令で定めるものに従事する労働者に対し，厚生労働省令で定めるところにより，歯科医師による健康診断を行なわなければならない。

④ 都道府県労働局長は，労働者の健康を保持するため必要があると認めるときは，労働衛生指導医の意見に基づき，厚生労働省令で定めるところにより，事業者に対し，臨時の健康診断の実施その他必要な事項を指

示することができる。

⑤ 労働者は，前各項の規定により事業者が行なう健康診断を受けなければならない。ただし，事業者の指定した医師又は歯科医師が行なう健康診断を受けることを希望しない場合において，他の医師又は歯科医師の行なうこれらの規定による健康診断に相当する健康診断を受け，その結果を証明する書面を事業者に提出したときは，この限りでない。

第 66 条の 2 （略）

（健康診断の結果の記録）

第 66 条の 3 事業者は，厚生労働省令で定めるところにより，第 66 条第 1 項から第 4 項まで及び第 5 項ただし書並びに前条の規定による健康診断の結果を記録しておかなければならない。

本条は，労働者を雇い入れる際並びに定期に行う健康診断の実施，一定の有害業務に従事する労働者に対して雇い入れの際，配置替えの際並びに定期に行う健康診断の実施について定めたものである。また，都道府県労働局長が必要と判断したときには，臨時の健康診断の実施を事業者に指示することも定めている。なお第 2 項でいう「政令で定める有害な業務」は令第 22 条に記されている（次欄参照）。

―労働安全衛生法施行令―

（健康診断を行うべき有害な業務）

第 22 条 法第 66 条第 2 項前段の政令で定める有害な業務は，次のとおりとする。

1 第 6 条第 1 号に掲げる作業に係る業務及び第20条第 9 号に掲げる業務

2 ～ 6 （略）

②～③ （略）

上記の「第 20 条第 9 号に掲げる業務」は潜水業務を示す（p.323 参照）。

> （健康診断の結果についての医師等からの意見聴取）
>
> **第66条の4** 事業者は，第66条第1項から第4項まで若しくは第5項ただし書又は第66条の2の規定による健康診断の結果（当該健康診断の項目に異常の所見があると診断された労働者に係るものに限る。）に基づき，当該労働者の健康を保持するために必要な措置について，厚生労働省令で定めるところにより，医師又は歯科医師の意見を聴かなければならない。

　本条は，健康診断実施後の異常所見が認められた者について，健康診断の結果に基づき，労働者の健康を保持するために必要な措置，すなわち就業場所の変更や作業の転換等の措置を的確に実施するために，医師や歯科医師の医学的知見を踏まえる必要があることを定めたものである。

> （健康診断実施後の措置）
>
> **第66条の5** 事業者は，前条の規定による医師又は歯科医師の意見を勘案し，その必要があると認めるときは，当該労働者の実情を考慮して，就業場所の変更，作業の転換，労働時間の短縮，深夜業の回数の減少等の措置を講ずるほか，作業環境測定の実施，施設又は設備の設置又は整備，当該医師又は歯科医師の意見の衛生委員会若しくは安全衛生委員会又は労働時間等設定改善委員会（労働時間等の設定の改善に関する特別措置法（平成4年法律第90号）第7条に規定する労働時間等設定改善委員会をいう。以下同じ。）への報告その他の適切な措置を講じなければならない。
>
> ② 厚生労働大臣は，前項の規定により事業者が講ずべき措置の適切かつ有効な実施を図るため必要な指針を公表するものとする。
>
> ③ 厚生労働大臣は，前項の指針を公表した場合において必要があると認めるときは，事業者又はその団体に対し，当該指針に関し必要な指導等を行うことができる。

　本条は，健康診断後の措置を適切かつ有効に実施するために，医師等か

らの意見を勘案して，その必要があるときには，当該労働者の従事する作業内容や労働時間その他を考慮して必要な措置を誇示なければならないことを定めている。なおこの必要な措置に関しては指針（健康診断結果に基づき事業者が講ずべき措置に関する指針）が示されている。

（保健指導等）

第66条の7 事業者は，第66条第1項の規定による健康診断若しくは当該健康診断に係る同条第5項ただし書きの規定による健康診断又は第66条の2の規定による健康診断の結果，特に健康の保持に努める必要があると認める労働者に対し，医師又は保健師による保健指導を行うように努めなければならない。

② 労働者は，前条の規定により通知された健康診断の結果及び前項の規定による保健指導を利用して，その健康の保持に努めるものとする。

本条は，労働者の自主的な健康管理の取組みを一層促進していくため，健康診断の結果，特に健康の保持に努める必要があると認められた労働者に対し，医師等による保健指導を行うことを事業者の努力義務として定めたものである。また，労働者に対しても健康診断や保健指導を利用して健康管理に努めるよう定めている。

（病者の就業禁止）

第68条 事業者は，伝染性の疾病その他の疾病で，厚生労働省令で定めるものにかかつた労働者については，厚生労働省令で定めるところにより，その就業を禁止しなければならない。

本条は，伝染性の疾病にかかっている者，労働によって病状が増悪する恐れのある者などを就業させると，本人自身の健康を害するばかりでなく，他の労働者の健康を損ね，悪影響を及ぼす場合があるので，事業者はこれら特定の疾病にかかった病者の就業を禁止しなければならないことを定めたものである。これに基づき，潜水業務への就業を禁止する疾病について

高圧則第41条で具体的に示している。

（免許）

第72条　第12条第1項，第14条又は第61条第1項の免許（以下「免許」という。）は，第75条第1項の免許試験に合格した者その他厚生労働省令で定める資格を有する者に対し，免許証を交付して行う。

②　次の各号のいずれかに該当する者には，免許を与えない。

　1　第74条第2項（第3号を除く。）の規定により免許を取り消され，その取消しの日から起算して1年を経過しない者

　2　前号に掲げる者のほか，免許の種類に応じて，厚生労働省令で定める者

③　第61条第1項の免許については，心身の障害により当該免許に係る業務を適正に行うことができない者として厚生労働省令で定めるものには，同項の免許を与えないことがある。

④　都道府県労働局長は，前項の規定により第61条第1項の免許を与えないこととするときは，あらかじめ，当該免許を申請した者にその旨を通知し，その求めがあつたときは，都道府県労働局長の指定する職員にその意見を聴取させなければならない。

（免許の取消し等）

第74条　都道府県労働局長は，免許を受けた者が第72条第2項第2号に該当するに至つたときは，その免許を取り消さなければならない。

②　都道府県労働局長は，免許を受けた者が次の各号のいずれかに該当するに至つたときは，その免許を取り消し，又は期間（第1号，第2号，第4号又は第5号に該当する場合にあつては，6月を超えない範囲内の期間）を定めてその免許の効力を停止することができる。

　1　故意又は重大な過失により，当該免許に係る業務について重大な事故を発生させたとき。

　2　当該免許に係る業務について，この法律又はこれに基づく命令の規定に違反したとき。

　3　当該免許が第61条第1項の免許である場合にあつては，第72条第

3項に規定する厚生労働省令で定める者となつたとき。

4 第110条第1項の条件に違反したとき。

5 前各号に掲げる場合のほか，免許の種類に応じて，厚生労働省令で定めるとき。

③ 前項第3号に該当し，同項の規定により免許を取り消された者であつても，その者がその取消しの理由となつた事項に該当しなくなつたとき，その他その後の事情により再び免許を与えるのが適当であると認められるに至つたときは，再免許をあたえることができる。

（厚生労働省令への委任）

第74条の2 前三条に定めるもののほか，免許証の交付の手続その他免許に関して必要な事項は，厚生労働省令で定める。

（免許試験）

第75条 免許試験は，厚生労働省令で定める区分ごとに，都道府県労働局長が行う。

② 前項の免許試験（以下「免許試験」という。）は，学科試験及び実技試験又はこれらのいずれかによつて行なう。

③ 都道府県労働局長は，厚生労働省令で定めるところにより，都道府県労働局長の登録を受けた者が行う教習を修了した者でその修了した日から起算して1年を経過しないものその他厚生労働省令で定める資格を有する者に対し，前項の学科試験又は実技試験の全部又は一部を免除することができる。

④ （略）

⑤ 免許試験の受験資格，試験科目及び受験手続並びに教習の受講手続きその他免許試験の実施について必要な事項は，厚生労働省令で定める。

第72条は，潜水士など免許を必要とする者についての免許証の交付およびその免許の欠格事由について規定したものである。

第74条は，免許の取消しおよびその効力の停止について定めたもので，第1項は身体，精神の欠陥によりその免許業務に就くことが不適当な者などに対し必要的取消しを行うべきことを定め，第2項はその免許業務に関

して重大な事故を発生させたときなどに対し任意的取消しを行うべきこと
を定めたものである。第3項は第2項により免許を取り消された者であっ
ても，その取消し事由に該当しなくなったとき，その他その後の事情によ
り再び免許を与えることが適当であると認められるに至った場合には，再
免許を与えることができることを定めたものである。

第75条は，免許試験の実施方法などについて定めたもので，潜水士試
験については高圧則で具体的に規定されている。

（書類の保存等）

第103条 事業者は，厚生労働省令で定めるところにより，この法律又
はこれに基づく命令の規定に基づいて作成した書類（次項及び第3項の
帳簿を除く。）を，保存しなければならない。

②～③ （略）

本条は，事業者に規定に基づいて作成した書類を，法令に定める期間保
管することを義務付けたものである。潜水業務に関係するものとしては，
特別教育の記録：3年間（安衛則第38条），健康診断結果の記録：5年間
（安衛則第51条），設備等の点検及び修理の記録：3年間（高圧則第34条
第3項），特殊健康診断結果の記録：5年間（高圧則第39条），再圧室の
使用及び点検の記録（高圧則第44条，第45条）等がある。

（健康診断等に関する秘密の保持）

第105条 第65条の2第1項及び第66条第1項から第4項までの規定
による健康診断，第66条の8第1項，第66条の8の2第1項及び第66
条の8の4第1項の規定による面接指導，第66条の10第1項の規定に
よる検査又は同条第3項の規定による面接指導の実施の事務に従事した
者は，その実施に関して知り得た労働者の秘密を漏らしてはならない。

本条は，健康診断等により知り得た労働者の秘密の保持について定めた
ものである。具体的な方策に関しては，通達「雇用管理分野における個人

情報のうち健康情報を取り扱うに当たっての留意事項について」（平成 29 年 5 月 29 日付け基発 0529 第 3 号, 最終改正　平成 31 年 3 月 29 日付け基発 0329 第 4 号）に示されている。

> **第 119 条**　次の各号のいずれかに該当する者は, 6 月以下の懲役又は 50 万円以下の罰金に処する。
>
> 1　第 14 条, 第 20 条から第 25 条まで, 第 25 条の 2 第 1 項, 第 30 条の 3 第 1 項若しくは第 4 項, 第 31 条第 1 項, 第 31 条の 2, 第 33 条第 1 項若しくは第 2 項, 第 34 条, 第 35 条, 第 38 条第 1 項, 第 40 条第 1 項, <u>第 42 条</u>, 第 43 条, 第 44 条第 6 項, 第 44 条の 2 第 7 項, 第 56 条第 3 項若しくは第 4 項, 第 57 条の 4 第 5 項, 第 57 条の 5 第 5 項, <u>第 59 条第 3 項</u>, <u>第 61 条第 1 項</u>, 第 65 条第 1 項, <u>第 65 条の 4</u>, <u>第 68 条</u>, 第 89 条第 5 項（第 89 条の 2 第 2 項において準用する場合を含む。）, 第 97 条第 2 項, 第 105 条又は第 108 条の 2 第 4 項の規定に違反した者
>
> 2 〜 4　（略）

本条のうち, 特に潜水業務に関連するものに下線を付した。第 42 条（譲渡等の制限）, 第 59 条第 3 項（安全衛生教育）, 第 61 条第 1 項（就業制限）, 第 65 条の 4（作業時間の制限）, 第 68 条（病者の就業禁止）があり, これに違反した者は本条による罰則が科される。例えば, 事業者が潜水免許を有していないものに潜水作業を命じた場合, 法第 61 条第 1 項の違反で本条による処分の対象となる。

> **第 120 条**　次の各号のいずれかに該当する者は, 50 万円以下の罰金に処する。
>
> 1　第 10 条第 1 項, 第 11 条第 1 項, 第 12 条第 1 項, 第 13 条第 1 項, 第 15 条第 1 項, 第 3 項若しくは第 4 項, 第 15 条の 2 第 1 項, 第 16 条第 1 項, 第 17 条第 1 項, 第 18 条第 1 項, 第 25 条の 2 第 2 項（第 30 条の 3 第 5 項において準用する場合を含む。）, 第 26 条, 第 30 条第 1 項若しくは第 4 項, 第 30 条の 2 第 1 項若しくは第 4 項, 第 32 条

> 第 1 項から第 6 項まで，第 33 条第 3 項，第 40 条第 2 項，第 44 条第
> 5 項，第 44 条の 2 第 6 項，第 45 条第 1 項若しくは第 2 項，第 57 条
> の 4 第 1 項，<u>第 59 条第 1 項</u>（同条第 2 項において準用する場合を含
> む。），<u>第 61 条第 2 項，第 66 条第 1 項から第 3 項まで，第 66 条の
> 3，第 66 条の 6</u>，第 66 条の 8 の 2 第 1 項，第 66 条の 8 の 4 第 1 項，
> 第 87 条第 6 項，第 88 条第 1 項から第 4 項まで，<u>第 101 条第 1 項又は
> 第 103 条第 1 項</u>の規定に違反した者
> 2 ～ 6 （略）

　本条のうち特に潜水業務に関連するものに下線を付した。第 59 条第 1
項（安全衛生教育），第 61 条第 2 項（就業制限），第 66 条第 1 項から第 3
項（健康診断），第 66 条の 3（健康診断の結果の記録），第 66 条の 6（健
康診断の結果の通知），第 103 条第 1 項（書類の保存等）があり，これに
違反した者は本条による罰則が科される。例えば，事業者が潜水士や他の
労働者に規定の健康診断を受けさせない場合，法第 66 条第 1 項の違反で
本条による処分の対象となる。

> **第 122 条**　法人の代表者又は法人若しくは人の代理人，使用人その他の
> 従業員が，その法人又は人の業務に関して，第 116 条，第 117 条，第 119
> 条又は第 120 条の違反行為をしたときは，行為者を罰するほか，その法
> 人又は人に対しても，各本条の罰金刑を科する。

　本条は，いわゆる「両罰規定」について定めている。労働安全衛生法で
は，労働安全に関する違反行為が行われた場合には，実際に関わった実行
行為者（例えば，社長自ら，あるいは現場監督，作業責任者など）個人が
罰せられるとともに，事業者（法人の場合にはその法人，個人事業主の場
合にはその個人）に対しても罰則が科せられる。これは，違反行為があっ
た場合には，労働者の選任，監督その他違反行為を防止するために必要な
措置を取らなかった過失が，事業者にあるものと考えられているためであ
る。

第3章　労働安全衛生規則（抄）

（昭和 47 年 9 月 30 日労働省令第 32 号）

（最終改正　令和 3 年 3 月 22 日厚生労働省令第 53 号）

（規格に適合した機械等の使用）

第 27 条　事業者は，法別表第 2 に掲げる機械等及び令第 13 条第 3 項各号に掲げる機械等については，法第 42 条の厚生労働大臣が定める規格又は安全装置を具備したものでなければ，使用してはならない。

本条により，再圧室構造規格，潜水器構造規格（p.319〜p.321 参照）を具備しないものの使用は禁止される。

（雇入れ時等の教育）

第 35 条　事業者は，労働者を雇い入れ，又は労働者の作業内容を変更したときは，当該労働者に対し，遅滞なく，次の事項のうち当該労働者が従事する業務に関する安全又は衛生のため必要な事項について，教育を行なわなければならない。ただし，令第 2 条第 3 号に掲げる業種の事業場の労働者については，第 1 号から第 4 号までの事項についての教育を省略することができる。

1　機械等，原材料等の危険性又は有害性及びこれらの取扱い方法に関すること。

2　安全装置，有害物抑制装置又は保護具の性能及びこれらの取扱い方法に関すること。

3　作業手順に関すること。

4　作業開始時の点検に関すること。

5　当該業務に関して発生するおそれのある疾病の原因及び予防に関すること。

6 整理，整頓及び清潔の保持に関すること。

7 事故時等における応急措置及び退避に関すること。

8 前各号に掲げるもののほか，当該業務に関する安全又は衛生のために必要な事項。

② 事業者は，前項各号に掲げる事項の全部又は一部に関し十分な知識及び技能を有していると認められる労働者については，当該事項についての教育を省略することができる。

（特別教育を必要とする業務）

第36条 法第59条第3項の厚生労働省令で定める危険又は有害な業務は，次のとおりとする。

1～22（略）

23 潜水作業者への送気の調節を行うためのバルブ又はコックを操作する業務

24 再圧室を操作する業務

24の2～41（略）

（特別教育の科目の省略）

第37条 事業者は，法第59条第3項の特別の教育（以下「特別教育」という。）の科目の全部又は一部について十分な知識及び技能を有していると認められる労働者については，当該科目についての特別教育を省略することができる。

（特別教育の記録の保存）

第38条 事業者は，特別教育を行なつたときは，当該特別教育の受講者，科目等の記録を作成して，これを3年間保存しておかなければならない。

（特別教育の細目）

第39条 前二条及び第592条の7に定めるもののほか，第36条第1号から第13号まで，第27号，第30号から第36号まで及び第39号から第41号までに掲げる業務に係る特別教育の実施について必要な事項は，厚生労働大臣が定める。

第35条から第39条は労働者の教育について定めたものである。潜水業

務に関しては，特に潜水士への送気調節の業務に従事する場合，および再
圧室の操作を行う場合には特別教育を実施しなければならない。教育の際
に実施しなければならない科目および教育時間については，高気圧業務特
別教育規程（昭和47年労働省告示第129号）に定められている。ただし，
教育を行う業務に関し十分な知識と技能を有している者に対しては，教育
科目の一部を省略することができる。高気圧業務特別教育の詳細について
は，p.285 を参照のこと。

（就業制限についての資格）

第41条　法第61条第1項に規定する業務につくことができる者は，別
表第3の上欄（編注：左欄）に掲げる業務の区分に応じて，それぞれ，
同表の下欄（編注：右欄）に掲げる者とする。

別表第3（抜粋）

業務の区分	業務につくことができる者
令第20条第9号の業務＜編注：潜水業務＞	潜水士免許を受けた者

本条は，有資格者以外の就業制限について定めたもので，本条により，
潜水士免許を有する潜水士でなければ潜水業務に従事することはできない。

（雇入時の健康診断）

第43条　事業者は，常時使用する労働者を雇い入れるときは，当該労働
者に対し，次の項目について医師による健康診断を行わなければならな
い。ただし，医師による健康診断を受けた後，3月を経過しない者を雇
い入れる場合において，その者が当該健康診断の結果を証明する書面を
提出したときは，当該健康診断の項目に相当する項目については，この
限りでない。

1　既往歴及び業務歴の調査

2　自覚症状及び他覚症状の有無の検査

3　身長，体重，腹囲，視力及び聴力（1,000ヘルツ及び4,000ヘルツ
の音に係る聴力をいう。次条第1項第3号において同じ。）の検査

4 胸部エックス線検査

5 血圧の測定

6 血色素量及び赤血球数の検査（次条第1項第6号において「貧血検査」という。）

7 血清グルタミックオキサロアセチックトランスアミナーゼ（GOT），血清グルタミックピルビックトランスアミナーゼ（GPT）及びガンマーグルタミルトランスペプチダーゼ（γ－GTP）の検査（次条第1項第7号において「肝機能検査」という。）

8 低比重リポ蛋白コレステロール（LDLコレステロール），高比重リポ蛋白コレステロール（HDLコレステロール）及び血清トリグリセライドの量の検査（次条第1項第8号において「血中脂質検査」という。）

9 血糖検査

10 尿中の糖及び蛋白の有無の検査（次条第1項第10号において「尿検査」という。）

11 心電図検査

（定期健康診断）

第44条 事業者は，常時使用する労働者（第45条第1項に規定する労働者を除く。）に対し，1年以内ごとに1回，定期に，次の項目について医師による健康診断を行わなければならない。

1 既往歴及び業務歴の調査

2 自覚症状及び他覚症状の有無の検査

3 身長，体重，腹囲，視力及び聴力の検査

4 胸部エックス線検査及び喀痰検査

5 血圧の測定

6 貧血検査

7 肝機能検査

8 血中脂質検査

9 血糖検査

　10　尿検査

　11　心電図検査

②〜④　（略）

（特定業務従事者の健康診断）

第45条　事業者は，第13条第1項第3号に掲げる業務に常時従事する
　　　労働者に対し，当該業務への配置替えの際及び6月以内ごとに1回，定
　　　期に，第44条第1項各号に掲げる項目について医師による健康診断を
　　　行わなければならない。この場合において，同項第4号の項目について
　　　は，1年以内ごとに1回，定期に，行えば足りるものとする。

②〜④　（略）

（健康診断の指示）

第49条　法第66条第4項の規定による指示は，実施すべき健康診断の
　　　項目，健康診断を受けるべき労働者の範囲その他必要な事項を記載した
　　　文書により行なうものとする。

　第43条から第49条は健康診断について定めたものである。事業者は労
働者に対し，所定の健康診断を雇入れ時（第43条）並びに1年以内に1
回（第44条）実施しなければならない。

　なお潜水士に対しては，別途特殊健康診断を6カ月以内に1回実施しな
ければならない（p.302高圧則第38条参照）。

（労働者の希望する医師等による健康診断の証明）

第50条　法第66条第5項ただし書の書面は，当該労働者の受けた健康
　　　診断の項目ごとに，その結果を記載したものでなければならない。

（健康診断結果の記録の作成）

第51条　事業者は，第43条，第44条若しくは第45条から第48条まで
　　　の健康診断若しくは法第66条第4項の規定による指示を受けて行つた
　　　健康診断（同条第5項ただし書の場合において当該労働者が受けた健康
　　　診断を含む。次条において「第43条等の健康診断」という。）又は法第

66条の2の自ら受けた健康診断の結果に基づき，健康診断個人票（様式第5号）を作成して，これを5年間保存しなければならない。

（健康診断の結果についての医師等からの意見聴取）

第51条の2 第43条等の健康診断の結果に基づく法第66条の4の規定による医師又は歯科医師からの意見聴取は，次に定めるところにより行わなければならない。

1　第43条等の健康診断が行われた日（法第66条第5項ただし書の場合にあつては，当該労働者が健康診断の結果を証明する書面を事業者に提出した日）から3月以内に行うこと。

2　聴取した医師又は歯科医師の意見を健康診断個人票に記載すること。

②，③　（略）

（健康診断の結果の通知）

第51条の4 事業者は，法第66条第4項又は第43条，第44条若しくは第45条から第48条までの健康診断を受けた労働者に対し，遅滞なく，当該健康診断の結果を通知しなければならない。

　第50条から第51条の4は健康診断実施後の措置について定めたものである。事業者は，健康診断の結果をもとに健康診断個人票を作成し，これを5年間保管しなければならない。診断の結果，異常の所見がある場合には医師等の意見を聴取しなければならない。また，これらの結果は，遅滞なく労働者に通知しなければならない。

第61条 事業者は，次の各号のいずれかに該当する者については，その就業を禁止しなければならない。ただし，第1号に掲げる者について伝染予防の措置をした場合は，この限りではない。

1 病毒伝ぱのおそれのある伝染病の疾病にかかつた者

2 心臓，腎臓，肺等の疾病で労働のため病勢が著しく増悪するおそれのあるものにかかつた者

3 前各号に準ずる疾病で厚生労働大臣が定めるものにかかつた者

② 事業者は，前項の規定により，就業を禁止しようとするときは，あらかじめ，産業医その他専門の医師の意見をきかなければならない。

本条は，伝染性の疾病等にかかった労働者について，その就業を禁止しなければならないことを定めたものである。就業を禁止する際には，事前に医師の意見を聞かなければならない。なお潜水士としての業務を禁止すべき疾病等に関しては，高圧則第41条を参照のこと（p.304）。

（免許を受けることができる者）

第62条 法第12条第1項，第14条又は第61条第1項の免許（以下「免許」という。）を受けることができる者は，別表第4の上欄（編注：左欄）に掲げる免許の種類に応じて，同表の下欄（編注：右欄）に掲げる者とする。

別表第4（抜粋）

潜水士免許	1 潜水士免許試験に合格した者 2 高圧則第52条第2項に掲げる者

（免許の重複取得の禁止）

第64条 免許を現に受けている者は，当該免許と同一の種類の免許を重ねて受けることができない。（以下略）

（免許の取消し等）

第66条 法第74条第2項第5号の厚生労働省令で定めるときは，次のとおりとする。

---

1 当該免許試験の受験についての不正その他の不正の行為があつたとき。

2 免許証を他人に譲渡し，又は貸与したとき。

3 免許を受けた者から当該免許の取消しの申請があつたとき。

（免許証の交付）

第66条の2 免許は，免許証（様式第11号）を交付して行う。この場合において，同一人に対し，日を同じくして2以上の種類の免許を与えるときは，一の種類の免許に係る免許証に他の種類の免許に係る事項を記載して，当該種類の免許に係る免許証の交付に代えるものとする。

②〜③（略）

（免許の申請手続）

第66条の3 免許試験に合格した者で，免許を受けようとするもの（次項の者を除く。）は，当該免許試験に合格した後，遅滞なく，免許申請書（様式第12号）を当該免許試験を行つた都道府県労働局長に提出しなければならない。

② 法第75条の2の指定試験機関（以下「指定試験機関」という。）が行う免許試験に合格した者で，免許を受けようとするものは，当該免許試験に合格した後，遅滞なく，前項の免許申請書に第71条の2に規定する書面を添えて当該免許試験を行つた指定試験機関の事務所の所在地を管轄する都道府県労働局長に提出しなければならない。

③ 免許試験に合格した者以外の者で，免許を受けようとするものは，第1項の免許申請書をその者の住所を管轄する都道府県労働局長に提出しなければならない。

（免許証の再交付又は書替え）

第67条 免許証の交付を受けた者で，当該免許に係る業務に現に就いているもの又は就こうとするものは，これを滅失し，又は損傷したときは，免許証再交付申請書（様式第12号）を免許証の交付を受けた都道府県労働局長又はその者の住所を管轄する都道府県労働局長に提出し，免許証の再交付を受けなければならない。

② 前項に規定する者は，氏名を変更したときは，免許証書替申請書（様式第12号）を免許証の交付を受けた都道府県労働局長又はその者の住所を管轄する都道府県労働局長に提出し，免許証の書替えを受けなければならない。

（免許の取消しの申請手続）

第67条の2 免許を受けた者は，当該免許の取消しの申請をしようとするときは，免許取消申請書（様式第13号）を免許証の交付を受けた都道府県労働局長又はその者の住所を管轄する都道府県労働局長に提出しなければならない。

（免許証の返還）

第68条 法第74条の規定により免許の取消しの処分を受けた者は，遅滞なく，免許の取消しをした都道府県労働局長に免許証を返還しなければならない。

② 前項の規定により免許証の返還を受けた都道府県労働局長は，当該免許証に当該取消しに係る免許と異なる種類の免許に係る事項が記載されているときは，当該免許証から当該取消しに係る免許に係る事項を抹消して，免許証の再交付を行うものとする。

（免許試験）

第69条 法第75条第1項の厚生労働省令で定める免許試験の区分は，次のとおりとする。

1〜15 （略）

16 潜水士免許試験

（受験手続）

第71条 免許試験を受けようとする者は，免許試験受験申請書（様式第14号）を都道府県労働局長（指定試験機関が行う免許試験を受けようとする者にあつては，指定試験機関）に提出しなければならない。

（合格の通知）

第71条の2 都道府県労働局長又は指定試験機関は，免許試験に合格した者に対し，その旨を書面により通知するものとする。

第62条から第71条の2は労働安全衛生法による免許について定めたものである。潜水業務では，潜水士免許が該当する。潜水士免許は潜水士免許試験に合格した者に交付されるが，試験に不正があったり，他人に譲渡や貸与した場合，また免許を受けた本人が取消しを申請したときには，免許を取り消される。

（労働者死傷病報告）

第97条　事業者は，労働者が労働災害その他就業中又は事業場内若しくはその附属建設物内における負傷，窒息又は急性中毒により死亡し，又は休業したときは，遅滞なく，様式第23号による報告書を所轄労働基準監督署長に提出しなければならない。

②　前項の場合において，休業の日数が4日に満たないときは，事業者は，同項の規定にかかわらず，1月から3月まで，4月か6月まで，7月から9月まで及び10月から12月までの期間における当該事実について，様式第24号による報告書をそれぞれの期間における最後の月の翌月末日までに，所轄労働基準監督署長に提出しなければならない。

本条は，労働災害が発生した際の報告義務について定めたものである。事業者は，労働災害等により労働者が死亡又は休業した場合には，遅滞なく，労働者死傷病報告等を労働基準監督署長に提出しなければならない。報告書の提出に関しては，休業4日以上の場合には遅滞なく，休業4日未満の場合には3カ月ごとに提出しなければならない。

第4章 その他関連する法令

4-1 高圧ガス保安法

　ゲージ圧力が1MPa以上の圧縮空気やガスを使用する場合には，高圧ガス保安法の適用を受けることになる。潜水業務においては，スクーバボンベやそれに充塡された高圧の圧縮空気，混合ガス潜水の際のヘリウム混合ガスや，酸素減圧時の酸素並びにそのボンベ等が対象となる。

　高圧ガス保安法は，高圧ガスによる災害を防止するため，高圧ガスの製造，貯蔵，販売，移動，消費，廃棄等について規則を定めている（第1条）。なお船舶内での使用においては同法の適用は除外（第3条）とされるが，その取扱いは危険物船舶運送及び貯蔵規則（国土交通省令）によらなければならない。

4-1-1 高圧ガスの定義

　高圧ガスとは，本法第2条および本法施行令第1条によって，常用の温度で圧力が1MPa以上になるもの，もしくは使用温度環境下で1MPa以上になるもの，および35℃で1MPa以上となるものと定義されている。ボンベからの給気により潜水業務を行う場合，ボンベのガス充塡圧力は通常19.6MPa（約200気圧）もしくは14.7MPa（約150気圧）であるので，高圧ガス保安法による規制を受ける。

4-1-2 高圧ガス保安法の法体系

　高圧ガス保安法の法体系を以下に示す。

【高圧ガス保安法の体系】

　（法律）高圧ガス保安法
　　　　　　｜
　（政令）高圧ガス保安法施行令
　　　　　　｜
　（省令）一般高圧ガス保安規則（略称：一般則）

　　　　　容器保安規則（略称：容器則）

　　　　　（＊注：省令については潜水業務に関連するもののみを記した。）

(1)　**一般高圧ガス保安規則**（一般則）

　　一般高圧ガス保安規則では，高圧ガスの製造または貯蔵，消費，廃棄，保安または定期点検等について規定している。潜水業務に関しては，スクーバボンベに圧縮空気の充填を行う際に必要な基準や許可申請等が記されている。混合ガス潜水では，大量のヘリウム混合ガスを準備して現場に設置する必要があるが，この際には同規則による貯蔵の基準に拠らなければならない。

(2)　**容器保安規則**（容器則）

　　容器保安規則では，高圧ガスを充填する容器について定めたものであり，ボンベ等移動が可能な容器についての基準が示されている。潜水業務には関係しないが，工場等高圧ガス容器を固定設備として施設内に設ける場合の基準は，一般則やコンビナート等保安規則に記されている。同規則では，容器の製造や検査，表示方法，容器付属部品（バルブ等）などの基準を定めている。容器は使用開始後一定期間が経過したとき並びに容器が損傷を受けたときに容器の安全性を確認するために再検査を行わなければならない。再検査までの期間は鋼製ボンベでは 5 年であるが，スクーバ用のアルミボンベは 1 年（容器則第 24 条）とされている。

4-2 船舶安全法

　船舶安全法は，船舶の堪航性および人命の安全保持を目的としており（第1条），そのために必要な構造・設備要件等を定め，これらを確認するための船舶検査の実施を規定している（第5条，第6条）。潜水業務で使用する船舶は同法の規制を受ける。また，潜水ベル等に関する規定が同法船舶設備規程の第5編荷役その他の作業の設備，第3章潜水設備に示されている。

4-2-1　船舶安全法の法体系

　船舶安全法の法体系を以下に示す。

【船舶安全法の体系】

　（法律）船舶安全法
　　　｜
　（政令）船舶安全法施行令
　　　｜
　（省令）船舶安全法施行規程
　　　　　船舶設備規程

　　　（＊注：省令については潜水業務に関連するもののみを記した。）

(1)　**船舶設備規程**（第5編「荷役その他の作業の設備」第3章「潜水設備」）
　　　同規程では潜水ベルやハビタット等の設備に関して，耐圧殻（第169条の15）や耐圧殻内の材料（第169条の16），計器（第169条の18），制御装置等（第169条の19），連絡装置（第169条の22），救命設備（第169条の24）等の基準を定めている。

4-3 日本海事協会潜水装置規則

　一般財団法人日本海事協会では潜水装置に関する規則を定めている。本協会は民間団体であり，規則等も法令ではないが，同協会は"NK"の略

称または "ClassNK" の通称で知られる国際船級協会であり，制定された規則は国際的にも認められている。潜水ベルなどの設備を検討する際には参考となるので，ここで紹介することとする。なお潜水装置に関する国際的な基準には，他に IMCA（International Marine Contractors Association：国際海洋請負業者協会）によるものもある。IMCA の基準は国内の法規と異なる部分（例：高圧ボンベや配管の塗装色等）があるので，注意が必要である。

4-3-1　日本海事協会潜水装置規則の概要

　本規則は，船舶に施設する潜水装置に適用する。潜水装置とは，自己の浮力調整によらずに潜水及び浮上する潜水ベル，母船に施設される減圧タンク，潜水揚収装置及び呼吸ガス供給装置等の設備をいう。潜水ベルとは，人員を搭載して，母船と作業場所との間を潜水および浮上する構造物をいい，耐圧殻およびドロップウエイト，予備呼吸ガス装置等の付属装置により構成される。また，減圧タンクとは，潜水作業のための圧力調整および高気圧障害発生時における救急再圧を行うため，母船に設置される圧力容器をいい，減圧タンク本体，閉鎖装置，窓および付属装置により構成される。

4-3-2　潜水装置規則の内容

第1章　総則
第2章　潜水装置の検査
第3章　潜水ベル及び減圧タンク
第4章　潜水揚収装置
第5章　生命維持装置
第6章　計器及び連絡装置
第7章　予備浮上装置
第8章　圧力容器，管装置及び電気設備等

第9章　居住衛生設備及び消火装置等

4-4 医療用酸素の取り扱い（医薬品医療機器等法）

　酸素には，溶接などに使用するいわゆる産業用酸素と人体への使用を目的とした医療用酸素がある。酸素は人体生命にとって不可欠なものであるが，過度の投与は酸素中毒や炭酸ガスナルコーシスなどの健康障害を生ずる恐れがあることから，ヒトへ用いる酸素については医薬品医療機器等法（医薬品医療機器等の品質，有効性及び安全性の確保等に関する法律。以下「薬機法」という）でその取扱いを規制している。薬機法第2条（定義）では医薬品の定義として「1　日本薬局方に収められている物」としており，酸素，窒素，亜酸化窒素，二酸化炭素が該当する。薬機法では，医師の処方箋の無い者，医師や薬剤師等以外の者への医薬品の販売を禁じている［薬機法第49条（処方せん医薬品の販売）］が，医療用酸素に関しては例外的な措置として，潜水業務事業者への販売を許可している。

4-4-1　卸売販売業における医薬品の販売等の相手先に関する考え方について（厚生労働省医薬食品局通知）

　＊スキューバダイビング業者，プール営業を行う事業者等に対し，人命救護に使用するための医療用酸素を販売する場合

　同通知によって，潜水事業者への医療用酸素の販売は認められているが，酸素には医薬品としての側面もあるので，使用に際しては医師や潜水医学者の指示並びに指導を仰ぐことが望まれる。

```
┌─────────────────────────────────────────────────┐
│                                                   │
│        参　考　　減圧表作成の実際                  │
│                                                   │
└─────────────────────────────────────────────────┘
```

　深度 24 m，滞底時間 80 分の空気潜水の減圧スケジュールをエクセルを使って作成してみよう。

　まず，使用する計算式を示す。式は

$$P_{N2} = (P_a + P_b)N_{N2} + RN_{N2}\left(t - \frac{1}{k}\right) - \left\{(P_a + P_b)N_{N2} - Q_{N2} - \frac{RN_{N2}}{k}\right\}e^{-kt}$$

であり，記号の意味は以下の通りである。

P_{N2}　当該区間において時間経過後の窒素分圧（kPa）

P_a　　大気圧として 100 kPa

P_b　　当該区間が始まる時点（ある深度で停止した場合の最初の時点）のゲージ圧力（kPa）

N_{N2}　当該区間の窒素濃度（％）

R　　加圧又は減圧の速度（kPa/分）

t　　当該区間の時間（分）

k　　$\dfrac{\log_e 2}{\text{半飽和時間}}$

Q_{N2}　当該区間が始まる時点での窒素分圧（kPa）

　　　ただし，潜水業務の最初の場合は水蒸気圧を除いた 74.5207 kPa

e　　自然対数の底

である。ここで，当該区間というのは，減圧のために一定の深度に停止した場合，あるいは一定の速度で加減圧した場合などのその区間を指す。

　なお前述したとおり，減圧計算の基本姿勢として，減圧計算にあたっては潜水者にとってより安全な方向で計算する，という原則が挙げられる。

そこで，計算の冒頭からこの原則を適用する。

　というのは，加圧減圧には上の R で示されるように速度があるが，加圧にあたってはこの速度を無視するのである。具体的には，加圧開始と共に海底に到着したと考えるわけだ。勿論，実際にはこのようなことは不可能であり起こり得ないが，このように考えることにより海底に滞在する時間が長くなるので，計算上は浮上開始までに生体に溶け込む不活性ガス分圧は，加圧速度を考慮して計算するよりも大きい値になる。ということは，浮上を考える際に生体内の不活性ガス分圧がより大きく算出されるので，より安全側に立つことになる。実際に欧米の殆どの減圧計算は潜降開始時刻から浮上開始時刻までの間，海底に相当する圧力下に滞在した，と考え，それを bottom time（潜水時間，滞底時間）として浮上開始時点での不活性ガス分圧を求めている。今回の減圧計算もこの原則に立って行うこととする。

　そうすると，潜降開始時点から 24 m の海底に潜水者が滞在することになり，そこから 80 分後の浮上開始まで深度は変わらないので，$R=0$ とみなせる。式に $R=0$ を入れて整理すると，

$$P_{N2}=Q_{N2}+\{(P_a+P_b)N_{N2}-Q_{N2}\}(1-e^{-kt})$$

で表される。以下，この関数を使ってエクセルで減圧計算を行う。

1．エクセルで行う減圧計算

　まず，図1に示すように2行目に半減時間（半飽和時間）の分画として1分画から16分画までをとり，3行目に各分画の半減時間として5分から635分の値を与える。さらに，p.175（表2-3-1）に示される窒素a値と窒素b値を4行目と5行目に与えていく。

　次は，深度 24 m で 80 分滞在した時点，言い換えれば浮上開始時点で溶け込んでいる不活性ガス分圧を求める。8行目を 80 分経過後の窒素分圧を示す行として（以下窒素分圧をエクセル表では P_{N2} と表す），8行目と第1分画に相当する B 列の交差するセル B 8 を選択して，これに

図1　半飽和時間 a 値，b 値を入力

$$= \mathrm{ROUNDUP}\,((74.5207 + ((100+240)*0.79 - 74.5207)*(1 - \mathrm{EXP}$$
$$(-80*\mathrm{LN}(2)/\mathrm{B}\,3))),3)$$

と入力する。これは，上式に従ったもので，Q_{N2} は潜水開始前の不活性ガ
ス分圧であるが，飽和水蒸気圧を差し引いて 74.5207 kPa になる。式の k
に関係する $\log_e 2$ は関数式では LN(2) になり，半減時間は B 3 に示されて
いる。そこで，5 分組織の窒素分圧を示す B 8 のセルを選択して上の関数
式を書き込み，横にドラッグするとすべての半減時間に相当する 80 分経
過後の窒素分圧が算出される（図 2 の 1）。ここで ROUNDUP としたのは，
数値を切り上げる意味であるが，切り上げによって生体内の窒素分圧がよ
り大きく算出され，潜水者の安全側に立つことになる。

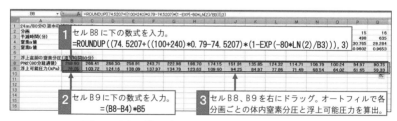

図2　浮上開始時点での体内の窒素分圧を求める

2. どこまで浮上できるかを求める

　次に，海底からどこまで浮上できるかを決めなければならない。高圧則改正検討会報告書の手順では，深度を 24 m から 3 m ごとに計算して，その深度における窒素分圧が M 値を超過していないかを検討しながら浮上することになっている。しかしながら，ビュールマン（Bühlmann）教授によれば，減圧症に罹患しないとされる許容環境絶対圧力は

$$P_{許容環境絶対圧力}＝(P_{N2}－a)×b$$

で与えられるので，これを活用する。a 値と b 値は p.175 に示した値である。許容とは浮上可能と読み替えてもよい。そこで，第 1 分画における浮上可能圧力を示す B 9 のセルを選択し，関数として

　　＝(B 8－B 4)＊B 5

を入力し，右にドラッグする（図 2 の 2, 3）。B 4 と B 5 はそれぞれ a 値と b 値である。そうすると，浮上可能絶対圧力のうち，最も大きい絶対圧力は第 4 分画（18.5 分組織）の 138.09 kPa になるので，最初の浮上停止深度はこれよりも深くなければならない。ところが，浮上停止深度は水面から 3 m ごとに設けてあるので，絶対圧力としての 138.09 kPa を超える最も浅い浮上停止深度は 6 m（160 kPa）になる（大気圧は 100 kPa に相当する）（図 3）。

　次はその 6 m の浮上停止深度に達したときの生体の不活性ガス分圧を求める。先に，潜降の場合は潜降開始と同時に潜水深度に着底したものとしたが，浮上の場合はそうはいかない。なぜならば，浮上開始と共に浮上

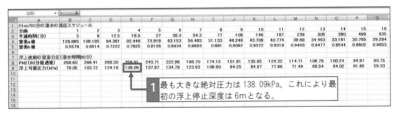

図 3　最初の浮上停止深度

停止深度に到達しそこから浮上停止をしたとすると，実際よりも浅い深度により長い時間滞在することになり，不活性ガスの排出量が実際より多く算出されるので，潜水者の安全側に立たずかえって危険な方向に向かうことになるからである。また，浮上には時間がかかりそれを無視しづらいことも要因の一つである。そこで，浮上開始から最初の浮上停止深度までを一つの区間として，その間の減圧計算をしなければならない。

この場合は $R=0$ ではないので，

$$P_{N2}=(P_a+P_b)N_{N2}+RN_{N2}\left(t-\frac{1}{k}\right)-\left\{(P_a+P_b)N_{N2}-Q_{N2}-\frac{RN_{N2}}{k}\right\}e^{-kt}$$

を使用する。浮上速度は毎分 80 kPa なので，$R=80$ とし，浮上なのでマイナス符号をつけて B 12 のセルに

$=(100+240)*0.79-80*0.79*(180/80-B3/0.693)-((100+240)$

$*0.79-B8+80*0.79*B3/0.693)*EXP(-180/80*0.693/B3)$

と記し，横にドラッグすると 6 m まで浮上直後の窒素分圧が示される（図4）。なお以下の関数では簡略のために LN(2) を 0.693 で置き換えている。

ここで，確認のために 6 m に浮上直後の窒素分圧と 6 m の M 値を比較する。M 値は

$$M=\frac{P_a+P_c}{b}+a$$

で表される。ただし，P_c は圧変化後のゲージ環境圧力である。この場合

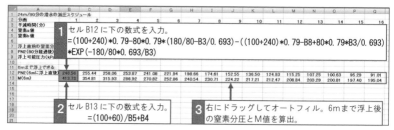

図4　6 m に浮上直後の体内窒素分圧と M 値を求める

は 60 kPa になる。そこで，M（6 m）を示す関数のところに

$$=(100+60)/B5+B4$$

を入れ，右にドラッグすると，13 行目に各分画の 6 m における M 値が示される。

　この値と先に求めた窒素分圧の値を比較し，窒素分圧が M 値を超えていないか確認する。一つひとつ数値を比較していけばよいが，IF 関数を使用して

$$=IF(B12>B13,1,0)$$

を M 値超過の有無のところに記す。超過すれば 1，超過しなければ 0 とすると，一目瞭然でわかる（図 5）。

　ただ，この場合，先の計算ではそのまま 3 m に浮上できないことになっていたが，6 m まで浮上する過程で不活性ガスが排出され，実際に 3 m に浮上できるようになっているかもしれない。そこで，3 m まで浮上したとして，その場合の窒素分圧と 3 m における M 値を比較してみる。深度差が 24−3=21 m なので，上の 180 のかわりに 210 を使用し，

$$=(100+240)*0.79-80*0.79*(210/80-B3/0.693)-((100+240)$$
$$*0.79-B8+80*0.79*B3/0.693)*EXP(-210/80*0.693/B3)$$

として計算すると，図 6 に示すように

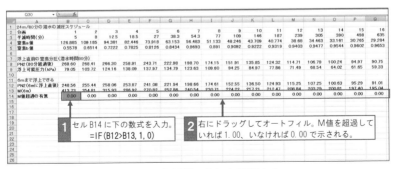

図 5　M 値超過の有無を確認する

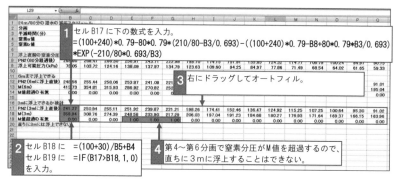

図6　直ちに３ｍまでは浮上できないことを確認

第４～６分画で組織の窒素分圧がＭ値を超過するので，３ｍまでは浮上できないことが確認された。

3. どれほど浮上停止すればよいかを求める

　次は，６ｍでどれほど浮上停止をすればいいかを求める。関数として直接浮上停止時間を求める方法もあるが面倒なので，適当に浮上停止時間を入れて，その場合の窒素分圧を求め，３ｍでのＭ値と比較してみる。窒素分圧の求め方は，６ｍで停止しているのであるから，$R=0$ の場合に当てはまり，関数として

$$=B12+((100+60)*0.79-B12)*(1-EXP(-2*0.693/B3))$$

を使用する。すると，図7に示すように，６ｍで２分停止したのでは，第５と第６分画で次の浮上停止深度である３ｍのＭ値を超過することになる。したがって，深度６ｍでの浮上停止時間は３分となる。

4. ６ｍから３ｍに浮上する際の停止時間を求める

　次は６ｍから３ｍへ浮上するのであるが，この場合，深度差が３ｍと小さいので，浮上に要する時間を特に考慮しないこととする（実際に広く使われている減圧表の減圧計算においても特に考慮していないことが多

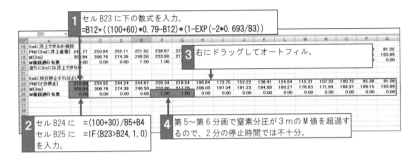

図7　深度6mでの浮上停止時間を求める

い)。したがって，3mに浮上直後の窒素分圧は先に求めた6mで3分間
浮上停止したときの窒素分圧とみなすことができる。その値を初期値とし
て，3mで何分間停止すれば，海面すなわち深度0mのM値を超えない
ようにできるかを探る。例によって停止時間を直接求めるかわりに，適当
な停止時間を設定して計算し，海面上のM値と比較してみる。

　すると，上に記したように3mで23分浮上停止した場合は第7分画の
窒素分圧が海面のM値を超過し，24分停止した場合はすべての窒素分圧
がM値以下になる（図8）。したがって，深度3mにおける浮上停止時間
は24分となり，全体の減圧スケジュールは深度6mで3分，深度3mで
24分の浮上停止をすることとなる。なお，深度24mから6mへの浮上時
間は（240−60)/80＝2.25分，2分15秒であるが，時間管理を容易にする
ために3分としてもよい。また浮上停止深度間の浮上に要する時間，この
場合は6mから3mまでの時間は，次の浮上停止時間に含めてもよい。

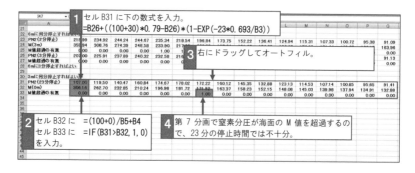

図8 深度3mでの浮上停止時間を求める

5. 安全率を考慮した場合

　本文でも述べられているように安全率を考慮した計算法がある。安全率をαとし、このαをM値に反映させることによってその分安全な減圧表を作成するのである。

　すなわち安全率を考慮したM値を換算M値とすると、換算M値=M値/αで換算M値を求め、その換算M値を上の計算方法で示したM値として計算するのである。

　途中の詳細な計算過程は省略するが、このようにして計算すると、減圧スケジュールは、α=1.1の場合、6mで17分、3mで39分の浮上停止、α=1.2の場合、9mで10分、6mで31分、3mで69分の浮上停止を行って浮上することとなる。

　このように安全率 α を 0.1 変えるだけで減圧スケジュールが大きく変わることに留意しておかなければならない。

　また，この安全率 α について，例えば $\alpha = 1.1$ の場合，減圧症に罹患する危険性が 0.1 倍 10% 減少するとか，減圧時間が 1.1 倍 10% 長くなったとか理解されがちだが，それは正確ではない。あくまで，M 値を 1/1.1 倍，もとの値のおよそ 91% に減少させたことを示すにすぎない。

索　引

潜水士テキスト―― 送気調節業務特別教育用テキスト

平成 13 年 8 月 31 日	第 1 版第 1 刷発行	
平成 20 年 6 月 30 日	第 2 版第 1 刷発行	
平成 21 年 4 月 10 日	第 3 版第 1 刷発行	
平成 24 年 9 月 4 日	第 4 版第 1 刷発行	
平成 27 年 4 月 13 日	第 5 版第 1 刷発行	
平成 28 年 10 月 31 日	第 6 版第 1 刷発行	
令和 3 年 8 月 31 日	第 7 版第 1 刷発行	
令和 6 年 1 月 18 日	第 3 刷発行	

編　　　者　中 央 労 働 災 害 防 止 協 会
発 行 者　平 山　　剛
発 行 所　〒108-0023
　　　　　中 央 労 働 災 害 防 止 協 会
　　　　　東京都港区芝浦3丁目17番12号
　　　　　吾妻ビル 9 階
　　　　電話　販売　03（3452）6401
　　　　　　　編集　03（3452）6209
印刷・製本　新 日 本 印 刷 株 式 会 社

落丁・乱丁はお取り替えいたします　　　　　　　　©JISHA 2021

ISBN 978-4-8059-2007-7　　C 3060
中災防ホームページ　https://www.jisha.or.jp/